普通高等学校省级规划教材
心理学创新系列教材

发展心理学

第 2 版

主　编　张　婷　刘新民
副主编　金明琦　秦　莉　赵方乔
　　　　刘　畅
编　委（以姓氏笔画为序）
　　　　王　欣　凤林谱　刘　畅
　　　　刘新民　杨玉祥　吴义高
　　　　张　婷　金明琦　赵方乔
　　　　秦　莉　奚　敏　黄慧兰
　　　　盛　鑫

中国科学技术大学出版社

内容简介

本书是安徽省普通高等学校"十三五"省级规划教材。发展心理学是研究个体心理发展规律和各年龄阶段心理特征的科学，本书在第1版的基础上，延续了以个体心理特征发展为主线的叙述方式，不仅阐述了人类个体的心理现象和特点"是什么"，还努力从问题出发，给出"怎么办"的讨论，全书增加了很多案例，并增添了丰富多彩的专栏、图表、参考资料和阅读材料等，使之更加贴近生活实际，提高其实用性、趣味性和可读性。

本书可作为心理学专业的教材，也可供关心人的毕生发展或某一阶段心理健康与保健的各类人群使用。

图书在版编目(CIP)数据

发展心理学/张婷，刘新民主编. —2版. —合肥：中国科学技术大学出版社，2021.4
（心理学创新系列教材）
普通高等学校"十三五"省级规划教材
ISBN 978-7-312-05114-2

Ⅰ.发… Ⅱ.①张…②刘… Ⅲ.发展心理学—高等学校—教材 Ⅳ.B844

中国版本图书馆 CIP 数据核字(2020)第 253615 号

发展心理学
FAZHAN XINLIXUE

出版	中国科学技术大学出版社
	安徽省合肥市金寨路96号，230026
	http://press.ustc.edu.cn
	https://zgkxjsdxcbs.tmall.com
印刷	安徽国文彩印有限公司
发行	中国科学技术大学出版社
经销	全国新华书店
开本	710 mm×1000 mm 1/16
印张	17.75
字数	368千
版次	2016年9月第1版 2021年4月第2版
印次	2021年4月第2次印刷
定价	48.00元

前　言

发展心理学是心理学的分支学科,是研究个体心理发展规律和各年龄阶段心理特征的科学。发展心理学有广义和狭义之分。广义的发展心理学研究种系心理发展和个体心理发展,狭义的发展心理学只研究人类个体的发展。本书主要阐述后者的研究成果。

要研究人类个体从出生、成熟、衰老到死亡这一生命全程的心理发展特点和规律,就必须与年龄相结合。目前已出版的发展心理学著作大多按照年龄阶段顺序独立成章编写,这当然不失为一个好的编写方式。与大多数教材不同,本教材以人类个体主要心理现象和心理功能为主线编写,这一编写方式早在2004年我们就已有过相关尝试,当时以认知、语言、智力、个性、性心理、情感、品德、人际关系等主题独立成章编写,出版了《发展心理学》教材,获得了师生的好评。本书在以往实践的基础上,按心理现象与功能的方式将"竖写"的特点进一步继承和发扬,不仅阐述了人类个体的心理现象和特点"是什么",还努力从问题出发,给出了"怎么办"的讨论,力求反映一些全新的研究成果。此外,我们考虑到人类心理现象与功能发展的连续性和不均衡的特点,即每个心理现象与功能并非在每个人生阶段都有明显的发展,因此在编写顺序上不是每一章节都是按照发展时间序列编写的。在编委会的努力下,于2016年出版了第1版教材(安徽省普通高等学校"十二五"省级规划教材)。

在此次的修订过程中,我们增加了很多真实案例,设置了丰富多彩的专栏、图表、阅读材料等,以拓宽读者的知识面,使之更加贴近生活实际,提高其实用性、趣味性和可读性。全书共分为10章,内容与作者如下:第一章"绪论"(刘新民、刘畅),第二章"主要理论"(金明琦),第三章"生理的发展"(秦莉),第四章"认知的发展"(王欣),第五章"言语的发展"(杨玉祥、奚敏),第六章"智力的发展"(黄慧兰),第七章"人格的发展"(赵方乔、张婷),第八章"情绪和情感的发展"(凤林谱),第九章"品德的发展"(吴义高、金明琦),第十章"社会性的发展"(张婷、盛鑫)。

本书是刘新民教授主持的安徽省普通高等学校"十三五"省级规划教材项目心理学创新系列教材(项目编号:2017ghjc154)之一,全系列由《普通心理学》《发展心理学》《医学心理学》《护理心理学》《大学生心理健康的维护和调适》《管理心理学》《行为医学与健康》和《组织行为学》共8部教材组成。本书还得到了安徽省高校人文重点研究基地大学生心理健康教育研究中心项目资助,也是安徽省哲学社会科学规划青年项目(AHSKQ2014D87)的成果之一。

  由于作者水平有限,书中难免存在疏漏,敬请各位同仁和读者不吝赐教。在全书的统稿过程中,皖南医学院应用心理学硕士研究生田昌琴、俞琦等做了大量的工作,在此表示谢意!在编写过程中,我们还参考了许多专家学者的文献资料,在此表示谢意!一直以来,本书及系列教材在立项和出版过程中,得到了中国科学技术大学出版社的大力支持,在此表示诚挚的感谢!

编 者

2020年9月

目　　录

前言 …………………………………………………………………………（ i ）

第一章　绪论 ……………………………………………………………（ 1 ）
第一节　发展心理学概述 …………………………………………………（ 2 ）
第二节　发展心理学的产生与发展 ………………………………………（ 4 ）
第三节　发展心理学的基本理论问题 ……………………………………（ 7 ）
第四节　发展心理学的分支和相关学科 …………………………………（ 15 ）
第五节　发展心理学的研究方法 …………………………………………（ 18 ）

第二章　主要理论 ………………………………………………………（ 23 ）
第一节　精神分析的心理发展观 …………………………………………（ 24 ）
第二节　行为主义的心理发展观 …………………………………………（ 29 ）
第三节　文化-历史的心理发展观 …………………………………………（ 36 ）
第四节　Piaget 的心理发展观 ……………………………………………（ 38 ）
第五节　其他心理发展观 …………………………………………………（ 43 ）

第三章　生理的发展 ……………………………………………………（ 51 ）
第一节　概述 ………………………………………………………………（ 52 ）
第二节　胎儿期生理和神经系统的发展 …………………………………（ 57 ）
第三节　婴幼儿期生理和神经系统的发展 ………………………………（ 60 ）
第四节　儿童期生理和神经系统的发展 …………………………………（ 66 ）
第五节　青少年期生理和神经系统的发展 ………………………………（ 68 ）
第六节　成年期生理和神经系统的发展 …………………………………（ 71 ）

第四章　认知的发展 ……………………………………………………（ 78 ）
第一节　概述 ………………………………………………………………（ 79 ）
第二节　婴儿期认知的发展 ………………………………………………（ 83 ）
第三节　幼儿期认知的发展 ………………………………………………（ 91 ）
第四节　儿童期认知的发展 ………………………………………………（101）
第五节　青少年期认知的发展 ……………………………………………（104）
第六节　成年期认知的发展 ………………………………………………（109）

第五章　言语的发展 (115)
第一节　概述 (116)
第二节　言语获得理论 (123)
第三节　婴儿期言语的发展 (129)
第四节　幼儿期言语的发展 (133)
第五节　儿童期言语的发展 (138)
第六节　青少年期言语的发展 (140)
第七节　成年期言语的发展 (141)

第六章　智力的发展 (145)
第一节　概述 (146)
第二节　智力发展的规律 (156)
第三节　人生各期智力的发展 (159)
第四节　智力发育障碍 (165)
第五节　社会适应能力的发展 (170)

第七章　人格的发展 (175)
第一节　概述 (176)
第二节　人格发展相关理论 (182)
第三节　婴幼儿期的人格发展 (186)
第四节　儿童期的人格发展 (189)
第五节　青少年期的人格发展 (191)
第六节　成年期的人格发展 (192)

第八章　情绪和情感的发展 (197)
第一节　概述 (198)
第二节　婴儿期情绪和情感的发展 (207)
第三节　幼儿期情绪和情感的发展 (213)
第四节　儿童期情绪和情感的发展 (214)
第五节　青少年期情绪和情感的发展 (217)
第六节　成年期情绪和情感的发展 (219)

第九章　品德的发展 (223)
第一节　概述 (224)
第二节　道德发展的理论 (225)
第三节　婴儿期品德的发展 (236)
第四节　幼儿期品德的发展 (237)

第五节　儿童期品德的发展 …………………………………………（240）
　　第六节　青少年期品德的发展 ………………………………………（246）
　　第七节　成年期品德的发展 …………………………………………（248）

第十章　社会性的发展 ……………………………………………………（252）
　　第一节　概述 …………………………………………………………（253）
　　第二节　婴儿期社会性的发展 ………………………………………（258）
　　第三节　幼儿期社会性的发展 ………………………………………（261）
　　第四节　儿童期社会性的发展 ………………………………………（263）
　　第五节　青少年期社会性的发展 ……………………………………（268）
　　第六节　成年期社会性的发展 ………………………………………（270）

参考文献 …………………………………………………………………（275）

第一章 绪　　论

第一节　发展心理学概述
　　一、发展心理学的研究对象
　　二、发展心理学的研究主线与内容
　　三、发展心理学的若干术语
第二节　发展心理学的产生与发展
　　一、儿童心理学的思想与萌芽
　　二、儿童心理学的诞生
　　三、从儿童心理学到发展心理学
第三节　发展心理学的基本理论问题
　　一、关于遗传与环境的争论
　　二、发展的连续性与不连续性
　　三、年龄分析与机能分析
　　四、发展的主动性与被动性
　　五、发展时间上的稳定性与不稳定性
　　六、不同情境中的一致性
　　七、心理发展的"关键期"问题
　　八、心理发展的年龄特征的划分
第四节　发展心理学的分支和相关学科
　　一、个体发展心理学
　　二、发生心理学
　　三、民族心理学
　　四、比较发展心理学
　　五、发展心理生物学
　　六、发展心理病理学
　　七、发展心理语言学
第五节　发展心理学的研究方法
　　一、研究规划
　　二、研究方法
　　三、研究技术
阅读　儿童心理发展的五个重要概念

案例 1-1　她的女儿能上大学吗?

　　她是一位因经商而富有的女士,但令她最不顺心的是她唯一的女儿吴琳:11岁的吴琳已经读了四次一年级并换了四所学校,在当地以及南京、上海不知看过多少医生、做了多少检查,始终没有得到一致的诊断结论,也没有获得好的治疗效果。这次,在老师的指点下她携女求助于心理医生。在一番检查和测试后,心理医生得出智力发展障碍的结论:吴琳的智商只有36分。

　　心理师认为,如果吴琳与同龄人一起随班就读,按照学习成绩,只能接受小学低年级的学习。因此,需要另辟蹊径,采取别的补救措施……(案例中的人名为化名)

思考题
　　影响吴琳智力发展的因素有哪些?
　　她的未来智力发展情况如何?
　　还有哪些补救方法?

第一节 发展心理学概述

一、发展心理学的研究对象

我们从上述吴琳的案例中,就已经感觉到人的各种心理与行为的产生、发展以及变化的现实性与复杂性,研究诸如此类的心理行为问题对于提升人类心理发展质量具有重要意义。

人的发展是指人类身心的生长和变化过程。人的心理发展是人类发展的重要组成部分,包括人类从种系心理演变到个体心理的变化过程。

发展心理学(developmental psychology)是研究有关人类心理发展的一门心理学的分支学科。其概念有广义与狭义之分(图 1-1)。广义的发展心理学包括种系心理发展和个体心理发展两个方面。狭义的发展心理学即个体发展心理学,是研究人类个体从受精卵开始到出生、成熟直至衰老的生命全程(life-span)中心理发生、发展过程及其规律的学科。本书的发展心理学指狭义的概念。

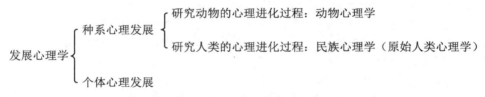

图 1-1 发展心理学的研究领域

人的个体发展离不开种系的发展。种系心理发展是指从动物心理到人类心理的演变过程,包括两个方面:一是动物心理的进化过程;二是人类心理的进化过程。前者研究的是动物心理学内容,即研究动物的心理和行为的实质和演变;后者研究的是民族心理学,主要是原始人类心理学内容。它研究人的心理水平随着人类社会的演进、人类生活和文化水平不断提高而日趋发展的过程,以阐明社会条件与人类心理发展的相互作用。

二、发展心理学的研究主线与内容

关于人类个体的心理发展,主要从心理机能的发展和年龄的发展两个维度进行研究,这构成了心理发展的基本规律和心理发展的年龄特征两类基本研究课题。人在整个生命进程中的身心变化表现出量和质两方面的变化,且与年龄有着密切的联系,即既表现出发展的连续性,又表现出发展的阶段性。发展心理学主要研究人的各种心理活动的年龄特征,其研究内容可概括为以年龄为主线的两个部分、五个方面。

两个部分是指人的认知过程发展的年龄特征和社会性发展的年龄特征。前者包括感觉、知觉、记忆、思维、想象等,其中对思维的年龄特征的研究是最主要的环节;后者包括兴趣、动机、情感、价值观、自我意识、能力、性格等,对人格的年龄特征的研究是其中最主要的环节。

为了充分展示生命全程或个体毕生心理发展的年龄特征,发展心理学研究主要揭示以下五个方面的问题:① 心理发展的社会生活条件及其相互联系;② 生理要素的发展;③ 心理机能的发展;④ 行为的发展;⑤ 言语的发展。

发展心理学对人的心理发展进行全面、深入的研究,以揭示其普遍规律,探讨心理发展的机制,提出促进心理健康发展的措施和方法。

> 发展心理学的主要任务是什么?

三、发展心理学的若干术语

1. 发展任务(developmental task) 指个体在发展的某一特定时期为达到相应发展水平所必须实现的内容。从心理方面看,个体在每一年龄阶段必须发展或学会的知识技能就是主要的发展任务,如婴儿为自身生存和适应社会需要,必须学会爬、站、走及一些简单的交往能力。从生理方面看,个体在一段时间内要完成的某些身体变化就是其发展任务,如性机能的成熟是青少年时期的发展任务之一。

2. 发展参数(developmental index) 是衡量发展的指标。主要发展参数有:① 发展速度。身体各部分及心理活动的各方面不是以同样速度发展的,有些发展快,有些发展慢,人与人之间也存在着差异。② 发展时间。个体的组织和机能不是一生下来就同时开始发展的,它们的起点是不同的。例如,吸吮、防御和抓握等无条件反射是与生俱来的,而语言的发展要在1岁左右才开始,不同人之间也有个体差异。此外,一个人某些机能的发展开始得较晚,但完成发展的时间也许并不比别人晚。③ 发展顶点。指个体的某部分或特定的机能发展达到的最高程度。④ 发展阶段。由于个体心理发展是一个由量变到质变的过程,人生在不同时期会呈现出不同的矛盾,这些特殊矛盾的产生和解决,不仅推动了心理发展,还形成了不同时期本质的心理特征,构成了心理发展的阶段性。发展心理学存在着不同的观点与视角,因而有各种不同的发展理论。

3. 发展原则(developmental principle) 指生理和心理发展的基本原理和规律。发展的主要原则有:① 发展具有一定的方向。如儿童身体的发展和运动机能的发展是从头部向脚部、从身体中心部位向边缘部位进行的。② 发展具有一定的差异。身体各种组织器官或各种心理活动在不同时期按照不同的速度发展,它们发展到最高点的时期也不一样。个体间、男女间的发展速度有差异,不同人的发展所达到的顶点也不相同。③ 发展具有关键期。④ 发展具有年龄特征。⑤ 心理发展与生理发展密切相关。⑥ 遗传和环境在发展中相互作用。

4. 发展水平(developmental level) 包括两种含义:一是指儿童身心各方面的发展在不同的年龄阶段表现出不同的等级和层次,这些不同的等级和层次就称为不同年龄阶段的发展水平。随着儿童的生长发育和知识经验的积累,其发展水平不论在量上还是质上都是由低级向高级递进的,高一级水平建立在低一级水平的基础上,如认知发展一般有三级水平,即感知动作、具体形象和抽象概括。此外,由于遗传素质和环境的不同,儿童的发展还存在着个别差异,这些个别差异又表现为不同的等级。因此,发展水平的另一种含义是指个体与总体的平均值或常模作比较的差别,即个别差异的发展水平。例如,通过智力测验,儿童的智商可分为超常、正常和低常等不同的等级。

5. 发展里程碑(developmental milestone)　用来标志发展进程中具有转折意义的行为。例如,行走是全身性动作发展的一个里程碑;守恒是认知发展的一个里程碑;掌握代名词"我"是自我意识发展的一个里程碑等。

6. 发展模式(developmental pattern)　指儿童生理和心理发展的类型和方式。根据 J. Loevinger 的研究,有下列四种基本的发展模式。模式 Ⅰ:所有的人都从同一时间开始发展,但发展速度有所不同,最后达到同一顶点,骨骼的发展是这一模式的典型例子;模式 Ⅱ:发展速度不同,顶点或最后水平也各不相同,智力发展就是一个最好的例子;模式 Ⅲ:社会规定了固定的速度,但允许最后的水平有所不同,人在学校的学习可作为这种模式的例子;模式 Ⅳ:发展到最高点时开始下降,但下降的幅度是少量的,如智力的发展就是如此。总之,发展的类型和方式不同,发展可按不同模式进行。

第二节　发展心理学的产生与发展

在发展心理学的产生和发展过程中,儿童期(包括青少年)的心理发展是研究最多的内容,并逐渐成为发展心理学的主流,因为人类早期发展阶段是人生发展中内容最丰富、表现最明显、速度最快,同时也是一生中最重要的发展阶段。有关毕生心理发展概念的提出与研究,则是近些年的事。近几十年来,在西方特别是在美国,关于个体从出生到衰老整个发展历程的心理发展研究报告和著作越来越多。因此,发展心理学也从原来主要研究儿童的心理发展,扩展为对个体全程发展的研究,即毕生发展心理学。

一、儿童心理学的思想与萌芽

在西方,儿童心理学的研究可以追溯到文艺复兴以后的一些人文主义教育家,如 J. A. Comenius、J. J. Rousseall、J. H. Pestaloziy、F. Froebel 等人。他们提出的探讨和尊重儿童教育的思想,为儿童心理学的诞生奠定了最初的思想基础。

C. R. Darwin 的进化论直接推动了儿童发展的研究。Darwin 长期观察了自己孩子的心理发展,并根据记录写成了《一个婴儿的传略》。此书是儿童心理学早期的专题研究成果,它对于推动儿童发展传记法的研究产生了重要影响。

二、儿童心理学的诞生

19世纪后期,在近代社会发展、自然科学发展和教育发展的推动下,儿童心理学诞生了。此后至第一次世界大战结束前,在欧洲和美国涌现出一批心理学家,他们用观察和实验的方法来研究儿童的心理发展,使儿童心理学日臻成熟。

德国生理学家和实验心理学家 W. T. Preyer 是儿童心理学的创始人,他对自己的孩子从出生到3岁期间每天进行系统观察,并进行了一些实验。他把观察记录整理成一部著作,命名为《儿童心理学》,并于1882年出版。此书包括三个部分:儿童感知的发展、儿童意志(或动作)的发展和儿童理智(或言语)的发展。本书被公认为全球第一部最系统、最科学的儿童心理学著作。在这本书中,Preyer 肯定了儿童心理研究的可能性;他比较正确地阐述了遗传、环境与教育在儿童心理发展中的作用,并旗帜鲜明地反对当时盛行的"白板说";他运用系统观察和儿童传记的方法开展比较研究,对比了儿童与动物的异同点,也对比了儿童智力与成人,特别是有缺陷的成人智力的异同点,为发展心理学乃至比较心理学作出了很大的贡献。

Preyer 的研究对当前儿童早期心理研究仍然有一定的影响。他的研究对象主要是3岁前的儿童,在他之后发展起来的儿童心理学,其研究对象逐渐扩大到幼儿或小学儿童,甚至是年龄更大的被试。但是,在有关儿童心理发展各个阶段的研究文献中,婴儿时期(0~3岁)的研究材料,无论在数量上还是在质量上都很不够,这是由于他们的语言能力受限,在研究方法上和技术上存在着很多困难。近年来,对婴儿或儿童早期的研究有了一些进展,特别是对婴儿认知能力问题(如注视时间、动作表现、物体辨认、心率及其他生理变化等)的研究发展较为迅速,但在研究内容上与 Preyer 所观察的内容仍然基本一致。

继 Preyer 之后,涌现了一批发展心理学先驱者和开创者。如美国的 G. S. Hall、J. M. Baldwin、J. Dewey、J. M. Catted,法国的 A. Binet 和德国的 W. Stern 等,他们都以各自出色的成就为这门科学的建立和发展作出了贡献。

三、从儿童心理学到发展心理学

从专门研究儿童心理发展的儿童心理学(child psychology)到研究人的毕生发展的发展心理学(developmental psychology)有一个演进的过程。

(一)Hall 将儿童心理学研究的年龄范围扩大到青春期

1904年,Hall 出版了《青少年:其心理学及其生理学、人类学、社会学、性、犯罪、宗教和教育的关系》(又译为《青少年心理学》),确定了儿童心理学研究的年龄范围,即儿童心理学研究儿童从出生到成熟(青少年期到青年期)各个阶段心理发展的特征。这本书的问世意味着现代儿童心理学研究的年龄范围的确定。

Hall 也是最早从事于老年心理研究的心理学家,他于1922年出版了《衰老:人的后半生》一书,但没有明确提出心理学要研究个体一生全程的发展。

（二）精神分析学派对个体一生全程的发展率先作了研究

精神分析学派心理学家 C. G. Jung 是最早对成年期心理开展发展理论研究的心理学家。Jung 认为，人的发展主要是心灵的发展，观念变化的呆滞意味着人生之惶惑或死亡，人们应重视潜意识，发展心灵的平衡力量，重视精神整体，以求人生未来幸福的金钥匙。Jung 对个体全程发展，特别是对成年期心理发展研究开始于 20 世纪 20 年代，形成一定理论于 30 年代。他的发展观主要涉及三个方面：① 提出前半生与后半生分期的观点。他指出在生命周期的前半生和后半生，人格沿着不同的路线发展，25 岁后到 40 岁是个分界的年限，前半生的人格比后半生要显得更向外展开，致力于外部世界。② 重视"中年危机"。大约在 40 岁，个人可能会感到曾经永远不变的目标和雄心壮志似乎都已失去意义，于是开始感到压抑、呆滞和紧迫感。中年生命以心理转变为标志，开始由掌控外部世界转变为调整自己的内部世界。内心促使人们去服从意识，去学习还没有认识的潜力。③ 论述老年心理，特别是阐述了临终前的心理和老年人的企图，理解面临死亡时生命的性质等。

E. H. Erikson 正是在 Jung 研究的基础上，才将精神分析创始人 S. Freud 的年龄阶段划分到青春期，扩充到老年期。

（三）发展心理学的问世及其研究

美国心理学家 H. L. Hollingworth 最先提出要追求人生的心理发展全貌，而不能仅满足于对儿童心理的研究。他于 1930 年出版了《发展心理学概论》（*Mental Growth and Decline: A Survey of Developmental Psychology*），此书为世界上第一部发展心理学著作。

与此同时，另一位美国心理学家 F. L. Goodenough 也提出了同样的观点，写出了科学性与系统性更好的《发展心理学》（*Developmental Psychology*），于 1935 年出版，1945 年再版，并畅销欧美。

Goodenough 认为，要了解人的心理必须全面研究影响产生心理的各种条件和因素，应把心理看作持续不断发展变化的过程。不仅要研究表露于外的行为，还要研究内在的心理状态；不仅要研究儿童、青少年，还要研究成年和老年；不仅要研究正常人的心理发展，还要研究罪犯和低能人的心理发展。所以，Goodenough 主张对人的心理研究要注意人的整个一生，甚至还要考虑到下一代。

从 1957 年开始，美国《心理学年鉴》用"发展心理学"作章名，代替了惯用的"儿童心理学"。近几十年来，学者和心理学家对发展心理学开展了较为深入的研究，特别是对成人心理发展作了有创新性的研究，主要表现在以下五个方面：① 对成人记忆的研究。对记忆终身发展的研究，特别是中老年记忆的研究，成为发展心理学研究中非常活跃的一个课题。② 对成人思维发展的研究。如 K. F. Riegel 于 1973 年在《人类发展》杂志上发表了一篇题为"辩证运算认知发展的最后阶段"的文章，提出应该用辩证运算（dilectical operation）来扩展 Piaget 的认知发展阶段，并强调了矛盾的作用。③ 对成人智力发展趋势的研究。对个体毕生智力发展趋势的研究也是成人心理研究的一个重点，Schaie 和 Hertzog 所作的西亚围追踪研究提出了一个关于成人智力发展阶段的模式，很有代表性。④ 对成人道德发展的研究。如 C. Armon 在 L. Kohlberg 的理论基础上，研究了 5 至 72 岁被试的道德认知，提出了三种水平、七个阶段理论。⑤ 对成人自我概念发展的研究。如 J. Loevinger 认为："自我是个过程，努力去控制、去整合、去弄懂经验并不是自我的某种功能，而是自我本身。"

近几十年来，在上述研究的基础上，心理学家们出版了大量的毕生发展或生命全程发展心理学（life-span development psychology）的著作。有影响的发展心理学家当属 P. B. Baites，他于 1969 年和 1972 年在西弗吉尼亚大学组织了三次毕生发展心理学学术会议，会后出版了三部论文集：《毕生发展心理学：理论与研究》《毕生发展心理学：方法学问题》和《毕生发展心理学：人格社会化》。1978 年以来，他担任了《毕生发展与行为》一书的主编。1980 年，P. B. Baltes 等人在《美国心理学年鉴》上发表了一篇评价毕生发展心理学的文章，提出了一生全程研究及其理论发展的原因：一是第二次世界大战前开始的一些追踪研究的被试正进入成年期；二是对老年心理的研究推动了成年期心理的研究；三是许多大学开设了毕生发展心理学课程。

20 世纪 80 年代以来，毕生发展心理学著作有三种命名的方式：一种叫作生命全程或毕生发展心理学（如 life-span developmental psychology）；另一种叫作人类发展（如 human development：a life-span approach）；还有一种叫作人类毕生发展或个体生命全程发展（如 life-span human development）。

> 试述发展心理学的过去、现在与未来。

第三节　发展心理学的基本理论问题

一、关于遗传与环境的争论

在探讨人类心理发展因素的过程中，很长时间以来存在着关于遗传和环境在发展中作用的争论。这种争论有时又被称为"先天与后天"之争、"成熟与学习"之争或"生物因素与社会因素"之争。此争论从中世纪开始一直持续到现在，大致经历了三个阶段。

（一）绝对决定论

争论的双方把遗传与环境完全对立起来，或者是认为遗传决定发展，完全否定环境的作用；或者是认为环境决定发展，完全否定遗传的作用。

遗传决定论以优生学创始者 Galton 为代表。他认为个体的发展及其品性早在生殖细胞的基因中就决定了，发展只是内在因素的自然展开，环境与教育仅起引发作用。他在《遗传的天才》一书中写道："一个人的能力乃由遗传得来，其受遗决定的程度如同机体的形态和组织之受遗传决定一样。"

环境决定论以行为主义创始人 Watson 为代表。他的一句名言是："给我一打健康的婴儿和一个我自己可以给予特殊培养的世界。我保证在他们中间任意选择一个,都能训练成我想要培养的任何一种专家:医生、律师、艺术家、大商人,甚至是乞丐、小偷,而不管他的天赋、爱好、能力、倾向性以及他祖宗的种族和职业。"

(二) 共同决定论

许多事实都证明,人类心理的发展不可能没有遗传的作用,也不可能没有环境的作用。随着极端的遗传决定论和极端的环境决定论影响力的降低,既承认环境影响,又承认遗传影响的共同决定论出现了。

共同决定论的代表人物是"辐合论"的倡导者 Stern。辐合论(theory of convergence)的核心是,人类心理的发展既非仅由遗传的天生素质决定,也非只是环境影响的结果,而是两者相辅相成所造就的。辐合论是一种把先天遗传和不变的环境看成是两个同等且共同决定儿童心理发展的因素的理论,Stern 认为发展的内部和外部条件在能力的表现中发生辐合和发散,虽然这些条件并不以简单的或直接的因果关系的方式发生相互作用。他在《早期儿童心理学》一书中提到:"心理的发展并非单纯是天赋本能的渐次显现,也非单纯由于受外界影响,而是内在本性和外在条件辐合的结果。""两种因素同为发展的不可缺少的成分,虽然其所占比重可因事而异。"图 1-2 是 Stern 说明遗传和环境双重作用的示意图。这里 X_1、X_2 代表不同的机能,它们具有不同程度的遗传和环境的影响。从图中可见,X_1 机能的环境影响较大,而 X_2 机能的遗传影响较大。

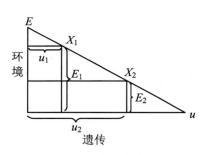

图 1-2　Stern 关于遗传和环境相互关系的研究

Luxenburger 则用另一幅图表示遗传与环境的作用(图 1-3)。如图所示,机能 X_1 的遗传因素为 E_1,环境因素为 u_1;机能 X_2 的遗传因素为 E_2,环境因素为 u_2;用 E 与 u 的比例来显示两者的关系。对角线的两端是最极端的例子,百分之百地受遗传或环境的影响。

美国心理学家 Gesell 认为支配发展的因素有两个:成熟和学习。学习与生理上的"准备状态"有关,在未达到准备状态时,学习不会发生;一旦准备好了,学习就会生效:这就是成熟-学习原则。Gesell 的成熟优势论(theory of maturatlon potency)主要来自双生子研究。Gesell 通过"双胞胎爬梯实验"发现,一对双胞胎(同卵)分别于出生后第 48 周和第 53 周开始训练爬楼梯,而他们在第 55 周达到的成绩是一样的,说明成熟前的训练不起多大作用(图 1-4)。据此,Gesell 提出了等待儿童达到能接受未来学习的水平的观点。他认为影响发展的机制是生理上从不成熟到成熟的变化过程,这个过程就是为学习作准备的"准备过程"。Gesell 还认为,儿童的发展有一定的生物内在进度表,它与一定的年龄相对应。所以,他特别重视"行为的年龄值与年龄的行为值",制订出了婴儿的"行为发育常模"(《发育诊断学》)。Gesell 虽然认为"素质构成因素最终决定对所谓'环境'的反应程度乃至反应方式",但也认为在评价生长时"不应忽视环境影响——文化背景、同胞、父母、营养、疾病、教育等"。他还提出了"儿童的

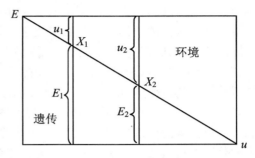

图 1-3 Luxenburger 关于遗传与环境作用的研究

成长特征实际上是内在因素与外在因素之间相互作用的最后产物的表现……",但是,Gesell 提到的"相互作用"并未在他的理论中得以体现。他认为儿童心理的发展取决于遗传及其他天生的生长力,而环境因素只起促进作用。因此,实质上他的成熟优势论还是偏向于遗传决定论或内因论。

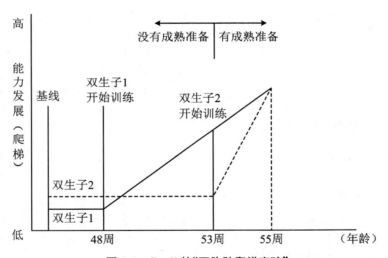

图 1-4 Gesell 的"双胞胎爬梯实验"

(三) 相互作用论

在共同决定论的基础上,一些心理学家进一步分析了遗传与环境两个因素的关系,提出了相互作用论,其代表人物是 Piaget。他假设个体天生就有一些基本的心理图式(schema),当个体与外部环境相互作用时,利用"同化"与"顺应"的机制,不断改变和发展了这些原有的心理图式,最后达到较高层次的结构化,从而使儿童对环境的适应能力越来越强。相互作用论的代表人物除 Piaget 外,还有 A. Anastasi、H. Werner、H. Wallon,以及维列鲁学派的心理学家。

相互作用论打破了遗传决定论和环境决定论的简单化争论,是当前被普遍认可的观点。相互作用论的基本观点可以归结为三点:① 遗传与环境的作用是互相

制约、互相依存的,一个因素作用的大小和性质依赖于另一因素。例如,具有精神分裂症潜在倾向的个体发病与否取决于个体遇到的环境压力大小,而没有这种遗传倾向的个体,即使环境压力再大也不易发生这类疾病。一种严格的、高要求的教学,对高智力的儿童来说,能充分地发挥其潜能,但对一个低智力的儿童来说,可能适得其反。② 遗传与环境的作用是互相渗透、互相转化的,即遗传可以影响或改变环境,而环境也可以影响或改变遗传。遗传改变环境的典型例子就是 RH 溶血病。如果怀孕的母亲呈 RH 阴性,而她怀的第一个孩子呈 RH 阳性,那么这个未出生的孩子的血液透过胎盘进入母亲的循环系统,就会使母亲的血液产生 RH 抗体。当怀的第二个孩子又是 RH 阳性时,母亲的 RH 抗体就会进入孩子的血液,侵袭他的红细胞,造成流产、死胎或心脏缺陷等问题。对苯酮尿症的治疗则是环境影响遗传作用的典型例子。另外,从种系发展的角度看,遗传和环境本身是互相包容的。遗传是种系与环境长期相互作用的结果,或者说遗传是种系以机能结构的形式巩固下来的环境作用的反映。从个体发展看,当受精卵形成的那一瞬间开始,遗传和环境两个因素的作用就纠缠在了一起,无法分离。③ 遗传与环境、成熟、学习对发展的作用是动态的。

> 共同决定论与相互作用论有哪些异同?

不同的心理或行为在不同的年龄阶段,受遗传和环境作用的程度也不同。通常,年龄越小,遗传的影响越大;低级的心理机能受环境制约少,受遗传影响大;越是高级的心理机能(如抽象思维、高级情感),受环境的影响越大。

二、发展的连续性与不连续性

人的心理的发展变化是连续的,还是分阶段的?或者说是渐进式的,还是跳跃式的?对此,发展心理学家也存在分歧。一般来说,强调发展是由外部环境决定的理论,不认为发展有什么阶段,而只有量的累加。行为主义和社会学习理论都持这种观点。然而,强调发展主要是由内部成熟或遗传引起的理论,如 Gesell 的成熟论、Piaget 的认识发生论、Freud 和 Erikson 的新老心理分析理论都认为发展具有阶段性,是由量变到质变的过程。

心理活动与世界上其他事物的发展一样,当某些代表新质要素的量积累到一定程度时,新质就代替旧质而跃上优势地位,量变也就引起了质变。发展出现了连续中的中断,新的阶段开始形成。也就是说,发展既是连续的,又是分阶段的;前一阶段是后一阶段出现的基础,后一阶段又是前一阶段的延伸;旧质中孕育着新质,新质中又包含着旧质,但每一阶段占优势的特质是主导该阶段的本质特征。例如,即使是处于前运算阶段的儿童,也常常保留着感知动作阶段的动作思维特征,同时也会有一些具体运算阶段抽象的概括和逆向的思考。可见,发展是多层次、多水平的推进,而非单一的、孤立的变化。

许多发展心理学家认为儿童心理发展是有阶段的,每个阶段具有不同于其他阶段的本质特征,这些特征与一定的年龄相对应。但是,由于心理学家研究的领域不同,收集和拥有的发展材料不同,划分心理年龄阶段时标准也不完全相同。

三、年龄分析与机能分析

探究发展的一条可能的途径是简单地按年月来表示。我们可以尝试在胎儿期就尽可能地对儿童进行描述,继之又同样详尽地描述出生后的头几个星期或头几个月,然后接着描述童年早期、童年中期,如此等等。研究行为在时间上的变化提供了关于发展过程的描述性材料。按年月的记述具有重要价值,因为它提供了一些常模,可以用来衡量不同个体发展的速度和质量。例如,当我们说某一儿童是智力落后或者早熟时,都会含有跟其他儿童进行比较的意思。关于什么是发展的"正常"速率和历程,便是按年龄的时间研究获得的。

这类按年月的描述性资料的价值可以从图1-5看到,这幅图绘出了Mary Shirley由对25个儿童的观察所发现的早期运动发展。图中所示的这类资料,对于父母、医生、心理学家等是非常有用的。

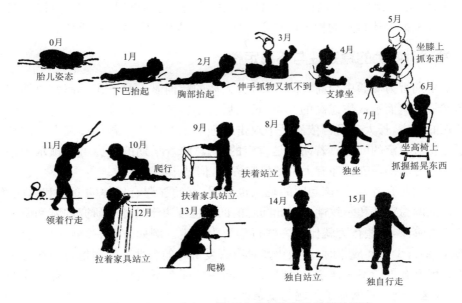

图1-5　Mary Shirley关于儿童早期运动发展的研究

虽然按年月安排的做法对于观察和探究发展来说似乎是合乎理想的,但事实上它却有一些局限性。首先,按年月的记述可能使我们忽视发展所依据的基本过程。换句话说,我们不要忘记,发展性的变化是发生在时间上的,但没有一种发展性的变化仅仅是由于时间才发生的。其次,发展中也有许多因素在很大程度上并不随时间和儿童的年龄而转移。例如,行为的遗传性决定因素就可能贯穿于个体生命的全过程。同样,对于初看起来好像是与年龄有关的问题,如儿童乐意同他人共享是如何随着他的成长而发生变化的这类问题,可以用在所有年龄阶段都起作用的学习过程来作出回答。

四、发展的主动性与被动性

无论是理论工作者还是实际工作者,一般都不会明确地声称儿童是个消极被动的个体,但在现实中,这些工作者却往往这样认为。具体行为表现有:① 从教育者的需要和想象出发,把知识硬性地塞给儿童。② 不考虑调动儿童自身的积极性,只强调外部的奖励和惩罚作用。③ 在教学上强调注入式,而不重视启发式和诱导式。④ 不尊重儿童的兴趣、爱好和个性特点,并不把孩子看成独立的个体,因而过分强调听话和服从等。

在发展心理学理论中,无论是环境论、遗传论还是成熟论,都未把儿童当作一个能动的主体。儿童或者是受外部环境所驱使,或是被内部生物学因子所规定,学者和教育者却唯独忽视了儿童的自我的力量。

将人看成是一个主动的个体,就必然会尊重人的主体。将人看成是一个有独特气质、性格、兴趣、爱好,有探究性的独立的个体,就会重视开发个体的"优势领域",充分发挥个体自身的积极性和主动性。这对人生的发展具有重要意义。

五、发展时间上的稳定性与不稳定性

在早期智力测验中智商高的儿童,长大后的智商是不是一定也高?早期因体验与父母分离而造成焦虑高的儿童,长大后会不会依然有较高的焦虑感?幼年攻击性强的儿童,长大后是否依然是个攻击性强的人?这些问题都涉及发展的特征是不是相对稳定的问题。若回答是肯定的,就意味着早期的行为可以预示未来的行为。这方面的探究已经有大量的研究资料,但结果并不一致。

不同的研究者,对于该问题的观点也不同,有的强调有机体的变化和适应性,有些则强调稳定性和一致性。对此问题的回答也取决于具体的研究内容和研究对象的年龄阶段,有些行为就比另一些行为更为稳定。例如,在儿童早、中期经常攻击的人,到青少年和成年时,多数仍然具有喜爱挑衅的个性。但利他行为在各个时期的表现就有可能不一样了。另外,由于同一特征在不同年龄阶段会有不同的表现形式,这就进一步增加了问题的复杂性。

六、不同情境中的一致性

一个在家里"无法无天"的儿童,在学校里是不是也"无法无天"?一个见到陌生成人就害怕的儿童,会不会对同龄儿童也感到害怕?一个一向很诚实的孩子,在充满诱惑的环境里会不会做出不诚实的事情来?对这些问题的回答实际上是要说明:究竟是一个人的特征或性格主导一个人的行为,还是情境主导一个人的行为?或者说,一个人的行为是一定情境下特有的,还是在各种场合下都会稳定出现的?

研究表明,一个人的特性和情境的变化都会影响这个人的行为。另外,有些理论家强调不同情境下行为表现的一致性;有些则更强调情境对行为的影响。极端的环境论者认为情境决定行为,除非情境保持不变,儿童的行为才会保持一致性。而强调生物学因素和儿童内部特征的决定论者,则期待儿童行为表现的稳定性与一致性。

七、心理发展的"关键期"问题

"关键期"(critical period)的概念源于奥地利生态学家 Lorenz 在研究小动物发育的过程中提出的"刻板印象",即小动物在出生后一个短时期,具有很容易形成的一种本能的反应。例如,把出生后最先看到的对象当作"妈妈",总是追随并喜欢接近"妈妈",当"妈妈"消失时,便会发出悲鸣。刻板印象只在小动物出生后一个短时期内发生,Lorenz 把这段时间称为"关键期",关键期的时间是有限的。

关键期的概念应用于儿童心理的发展上,是指身体或心理的某一方面机能和能力最适宜于形成的时期。在这一时期对个体的某一方面进行训练可以获得最佳效果。例如,孩子 4~6 个月是吞咽咀嚼关键期;8~9 个月是分辨大小、多少的关键期;7~10 个月是爬的关键期;10~12 个月是站走的关键期;2~3 岁是口头语言发育的第一个关键期,也是计数发展的关键期;2.5~3 岁是立规矩的关键期;3 岁是培养性格的关键期;4 岁以前是形象视觉发展的关键期;4~5 岁是开始学习书面语言的关键期;5 岁是掌握数学概念的关键期,也是儿童口头语言发展的第二个关键期;5~6 岁是掌握语言词汇能力的关键期等。

八、心理发展的年龄特征的划分

发展心理学不仅要研究心理发展的一般原理或基本规律,而且更要研究在人生不同发展阶段的具体原理或规律。这些原理或规律体现在生命全程各个年龄阶段的心理特征中,即各阶段所表现出来的质的特征上面。首先,个体心理的年龄特征是心理发展的各个阶段中形成的带有普遍性的一般特征、具有代表性的典型特征或表示有一定性质的本质特征。其次,在一定的条件下,心理发展的年龄特征既是相对稳定的,同时又可以随着社会生活和教育条件等文化背景的改变而具有一定程度的可变性。最后,由于心理现象的复杂性,心理发展既指心理整体的综合发展,又指各种个别心理现象的发展。尽管生理、言语、活动、认知和人格的发展方面均存在着内在一致性,但也存在着各自发展的不平衡性。

(一)年龄特征的划分标准

如果没有年龄阶段的划分,便无法进行深入细致的发展心理学研究与描述。如何正确、科学地划分心理发展的年龄阶段,是一个重要课题。迄今为止,心理学家们仍持有不同观点。这些观点可归纳为以下几类:① 以生理发展作为划分标准,例如 L. Berman 以内分泌腺作为分期标准。② 以智力发展作为划分标准,例如 Piaget 的分段是以思维发展为基础的。③ 以个性发展特征作为划分标准,例如 Erikson 对人格发展的划分。④ 以活动特点为划分标准,例如 Д. Б. Эльконин 和 В. В. Давидов 把心理未成熟的心理发展按活动来划分。⑤ 以生活事件为划分标准,如将成年期(18 岁以后)分为成年初期(18~35 岁)、成年中期(35~55 岁或 60 岁)与成年晚期(55 岁或 60 岁以后)。

此外,还有 E. L. Thorndike 以教育为划分阶段的着眼点;K. Pearson 以人寿保险为划分阶段的指标;Could 以医疗门诊为划分阶段的依据等。

(二) 年龄特征的划分原则

在划分人类心理发展年龄阶段时,既要看到重点又应顾及一般,既要注意局部又要顾及全面,并根据身心发展的特征综合进行划分。首先,人类在不同发展阶段,其生理、智力、个性、教育、生活诸方面发展各有其特点,并具有一般性规律,说明身心发展确有年龄阶段的一致性。其次,心理发展的年龄特征是各个阶段所表现出来的质的特征,它表现在许多方面。例如,在主导生活事件中和主导活动形式上,在智力发展水平和人格发展特点上,在生理发育水平和语言发展水平上等。

(三) 年龄特征与年龄阶段

到目前为止,划分个体心理发展阶段问题尚未得到科学的解决。本书参照国内外现行的年龄阶段划分方式,基于实用目的将人的心理发展阶段作如下划分,各阶段之间存在着交叉与重叠:

(1) 新生儿期(neonatal period):出生~1 个月;
(2) 乳儿期(suckling period):1 个月~1 岁;
(3) 婴儿期(infancy):1~3 岁;
(4) 幼儿期或学龄前期(preschool):3~6、7 岁;
(5) 儿童期(childhood):6、7~11、12 岁;
(6) 少年期(juvenile period):11、12~14、15 岁;
(7) 青年期(youth):14、15~27、28 岁;
(8) 成年期(adulthood):18 岁以后;
(9) 老年期(aging period) 60 岁以后。

青年期又可进一步划分为青年早期(14、15~17、18 岁)、青年中期(17、18~24、25 岁)和青年晚期(24、25~27、28 岁)三个阶段。成年期又可再分为成年初期(18~35 岁)、成年中期或中年期(35~60 岁)和成年晚期或老年期(60 岁以后)三个阶段。但近年来,学界对老年期的起点有很大的争论。

> 关于发展年龄的划分还存在哪些问题?

第四节 发展心理学的分支和相关学科

一、个体发展心理学

个体发展心理学(psychology of individual development)主要探讨一个人从出生(或从胚胎)开始到衰老至生命结束的一生中,各种心理现象的发生、发展规律和各个发展阶段的心理特点,以及如何促进心理进一步发展的问题。其中以年龄为主线形成的分支最具特征性。从历史上看,发展心理学最初的研究兴趣仅限于学校儿童,后来推移到学前儿童,再扩展到新生儿与胎儿。从第一次世界大战以后才开始研究青年阶段,第二次世界大战前后开始成年阶段的研究。当前,随着老年人口比例的迅速增长,老年人个人和社会问题也越来越引起人们的重视,于是又分化出老年心理学。还有学者强调中年期的研究,因为人们在中年期的身心变化也非常丰富且会对老年期的适应产生重要影响。

以年龄为主线产生的个体发展心理学的分支,若按年龄阶段划分,通常包括:
(1) 新生儿心理学(出生～1个月);
(2) 乳儿心理学(1个月～1岁);
(3) 婴儿心理学(1～3岁);
(4) 幼儿心理学(3～6、7岁);
(5) 儿童心理学(6、7～11、12岁);
(6) 少年心理学(11、12～14、15岁);
(7) 青年心理学(14、15～27、28岁);
(8) 成年心理学(20～65岁);
(9) 老年心理学(65岁以上)。

按学习阶段划分,则包括:
(1) 学前儿童心理学;
(2) 小学生心理学;
(3) 中学生心理学;
(4) 大学生心理学。

按心理机能分化划分,如按心理过程产生的个体发展心理学的分支包括:
(1) 感知发展心理学;
(2) 记忆发展心理学;
(3) 思维发展心理学;
(4) 情感发展心理学;
(5) 意志发展心理学。

还有采取上述混合排列的分支体系。可以预见,随着学科的高度分化和综合,发展心理学的分支学科将会有所增加与变化,且与心理学其他分支学科及邻近学科交叉的趋势也会有所增长。

二、发生心理学

发生心理学(genetic psychology)是研究人的心理实质的发生过程的学科,如人的思维能力的发生过程、人的智力机能的发生过程等。它重视整体地、系统地把握心理实质发生过程的规律。在这方面,Piaget 和 Vygotsky 的贡献是巨大的。Piaget 经过 50 多年的研究,认为智力是一个可逆的、协调的操作系统。他强调,这种内化的操作源于儿童对外部客体的行动。他归纳出智力和其他心理机能的连续发展阶段,即复杂的操作系统的连续发展阶段。他认为,一个孤立的操作不是一个真正的操作,操作的实质是要在系统中完成。在 19 世纪 20 年代末至 30 年代初,Vygotsky 提出了对人类发展的系统描述,促进了对心理发生过程的了解,其主要贡献在于:第一,揭示了心理结构整体发展的主要水平;第二,展示了这些心理结构是怎样从生物特性与文化的交互作用中发展起来的;第三,描述了较高级机能中运用符号的重要性;第四,提出了描述行为如何内化为内在智力机能的基础的普遍模式。

三、民族心理学

民族心理学(folk psychology)是研究不同民族的认识、情感、意志及个性倾向性与个性心理特征等心理现象及其规律的科学。由于各个民族的历史发展、生产方式、生活方式及地理环境的不同,每个民族通过本民族的语言文字、文学艺术、道德、法律、风尚、习俗、宗教信仰等来表现其认知、情感、意志、兴趣、爱好、能力、性格、气质及审美、伦理、道德等民族特点具有的独特性。不同民族在历史发展、语言文字、地理环境、风俗习惯、宗教信仰等方面存在着差异,因而表现出不同的心理和行为方面的特征。民族心理学就是研究各民族的这些心理特征。作为一个民族,只有先具备了共同的语言、共同的历史传统、共同的地域、共同的经济生活、共同的生活习惯和共同的宗教信仰等客观存在的特点,才能在民族的精神面貌上有所反映,从而形成共同的心理特征。因此,可以认为民族的心理特征是每个民族的特殊生活条件在该民族中的反映,是社会物质生活和文化生活条件综合作用于民族精神面貌的反映。这不仅是区别不同民族的一个重要标志,也是民族特征中最活跃且较为稳定的特征,它在一个民族的生存发展与生活中起着重要的作用。研究民族心理学有极其重要的理论意义和实践意义,它可以了解不同历史时期人类的心理活动,并从中找出人类心理发展变化规律,为正确认识当今人类心理和预测未来人类心理发展变化寻找依据。

四、比较发展心理学

比较发展心理学(comparative developmental psychology)是通过研究动物的行为,揭示动物的心理特点,并基于人与动物的行为之间有连续的进化关系,获取人类心理发展的理解的一门学科。英国动物学家 G. T. Romanes 是第一个运用进化论观点研究动物与人在心理上的连续性的学者。1883 年他出版了《动物智慧》一书,指出人类的智慧是由动物智慧进化而来的。这本书被公认为这个主题的第一部专著。在动物行为的比较研究中,首先运用实验法的是德国生物学家 J. Loeb,他研究了动物的趋向性。此后,欧美各国比较发展心理学的研究工作,就迅速地发展起来了。从动物心理的发展来看,无脊椎动物的心理主要处于感觉阶段,低等脊椎动物的心理主要处于知觉阶段,而高等脊椎动物的心理则处于思维的萌芽阶段。无疑,这与人类心理自身的发展过程有相似之处。

五、发展心理生物学

发展心理生物学(developmental psychobiology)是研究制约并构成行为及其心理成分发展的生物学过程的学科,又称发展生物心理学(developmental biopsychology)。发展心理生物学是发展心理学与心理生物学的结合,是围绕生命过程全部阶段的行为形成基础来开展研究的。该学科产生于 20 世纪初,当时大量的个体发展研究引起了很多人的重视,实验胚胎学已作为一门学科出现,并随之展开了一系列影响广泛而持久的发展研究。Preyer 是该学科的创始人之一,他整理了当时有关生理学、神经解剖学和行为方面的发展研究,包括行为胚胎学的比较研究和儿童成熟的发展研究。Darwin 是该学科的另一位创始人,推动了研究进程,特别是他的《人类与动物的表情》一书,阐明了通过发展研究可理解行为及其与脑的关系这一进化过程的观点。E. Claparede 于 1911 年在论述人类的注意时第一次使用了"心理生物学"术语。随后,Freud、Piaget、Hall、J. M. Baldwin、Gesell、L. Carmichael、G. H. Bower 和 J. Bowlby 等人都对发展心理生物学作出了贡献。

发展心理生物学有四个主要特点:① 与进化论和遗传学相关。这是因为 19 世纪末的许多发展心理学家都受到了 Darwin 进化论的影响,有的还接受了当时胚胎学家的复演说观点。② 与现代心理生物学对亲子关系的研究有关。这是因为亲代对子代(从婴儿期到成年期)的影响研究为发展心理生物学带来了独特的观念和方法。③ 与神经科学有关。这是因为当代神经科学的方法与技术影响了发展研究的方向,如大脑神经化学系统的发展、对未成熟动物的药物学和神经系统发展的解剖学研究技术,都已被运用于发展心理生物学的研究。④ 重视对早期经验的研究。由于人们普遍认为个体早期是发展最快的时期,因而也是最值得研究的阶段。

六、发展心理病理学

发展心理病理学(developmental psychopathology)兴起于 19 世纪 70 年代,主要从发展的角度研究心理的病理机制。它综合了许多不同领域的相关研究,特别是发展心理学、传统的学院心理学及精神病学和临床心理学领域的成果。除此之外，还有 H. Jackson 和 C. S. Sherrington 关于神经生理学的研究，C. H. Waddington 和 G. L. Davis 关于胚胎学的研究等。

发展心理病理学有两条基本原理：第一，人们可以通过研究某一机体的病理来更多地了解其正常功能，也可以通过研究某一机体的正常功能来更多地了解其病理；第二，通过对目前机能的观察，可推断其早期的发展状况。因此，在分析机体的心理病因时，发展心理病理学家总是在设法直接寻找病因的同时，力图把握正常基线和该机体的先前经验。正是发展心理病理学具有的多学科性质，才使得它很快趋于成熟，并很快得到了较多的应用。

七、发展心理语言学

发展心理语言学(developmental psycholinguistics)专门研究儿童成为有能力的语言使用者的过程，力图确定儿童是如何发现本民族语言的结构的。这个研究领域的指导性假设是：儿童的语言实际上是一种真正的语言，有其自己的体系规则。虽然儿童语言最终要变为成人语言，但它并不是成人语言的粗劣翻版。当每个儿童在听周围人讲话时，必然会主动地创造一种他所属的社会环境的新语言。因生活在特定语言环境中的儿童最终都要讲同样的语言，他们必定具有解决语言习得问题的类似方式。发展心理语言学家所关心的重点就是揭示这种全世界儿童与生俱来的语言创建的方法。发展心理语言学家 D. McNeill 在评述该学科时指出，我们对自己提出来的基本问题是这样一种简单事实：语言习得发生在短得惊人的时间里。儿童在 1.5 岁以前，还未开始学习合乎语法的语言；就我们所知，这个基本过程到 3.5 岁便得以完成。因此，在短短的 24 个月以内，必定会出现丰富而复杂的成人语法能力的基础。

第五节 发展心理学的研究方法

发展心理学的研究方法很多，从时间上可分为纵向研究和横断研究；从被试方面考察可分为个案研究和成组研究；从范围和内容上分为整体研究和分析研究。具体方法有观察法、实验法(包括自然实验、教育心理实验和实验室实验)、比较法、谈话法和临床法等。但是，人生发展研究的关键是要制定研究规划，以及能够对长时期内可能会发生的变化所作的假设进行测定。这里主要讨论人生发展研究规划、方法，以及数据收集技术。

一、研究规划

研究规划是确定总的研究战略，旨在对人生发展的主要影响因素的相对作用进行分析，包括横向研究规划、纵向研究规划和时滞研究规划。传统的横向研究和纵向研究规划是用以测定个人的人生发展的,而新的时滞或序列研究规划和一般发展研究规划则主要测量一代代人的人生历史发展模式。

1. 横向研究　指同时对不同年龄组的被试进行测定。其优点是测定和应用比较快捷、节省成本。其缺点是缺少同类样本,忽视人生体验中代与代之间的(短期的)和历史的(长期的)变化。

2. 纵向研究　指在一段时间里对同一被试组进行反复测定。其优点是能够为群体和个人发展提供更准确的数据,因为所有的被试者都有相近的生活体验。其缺点是:① 花费时间较多,代价较高;② 被试者反复参加同一类测试,有可能因疲劳或厌烦影响其客观性;③ 难以保证被试数量的稳定;④ 难以反映人生体验中的历史变化;⑤ 难以把年龄和时间影响分离开来。

3. 时滞研究　指同时对出生于不同时间的同一年龄的被试组进行一次测定。其优点是对变化着的一代代人的生活体验结果的测定更为准确。其缺点是:① 缺少同类样本;② 时间代价较高;③ 忽视长期的历史影响;④ 只能提供一个年龄组的信息。

二、研究方法

研究方法是要确定具体程序,用以收集被试提供的信息并对调查结果进行统计评价。目前广泛使用的方法有三种,实验法和相关法是两种基本的研究方法。

1. 实验法　实验法可分为实验室实验和现场实验两种类型。实验室实验能够严格控制和操纵变量,揭示变量间的因果关系。但是,正是因为严格控制了实验条件,就容易导致它与实际生活相脱离。现场实验的特点在于实验的整体情境是自然的,但是对某些或某种条件则是有目的、有计划地加以控制。由于在现场实验中既尽量控制了各种变量,又保持了现场的自然性,因而能在较好地保证研究效果的同时具有较高的内部和外部效度。当然由于现场实验更接近自然,自然环境的复杂性也会给现场实验的实施带来困难。

2. 相关法　相关法则并不作出"A 可能引起 B"一类的回答。相反,其对所有的变量——实验刺激和变化等,都同时进行测定,对两者之间发生的变化程度或有无变化进行分析。例如,研究人员可能会发现,被试观看电视的时间和攻击行为都有所增加。这两者之间是正相关的。但是这一情况并不一定就表示了一种因果关系。一般来说,相关法较实验法更经济,因为它们是以对日常生活环境中发生的事件的自然观察为基础。这种调查结果的价值在于提供了某些观点,这些观点可经实验加以验证。

3. 相互作用研究方法　即把实验法和相关法结合起来,用以测定实际生活中的行为的方法。

三、研究技术

收集信息、测定假设所必需的研究技术是研究人员的基本工具。研究工具的选择要视研究方法和规划的性质而定,间接地还要考虑到正在研究中的理论观点。主要的研究技术包括从更侧重于机体角度的(个人的)到更偏重于机械论观点的(客观的)不同系列等,而观察技术既可能有高度个人性也可能有高度客观性。

1. 个案研究 个案研究可以对个人背景和发展史作出深刻的分析。这类对某一被试系统的研究为情况相近的人进行测定提供有益的线索和假设。个案研究的逻辑是:对目前发展状况理解的关键多在于其与以往复杂因素之间的相互作用,在于个人怎样理解自己的过去。许多研究人员认为,对于当前发生的行为,将其在与生命形成初期的情况联系起来时,就能得到更深刻的理解。但在把过去的结果推及至未来、把一个人的经历推广至他人时必须采取谨慎态度。个案研究技术的有利条件是:① 对一个人进行综合的多学科研究;② 对一个人的深入剖析可能会为大规模研究起先导作用;③ 对帮助个人提供了反馈信息。而其不利条件是:① 很难把某个人的情况推广至大多数人身上;② 费时较多;③ 研究人员和被试可能具有倾向性。

2. 传记 是指由别人撰写的个人史。它提供了个人大量的详尽而独特的信息,把个人自身包括心理和生物范围的发展,同包括自然环境和社会文化相互作用的外部环境条件的发展和影响过程结合起来,如 Piaget 的《儿童的知觉世界》。传记的优点是:① 提供了关于某一个人的最全面的分析;② 为理解人生发展提供了个人一生经历的透视图;③ 为提高其他人的生活质量可能提出假设。缺点是:① 较费时,代价大;② 很难把一个人的生活经历进行普遍性的推广;③ 研究人员及提供信息的人员可能带有偏见。

3. 访问 包括直接向个人提出问题和向了解该个人发展信息的人提问。这是获得调查对象个人数据的最有效、最灵活的方法。它允许访问者重新组织问题以取得直接信息,或是通过随便问答来获得信息。访问时需注意灵活机动,以使被试能够明白研究人员要了解什么情况。访问的优点是:① 能得到直接而明确的回答;② 对访问儿童、老人及无法到诊所或实验机构的人特别有效;③ 放松和自然的气氛使得回答更真实、更切中要点。缺点是:① 获得的看法和态度可能比较肤浅;② 有可能使得被试更倾向于作出社会认可和接受的回答;③ 难以设计出对被试的情况作出全面衡量的问题。

4. 标准测试 包括标准的心理测试和评定量表。由于这类测试的准确性同被试的状况与判断有很大关系,因此它们的价值仍是值得讨论的。标准测试的优点是:① 为同其他相同类型的人作比较提供了较为一致的基础;② 对个人和群体的长处和弱点提供了客观测定;③ 为诊断和治疗提供基本信息。缺点是:① 很费时间;② 为了得到真实的回答,常常需要双方之间的密切合作;③ 应试者可能倾向于给出为社会所接受的答案。

5. 观察 观察包括自然观察和实验观察,有高度个人化的、未经组织的观察以及高度非个人化、有组织的观察等。在自然观察中,研究人员实际上成了环境的一部分,形式包括:在婴儿家里细致观察其与母亲的相互联系反应,或是与被试数月或数年居住生活在一起。自然观察的优点是:① 在真实的情境中,发展事件"自然"产生;② 来自研究人员的干扰很少;③ 对同类组群体有普遍意义。缺点是:① 很难对报告的观察结果进行查证;无法知晓引起被观察到的行为的真正原因;② 耗时多,费用高;③ 无法使用技术记录仪器;④ 容易受到观察者的偏见或对发生事件误解的影响。实验观察的优点有:① 显示已知变量对某些行为的单独影响;② 实验结果可以重复检验;③ 一般来说花费较少,实验结果能较快宣布公开。缺点是:① 人为的情境可能对行为有扭曲作用;② 对在实验室产生的行为与人们平时在其熟悉的环境中产生的正常行为之间的关系问题,可能有不同看法。

> 试述各种发展心理学研究方法与技术的优劣。

(刘新民　刘　畅)

阅读　儿童心理发展的五个重要概念

1. 发展与发育

发展是指个体成长过程中生理和心理两方面有规律的量变和质变的过程。儿童的发展包括生理的发展和心理的发展。生理的发展是指儿童的生长、发育;心理的发展是指儿童的认知、意志和个性等方面的发展。发育是指个体从出生到成熟所经历的一系列有序的发展变化过程,主要指儿童生理的发展,包括脑的发育、生理的发育等。

2. 儿童心理发展的转折期和危机期

在儿童心理发展的两个阶段之间,有时会出现心理发展在短期内突然急剧变化的情况,称为儿童心理发展的"转折期"。由于幼儿心理发展的转折期常出现对成人的反抗行为,或不符合社会行为准则的各种表现,所以有人把转折期称为"危机期"。幼儿心理发展的转折期,并非一定出现"危机",转折期和危机期有所区别,转折期是必然出现的,但"危机"并不是必然出现的,在掌握规律的前提下,正确引导幼儿心理的发展,"危机"会化解。

3. 关键期

"关键期"(critical period)这个概念是从植物学、生理学和形态学移植过来的。例如 H. De Vries 发现,只有在植物衍生的某个特定时期,加上某种条件才会产生特定的形态变化,他把这个特定期称为"敏感期"。或者说,一个系统在迅速形成时期,对外界刺激特别敏感。人类胎儿在胚胎期(2~8周)是有机体体内系统(呼吸系统、消化系统、神经系统等)和器官迅速发育生长的时期。这时的机体对外界抵抗力十分微弱,如果胎儿受到不良刺激影响,很容易造成先天缺陷。这个时期就是生长发育的关键期。据研究,许多先天性发育缺陷都是在这个时期内形成的。

关于心理发展是否有关键期的问题,即是否存在某个特定的时候机体最易学习某种行为反应,最早起源于动物心理学家 K. Lorenz 对动物印刻(imprinting)行为的研究。Lorenz 发现鹅、鸭、雁之类动物在刚刚孵化出来后,让其接触其他种类的鸟或会活动的东西(如人、木马、足球),它们就会把这些东西当作自己的母亲紧紧跟随,而对自己的亲生母亲却无任何依恋。这种现象好似在凝固的蜡上刻上标记,故称"印刻"。Lorenz 还认为这种现象只发生在极短暂的特定时刻,一旦错过了这个时机就无法再学会了,因此又称关键期为"最佳学习期"。后来,W. Sluckin 用"早期学习"一词来代替"印刻"。

Sluckin 在对各种文献进行了总结分析后,认为攻击性行为、音乐学习、人际关系建立、探究行为等经过早期学习更为有效。人类的心理发展也有类似情况,存在关键期或敏感期。其他一些研究也认为,儿童学习语言、听觉、视觉形象和智力等存在关键期现象。

4. 最近发展区

"最近发展区"的思想是由苏联心理学家 Vygotsky 提出的。他认为,至少要确定两种发展的水平:第一种是现有发展水平,指由于一定的已经完成的发展系统的结果而形成的心理机能的发展水平。第二种是在有指导的情况下借助别人的帮助所达到的解决问题的水平,也就是通过教学获得的潜力。"最近发展区"就是指这两种水平之间的差距,即幼儿能独立表现出来的心理发展水平和在成人指导下表现出来的心理发展水平之间的差距。

5. 终身教育

"终身教育"是指人们在一生中都应当和需要受到各种教育培养。这一术语最早来源于英国成人教育家 A. B. Yeaxlee 出版的《终身教育》;1965 年,在联合国教科文组织主持召开的成人教育促进国际会议期间,由联合国教科文组织成人教育局局长、法国学者 Parl Lengrand 正式提出;之后短短数年就在世界各国广泛传播。在 20 世纪 60 年代后期到 70 年代初期,终身教育迅猛发展,其代表有:Paul Lengrand 的《终身教育导论》、Edgar Faure 的《学会生存——教育世界的今天和明天》、B. Schwarz 的《终身教育——21 世纪的教育改革》等。

1996 年,联合国教科文组织发布的报告《教育——财富蕴藏其中》标志着终身教育最终形成。报告中提出"终身教育建立在四个支柱基础上",这"四个支柱"是指"学会认知""学会做事""学会共同生活"和"学会生存"。

第一章习题及答案

第二章 主要理论

```
第一节  精神分析的心理发展观            四、提出"内化"学说
  一、Freud 的发展心理学理论          第四节  Piaget 的心理发展观
  二、Erikson 的人格发展阶段论          一、Piaget 的发展心理学理论
第二节  行为主义的心理发展观            二、新 Piaget 主义
  一、Watson 的发展心理学理论        第五节  其他心理发展观
  二、Skinner 的发展心理学理论          一、社会生物学观点
  三、Bandura 的发展心理学理论          二、信息加工观点
第三节  文化-历史的心理发展观            三、生态系统理论
  一、"文化-历史发展理论"的创立      阅读  1. Jung 的心理发展观
  二、探讨"发展"的实质                    2. Gesell 和双生子爬梯实验
  三、提出"教学"与"发展"的关系
```

案例 2-1 孟母三迁的故事

> 　　孟子是战国时期著名的哲学家、思想家、政治家、教育家。他小时候曾居住在离墓地很近的地方，那时，孟子和邻居的孩子一起，学着大人跪拜、哭嚎的样子，玩起办理丧事的游戏。他的母亲说："这个地方不适合孩子居住。"于是将家搬到集市旁。然而，孟子又学起了商人做买卖和屠杀的样子。母亲又说："这个地方还是不适合孩子居住。"之后，孟母将家搬到学校旁边。孟子开始变得守秩序、懂礼貌、喜欢读书。孟母说："这才是孩子应该居住的地方。"

思考题

孟母的教育方式体现了哪种心理发展观？
发展心理学关于人的发展有哪些不同的观点？

　　个体的发展会受到哪些因素的影响？发展是连续性的还是阶段性的？人的发展有没有关键期？不同的发展心理学家提出了不同的观点，形成了不同的发展心理学理论（developmental psychology theory）。所谓发展心理学理论，是试图描述和解释心理发展，预测在某一条件下行为发生的一套概念和观点。不同理论强调心理发展过程的不同方面，其中对发展心理学有重大影响的理论观点包括精神分

析理论、行为主义理论、认知发展理论和文化-历史发展理论。

第一节　精神分析的心理发展观

精神分析(psychoanalysis)是西方现代心理学的主要学派之一,其创始人是奥地利精神科医生 Sigmund Freud(图 2-1)。在精神分析学派 100 余年的发展历程中,学者们对个体的发展进行了充分的研究,建立了丰富的发展理论。本节仅以 Freud 和 Erikson 的发展心理学思想为代表进行介绍。

图 2-1　Sigmund Freud
(1856~1939)

一、Freud 的发展心理学理论

Freud 根据自己对病态人格的研究提出了人格及其发展理论。这种理论的核心思想是"存在于潜意识中的性本能是人的心理的基本动力,是决定个人和社会发展的永恒力量"。

(一) Freud 的人格理论及人格发展观

Freud 将人格分为本我(id)、自我(ego)和超我(superego)三个部分,并将它们与意识层次理论对应进行解释说明(图 2-2)。

本我是原始的、本能的,是人格中最难接近的部分,同时它又是强有力的部分。本我包括人类本能的性驱动力(或称力比多,libido)和被压抑的习惯倾向。Freud 把本我比拟为充满剧烈激情的陷阱,目的在于争取最大的快乐和最小的痛苦。Freud 认为力比多被围困在本我中,需通过某些意向的表达来消除其紧张状态,使个体产生快乐,如性欲的满足、干渴和饥饿的解除等。在 Freud 看来,个体是要和现实世界发生交互作用的,即使是进攻、侵略,也是与本我的紧张状态的减少相联系的。

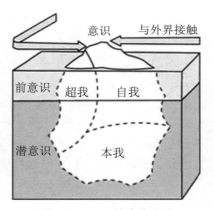

图 2-2　Freud 的人格理论

在心理发展中,年龄越小,本我的作用越重要。婴儿几乎全部处于本我状态,由于可担忧的事情不多,除了需要保持身体舒适的紧张水平外,他们尽量解除一切紧张状态。但是,由于生存需要,婴儿可能产生饥饿、干渴等不舒服的感受,在等待吃奶、喝水的时候,他们用哭声来释放这种感受。此时,婴儿的本我可能会产生幻觉,出现希望得到的结果的想象并在幻想中获得满足;婴儿的本我也可能在梦境中得到满足,如儿童在梦中吸吮乳头或拿起水杯。这类情况被 Freud 称为初级思维过程(primary process thinking)。随着年龄

的增长,儿童不断扩大与外界的交往以满足自身增加的需要和欲望,并维持一种令其舒适的紧张水平。在本我需要和现实世界之间不断建立有效而适当的联络过程中,自我就逐渐从本我中发展起来了。

自我大部分存在于意识中,小部分存在于潜意识里。Freud 认为,作为潜意识结构部分的本我,不能直接接触现实世界,个体必须通过自我与现实世界产生连接。儿童随着年龄的增加,逐渐学会了不凭冲动随心所欲。他们会考虑后果,考虑现实的作用,这就是自我。自我遵循现实原则,它既是从本我中发展出来的,又是本我和外部世界之间的中介。人能够通过自我支配行动,思考过去的经验,计划未来的行动等,这种合理的思维方式,被 Freud 称为"次级思维过程"(second process thinking)。次级思维过程的基本特征是:延迟释放能量,遵循逻辑与句法规则,对时间、空间、对象、目的和意义都有细致的区分能力。

Freud 在《自我与本我》(*The Ego and the Id*)一书中把自我与本我的关系比作骑士与马的关系。自我是骑士,本我是马,马提供能量,而骑士则指引马朝着他想去游历的路途前进。这就是说,自我不能脱离本我独立存在;然而,由于自我联系、知觉和操作现实,于是能参照现实来调节本我。这样,自我按照现实原则进行操作,实际地解除个体的紧张状态以满足其本我需要。因此,自我并不妨碍本我,而是帮助本我最终获得满足和快乐。

超我包括两个部分,一个是良心(conscience),另一个是自我理想(ego-ideal)。前者是超我的惩罚性的、消极性的和批判性的部分,它告诉个体不能违背的原则。例如,它指导人们该怎样活动,当个体做了违背良心的事,就会产生罪恶感。自我理想是由积极的雄心、理想所构成的,是抽象的东西,它希望个体为之奋斗。例如,一个儿童希望将来成为什么样的人,就是自我理想的体现。

Freud 指出,超我代表着道德标准和人类生活的高级方向。超我和自我都是人格的控制系统,但自我控制的是本我盲目的激情,以保持机体免受损害;而超我则有是非标准,它不仅力图使本我延迟得到满足,而且也可能使本我完全不能满足。超我在人身上发展着,逐步按照文化教育、宗教要求和道德标准采取行动。因此,Freud 的超我与本我是有对立的一面的。

(二) **Freud 的性心理发展理论**

性心理发展理论是 Freud 关于心理发展的主要理论。在此理论中,Freud 既提出了划分心理发展阶段的标准,又具体规定了心理发展阶段的分期。他把力比多的发展分为五个阶段:口唇期、肛门期、前生殖器期、潜伏期和青春期(表 2-1)。

1. 口唇期(0~1 岁) Freud 认为利比多的发展是从嘴开始的,吮吸本能也能产生快感。Freud 将口唇期分为两个时期:第一个时期是 0~6 个月;第二个时期是 6~12 个月。

从出生到 6 个月,婴儿的世界是"无对象"的,他们还没有现实存在的人和物的概念,仅仅是渴望得到快乐和舒适的感觉,而没有认识到其他人与他是分离存在的。约在 6 个月的时候,婴儿开始发展关于他人的概念,特别是母亲。作为一个必要而又需要分离的人,当母亲离开婴儿的时候,他就会焦虑不安。Freud 认为,每个人都经历过口唇期阶段,流露出此阶段的快感和偏见。之后的发展阶段直至成人,出现吮吸或咬东西(如咬铅笔等)的愉快,或抽烟和饮酒的快乐,都是口唇快感的固着与发展。

2. 肛门期(1～3 岁)　此时期儿童的性兴趣集中到肛门区域。例如,大便产生肛门区域黏膜上的愉快感觉,或以排泄为乐,以抹粪或玩弄粪便而感到满足。

3. 前生殖器期(3～6 岁)　Freud 说:"儿童从 3 岁起,其性生活即类同于成人的性生活。"所不同的是:① 因生殖器未成熟,以致没有稳固的组织性。② 倒错现象的存在。③ 整个冲动较为薄弱。Freud 所说的 3 岁后的"性生活"主要是指恋母情结。也就是说,在这个阶段,儿童依恋于父母的异性的一方。这一早期的亲子依恋,被 Freud 描述为"俄狄浦斯情结"(Oedipus complex)。因此,前生殖器期又叫恋母情结阶段。

4. 潜伏期(6～11 岁)　随着较强的抵御恋母情结的情感建立,儿童进入性心理发展的潜伏期。Freud 认为进入潜伏期的儿童,其性的发展呈现一种停滞的或退化的现象,可能完全缺乏,也可能不完全缺乏。在这个时期,口唇期、肛门期的感觉,前生殖期恋母情结的各种记忆都逐渐被遗忘,被压抑的快感差不多一扫而光。因此,潜伏期是一个相对平静的时期。

5. 青春期(11 或 13 岁开始至成年)　经过潜伏期,青春期到来。从年龄上看,女孩约从 11 岁、男孩约从 13 岁开始进入青春期。按照 Freud 及其女儿的观点,可以看出他们对青春期的看法。首先,青春期的发展,个体最重要的任务是要从父母那里摆脱自己;同时,到了青春期,容易产生性冲动,也容易产生对成人的抵触情绪和冲动。

表 2-1　Freud 的性心理发展阶段论

阶段	年龄	性敏感区	行为特点
口唇期	0～1 岁	口、舌、唇	吸吮产生快感,吸吮、吞咽、咀嚼、咬
肛门期	1～3 岁	肛门	以排泄和玩粪便为乐
前生殖器期	3～6 岁	生殖器	俄狄浦斯情结
潜伏期	6～11 岁	无特定区域	性发展停滞或退化,处于相对平静的时期
青春期	11 或 13 岁开始至成年	生殖器	从父母或成人中摆脱,产生性冲动,如手淫、性交,形成对其他人的感情

二、Erikson 的人格发展阶段论

Erik H. Erikson(图 2-3)生于法国,师承 Freud 的女儿 Anna Freud 和 D. Burlingham,1933 年定居美国,是美国现代非常有名望的精神分析理论家。Erikson 的人格发展学说与 Freud 不同,他既考虑到生物学的影响,也考虑到文化和社会因素的作用。他认为在人格发展中逐渐形成的自我过程,在个人及其周围环境的交互作用中起着主导和整合作用。每个人在生长过程中,都普遍体验着生物的、生理的和社会事件的发展顺序,按一定的成熟程度分阶段地向前发展。在《儿童期与社会》这本书里,他提出了人格发展阶段论(Erikson's stage theory of personality development),又称心理社会发展论。这一理论继承和发展了 Freud 的许多基本原则。他认为,人除了具有性的冲动外,在生长过程中还有一种注意外界并与外

图 2-3　Erik H. Erikson (1902～1994)

界相互作用的需要,而个人的健全人格正是在与环境的相互作用中形成的。他通过临床观察与经验总结发现,人格的发展历程并非如 Freud 所肯定的那样在 6 岁以前已经完成,而是贯穿于人的一生。他将这一历程划分为八个阶段,每个阶段都包含着一个在与环境相互作用中产生的特殊矛盾。

1. 婴儿期(出生～2 岁)　婴儿在本阶段的主要任务是满足生理上的需要,发展信任感,克服不信任感,体验着希望的实现。婴儿从生理需要的满足中,体验着身体的康宁,感到了安全,于是对周围环境产生了一种基本信任感;反之,婴儿便对周围环境产生了不信任感,即怀疑感。

2. 儿童早期(2～4 岁)　这个阶段的儿童主要是获得自主感,克服羞怯和疑虑,体验着意识的实现。Erikson 认为这时的幼儿除了养成适宜的大小便习惯外,其主要表现是:已不满足于停留在狭窄的空间之内,渴望探索新的世界。这一阶段发展任务的解决,对个人今后对社会组织和社会理想的态度将产生重要的影响,为未来的秩序和法制生活作好了准备。

3. 学前期(4～7 岁)　这一阶段儿童的主要发展任务是获得主动感和克服内疚感,体验着目的的实现。学前期也称游戏期,游戏执行着自我的功能,在解决各种矛盾中体现出自我治疗和自我教育的作用。Erikson 认为,个人未来在社会中所能取得的工作上、经济上的成就,都与儿童在本阶段主动性发展的程度有关。但在 Freud 的学说中,这一阶段是产生俄狄浦斯情结的时期。Erikson 的看法不同于 Freud,他认为儿童虽对自己的异性父母产生了爱慕之情,但能从现实关系中逐渐认识到这种情感的不现实性,遂产生对同性的自居作用,逐渐从异性同伴中找到了代替自己异性父母的对象,使俄狄浦斯情结在发展中获得最终的解决。

4. 学龄期(7~12岁)　本阶段的发展任务是获得勤奋感,克服自卑感,体验着能力的实现。在此阶段,儿童的社会活动范围扩大了,他们依赖的重心已由家庭转移到学校、班级和少年组织等社会机构。Erikson认为,许多人将来对学习和工作的态度和习惯都可溯源于本阶段的勤奋感。

5. 青年期(12~18岁)　这一阶段的发展任务是建立同一感和防止同一感混乱,体验着忠实的实现。在这一阶段,Erikson提出了"合法延缓期"的概念,他认为这时的青年自觉没有能力持久地承担义务,感到要作出的决断太多、太快。因此,在作出最后决断前要进入一个"暂停"的时期,千方百计地延缓承担的义务,以避免同一性提前完结。虽然对同一性寻求的拖延可能是痛苦的,但它最后是能致使个人整合的一种更高级形式和真正的社会创新。

6. 成年早期(18~25岁)　这一阶段的发展任务是获得亲密感,避免孤独感,体验着爱情的实现。Erikson认为这时的青年男女已具备能力并自愿准备去承担相互信任、工作调节、生儿育女和文化娱乐等生活,以期充分而满意地进入社会。这时,需要在自我同一性的基础上获得共享的同一性,才能获得美满的婚姻而得到亲密感。但由于寻找配偶包含着偶然因素,所以也孕育着害怕独身生活的孤独感。Erikson认为,发展亲密感对是否能满意地进入社会有重要作用。

7. 成年中期(25~50岁)　这一时期的主要发展任务为获得繁殖感,避免停滞感,体验着关怀的实现。此时男女建立家庭,并将他们的兴趣扩展到下一代。这里的繁殖不仅指个人的生殖力,也指关心和指导下一代的成长。因此,有人即使没有自己的孩子,也能获得繁殖感。缺乏这种体验的人会倒退到一种假亲密的状态,沉浸于自己的世界,一心只专注自己而产生停滞感。

8. 老年期(50岁~死亡)　老年期即成年晚期,这一阶段的发展任务主要是获得完善感,避免失望和厌倦感,体验着智慧的实现。这时人生进入了最后阶段,如果自己的一生获得了充分的满足,则产生一种完善感,这种完善感包括长期锻炼出来的智慧感和人生哲学,并延伸到自己的生命周期以外,是一种与新一代的生命周期融合为一体的感觉。一个人若达不到这一感觉,就不免恐惧死亡,觉得人生短促,对人生感到厌倦和失望。

如果说以上第一至第五阶段是针对Freud的五个阶段提出的,那么后三个阶段就是Erikson独创的。这三个阶段的提出,使他的发展理论更加完善。

> 试比较Erikson和Freud发展观的异同。

Erikson的发展阶段论有着自己的特色,他的发展过程不是一个阶段不发展、另一个阶段就不能到来的一维性纵向发展观,而是多维性的发展观,即每一个阶段实际上不存在发展不发展的问题,而是只存在发展方向的问题,发展方向有好有坏,这种发展的好坏是在横向维度上的两极之间进行的(表2-2)。

表 2-2 Erikson 心理社会性发展的八个阶段

阶段	年龄	心理危机 （发展关键）	发展顺利	发展障碍
1	出生～2 岁 婴儿期	信任对不信任	对人信赖,有安全感	难与人交往,焦虑不安
2	2～4 岁 儿童早期	自主对羞愧怀疑	能自我控制,行动有信心	自我怀疑,行动畏首畏尾
3	4～7 岁 学前期	主动对退缩内疚	有目的方向,能独立进取	畏惧退缩,无自我价值感
4	7～12 岁 学龄期	勤奋进取对自贬自卑	具有求学、做人、待人的基本能力	缺乏生活基本能力,充满失败感
5	12～18 岁 青年期	自我统一对角色混乱	自我观念明确,追寻方向肯定	生活缺乏目标,时感彷徨迷失
6	18～25 岁 成年早期	友爱亲密对孤独疏离	成功的感情生活,奠定事业基础	孤独寂寞,无法与人亲密相处
7	25～50 岁 成年中期	繁殖感对颓废迟滞	热爱家庭,栽培后代	自我恣纵,不顾未来
8	50 岁～死亡 老年期	完美无憾对悲观绝望	随心所欲,安享天年	悔恨旧事,徒呼负负

第二节 行为主义的心理发展观

行为主义是由美国心理学家 John Broadus Watson（图 2-4）创立的，它的突出特点是强调现实和客观研究。

一、Watson 的发展心理学理论

Watson 认为心理的本质是行为，各种心理现象只是行为的组成因素或组成方面，而且可以用客观的"刺激-反应"(stimulus-response，S-R)术语来论证，包括作为高级心理活动的思维。Watson 在发展心理问题上的主要理论是环境决定论，他在《行为主义》一书中写道："给我一打健康的婴儿，一个由我支配的特殊的环境，让我在这个环境里养育他们，我可担保，任意选择一个，不论他父母的才干、倾向、爱好如何，他父母的职业及种族

图 2-4 John Broadus Watson（1878～1958）

如何,我都可以按照我的意愿把他们训练成为任何一种人物……医生、律师、艺术家、大商人,甚至乞丐或强盗。"这种环境决定论主要体现在以下几个方面:

(一) 否认遗传的作用

否认行为的遗传是 Watson 的环境决定论的基本要点之一。他说,"心理学再不需要本能的概念了"。Watson 否认行为的遗传作用的理由有三个方面:① 行为发生的公式是刺激-反应。从刺激可预测反应,从反应可预测刺激。行为的反应是由刺激所引起的,刺激来自于客观而不是取决于遗传,因此行为不可能取决于遗传。② 生理构造上的遗传作用并不导致功能上的遗传作用。Watson 承认机体在构造上的差异来自遗传,但他认为构造上的遗传并不能证明功能上的遗传。由遗传而来的构造,其未来的形式如何取决于所处的环境。③ Watson 的心理学以控制行为作为研究目的,而遗传是不能控制的,所以遗传的作用越小,控制行为的可能性则越大。

(二) 夸大环境和教育的作用

Watson 从刺激-反应的公式出发,认为环境和教育是行为发展的唯一条件,他提出了以下论断:① 构造上的差异及幼年时期训练上的差异足以说明后来行为上的差异;② 教育万能论;③ 学习的基础是条件反射。他认为条件反射是整个习得所形成的单位,学习的决定条件是外部刺激,外部刺激是可以控制的,所以不管多么复杂的行为,都可以通过控制外部刺激而形成。Watson 的学习观点为其教育万能论提供了论据。

(三) 对儿童情绪发展的研究

Watson 对心理发展研究的主要兴趣是在情绪发展上。情绪发展的课题分为两种:一是重点研究儿童的三种非习得性,即非学习性的情绪反应基础上形成的条件反射;二是重视儿童嫉妒和羞耻情绪的行为研究。Watson 有关儿童情绪的观点,特别是对儿童的怕、怒、爱的分析,主要来自于他对情绪发展进行的一系列实验研究。这些实验研究在心理学史上被誉为"经典实验"(详见第八章专栏 8-3),也是 Watson 在发展心理学建设上的开创性贡献。

二、Skinner 的发展心理学理论

Burrhus Frederic Skinner(图 2-6)的理论体系与 Watson 的刺激-反应心理学的不同之处,在于他区分出应答性和操作性行为。传统的行为主义心理学家信奉刺激-反应(stimulus-response, S-R)公式,认为一切行为都是 S-R 的反应过程。Skinner 认为这种行为是应答性行为。应答性行为是指由特定的、可观察的刺激所引起的行为。而操作性行为是指在没有任何能观察到的外部刺激的情境下有机体的行为,它似乎是自发的,代表着有机体对环境的主动适应,由行为的结果所控制。Skinner 把那些有机体自身发出而受到强化后经常性重复的行为称为操作性行为

(operant behavior)。Skinner 认为，人类的大多数行为都是操作性行为，如游泳、写字、读书等。他把操作性行为当作心理学研究的对象，构成操作行为主义的理论体系。

因此，他把条件反射也分为两类，即经典条件反射(classical conditioning)和操作条件反射(operant conditioning)。经典条件反射用以塑造有机体的应答行为；操作条件反射用以塑造有机体的操作行为。经典条件反射是 S-R 的联结过程；操作条件反射是 R-S 的联结过程。他的这种区分，补充和丰富了原来的行为主义公式。

图 2-6　Burrhus Frederic Skinner (1904～1990)

专栏 2-1　经典条件反射实验

经典条件反射，是指一个刺激和另一个带有奖赏或惩罚的无条件刺激多次联结，可使个体学会在单独呈现该刺激时，也能引发类似无条件反应的条件反应。经典条件反射最著名的例子是 Ivan Pavlov(1849～1936)的狗的唾液条件反射(图 2-7)。

Pavlov 的实验方法是，把食物展示给狗，并测量其唾液分泌。在这个过程中，他发现如果随同食物反复给一个中性刺激，即一个并不自动引起唾液分泌的刺激，如铃响，这条狗就会逐渐"学会"在只有铃响但没有食物的情况下分泌唾液。一个原是中性的刺激与一个原来就能引起某种反应的刺激相结合，而使动物学会对那个中性刺激作出反应，这就是经典条件反射的基本内容。实验内容简化如下：

图 2-7　Pavlov 的实验装置

食物→唾液分泌；
食物＋声音→唾液分泌；
声音→唾液分泌。

Pavlov 的研究公布以后不久，一些心理学家，如行为主义学派的创始人 Watson，开始主张一切行为都以经典条件反射为基础。我们前面提到的 Little Albert 实验就是一个以人为研究对象的经典条件反射实验。

Skinner 的心理发展理论主要表现在下述几个方面：
(一) 行为的强化控制原理
Skinner 设计了"斯金纳箱"(Skinner's box)，观察白鼠、鸽子等动物在其中的行为表现,来说明操作条件反射的形成(图 2-8)。箱内放进一只白鼠或一只鸽子,并设一杠杆或按键,箱子的构造尽可能排除一切外部刺激。动物在箱内可自由活动,当它压杠杆或啄键时,就会有一团食物掉进箱子下方的盘中,动物就能吃到食物。箱外有一装置记录动物的动作。通过实验 Skinner 发现,动物的学习行为是随着一个起强化作用的刺激而发生的。他把动物的学习行为推广到人类的学习行为上,他认为虽然人类学习行为的性质比动物复杂得多,但也要通过操作条件反射实现。

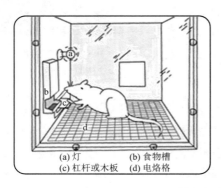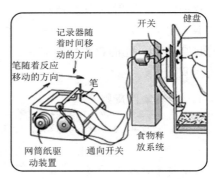

图 2-8　斯金纳箱

Skinner 的操作条件反射强调塑造、强化与消退、及时强化等原则。首先,在 Skinner 看来,强化作用是塑造行为的基础。他认为,只有了解强化效应和操纵好强化技术,才能控制行为反应,并能随意塑造出一个教育者所期望的儿童行为,儿童偶然做了什么动作而得到了教育者的强化,这个动作后来出现的概率就会大于其他动作,强化的次数增多,概率随之加大,这便导致了人的操作行为的建立。行为是由伴随它的强化刺激所控制的。其次,强化在行为发展过程中起着重要的作用,行为不强化就会消退,即得不到强化的行为是易于消退的。依照 Skinner 的看法,儿童之所以要做某事"就是想得到成人的注意"。要使儿童的不良行为,如长时间的啼哭或发脾气等消退,可在这些行为发生的时候不予理睬,排除对他的注意,结果孩子就会不哭不闹。在儿童的眼中,是否多次得到外部刺激的强化,是他衡量自己的行为是否妥当的唯一标准,练习的多少本身不会影响到行为反应的速率。练习在儿童行为形成中之所以重要,是因为它提供了重复强化的机会。只练习不强化不会巩固和发展起一种行为。再次,Skinner 强调及时强化,他认为强化不及时是不利于人的行为发展的,教育者要及时强化希望在儿童身上看到的行为。

Skinner 将强化作用分为积极强化作用(positive reinforcement)和消极强化作用(negative reinforcement)两类。尽管分类不同,其作用的效果都是增进反应的概率。所谓积极强化作用,是由于一种刺激的加入增进了一个操作反应发生的概率,这种作用是经常的。所谓消极强化作用,是由于刺激的排除而加强了某一操作反应的概率。Skinner 建议以消退取代惩罚的方法,提倡强化的积极作用。

(二) 儿童行为的实际控制

Skinner 重视将理论应用于实际。他在发展儿童的心理和提高儿童教育的质量方面,作出了不少贡献。

1. 育婴箱的作用 Skinner 的第一个孩子出生时,他决定制作一个改进的摇篮,这就是 Skinner 的育婴箱(图 2-9)。他的女儿在实验箱里"长大",之后成为很有名气的画家。在成长的过程中,女儿过得很快乐。于是,Skinner 把育婴箱详细介绍给了美国《妇女家庭》杂志,他的研究工作因此受到大众的注意和赞扬。在题为《育婴箱》(Baby in a Box)的论文中,他描述道:光线可以直接透过宽大的玻璃窗照射到箱内,箱内干燥,可自动调温,无菌无毒且隔音;里面活动范围大,除尿布外无多余衣布,幼儿可以在里面睡觉、游戏;箱壁安全,挂有玩具等刺激物;可不必担心着凉和湿疹一类的疾病。这种照料婴儿的装置是 Skinner 操作性条件反射作用的又一杰作。这种设计的思想是尽可能避免外界一切不良刺激,创造适宜儿童发展的行为环境,养育身心健康的儿童。后来,Skinner 发展了这些思想,写成小说《沃尔登第二》(Walden Two),讲述了由一个儿童成长的行为环境扩展到几千人组成的理想国。在这里,行为分析家将操作条件原理用于儿童的培养与教育。

图 2-9 Skinner 夫妇和育婴箱中的女儿

2. 行为矫正 随着 Skinner 操作性行为思想体系影响的增加,大量研究工作在行为矫正的领域中发展起来。例如,消退原理在儿童攻击性和自伤性行为矫正和控制中发生作用:孩子做某种事情是想引起同伴或成人的注意;教师对儿童的寻衅、争吵,不管何时发生,都装作不知道;成人对儿童的自伤行为不予理睬,直到他感到疼痛却得不到任何反馈。不论何时,成人都应谨慎,不去强化儿童的不良行为。

3. 教学机器和程序教学 行为塑造也有一些不够完善的地方,如:① 常常使教育者失去耐心,尤其是对纠正不良行为、学习这类复杂的行为问题;② 在一个班级中教育者很难照顾到每一个儿童;③ 在教育经验中,师资水平较差的情况也是普遍存在的。这些问题促使 Skinner 产生了把学习和机器相联系的想法,于是,最早的辅助教学机诞生了。这种辅助教学机中包含了程序教学的材料。程序教学有其一系列的原则,例如,小步子呈现信息、及时知道结果、学生主动参加学习等。尽管教学机器和程序教学对教师的主导作用的发挥有妨碍作用,对学生的学习动机考虑较少,但是 Skinner 的工作还是对美国教育产生了深刻的影响。

Skinner 在心理发展的实际控制上,完成了不少有价值的工作,现代认知心理学、20 世纪 70 年代兴起的环境心理学、日益流行的教学辅助机、临床收效较大的新行为方法等,都受到了他的强化控制理论和实践的影响。

三、Bandura 的发展心理学理论

Albert Bandura 于 1977 年出版了其代表作《社会学习理论》(*Social Learning Theory*),全面体现其发展心理学的观点。这里着重介绍以下两个方面:

(一) 观察学习及其过程

观察学习是 Bandura 社会学习理论的一个基本概念。观察学习是通过观察他人(榜样)的行为及其结果而进行的学习,它不同于刺激-反应学习,刺激-反应学习是通过学习者的直接反应给予直接强化而完成的学习。而观察学习的学习者则可以不必直接地作出反应,也不需亲自体验强化,只要通过观察他人的行为及其接受的强化就能完成学习。观察学习包括注意过程、保持过程、运动复现过程和动机过程等四个部分。

Bandura 认为,强化可以是直接强化,即通过外界因素对学习者的行为直接进行干预,"外在结果虽然常给予行为以影响,但它不是决定人的行为的唯一因素。人在观察的和自己形成的结果的支配下,引导自己的行为"。强化也可以是替代强化,即学习者如果看到他人成功和赞扬的行为,就会增强产生同样行为的倾向;如果看到失败或受罚的行为,就会削弱或抑制发生这种行为的倾向。强化还可以自我强化,即行为在"达到自己设定的标准时,以自己能支配的报酬来增强、维持自己的行为的过程"。自我强化依存于自我评价的个人标准。这种自我评价的个人标准是儿童学会以自己的行为是否比得上他人而设定的标准,用自我肯定和自我批评的方法对自己的行为作出反应而确立。在这个过程中,成人对儿童达到或超过为其提供的标准的行为表示喜悦,而对未达到标准的行为则表示失望。这样,儿童就逐渐形成了自我评价的标准,获得了自我评价的能力,从而对榜样示范行为发挥自我调整的作用。儿童就是在这种自我调整的作用下,形成观念、能力和人格,改变自己的行为。

(二) 社会学习在社会化过程中的作用

Bandura 特别重视社会学习在社会化过程中的作用,即社会引导成员用社会认可的方法去活动。为此,他专门研究了攻击性的作用、自我强化和亲社会行为等几个方面所谓社会化的"目标"。

1. 攻击性　Bandura 认为,攻击性的社会化也是一种操作条件作用。如当儿童用合乎社会准则的方法表现攻击性时(如球赛或打猎),父母和其他成人就奖励儿童;当他们用社会不容许的方法来表现攻击性时(如打幼小儿童),则惩罚他们。

所以儿童在观察攻击的模式时,就会注意什么时候的攻击性被强化,而对于被强化的模式便会照样模仿。

2. 性的作用　Bandura 认为,男女儿童各自性别品质的发展较多的是通过社会化过程的学习,特别是模仿的作用而获得的。儿童常常通过观察学习两性的行为,只是因为在社会强化的情况下,他们通常所从事的仅仅是适合他们自己的性的行为。有时这种社会强化还会影响观察过程本身,也就是说,儿童甚至会停止对异性模式细致的观察。

3. 自我强化　Bandura 认为,自我强化也是社会学习模式影响的结果,他曾用实验证明了这一点:让 7～9 岁的儿童观看滚木球比赛的模式,这一模式中,只有得到高分数时,儿童才能用糖果来奖励自己,否则,就将作自我批评。之后,让看过和未看过滚木球比赛模式的儿童分别独自玩滚木球比赛游戏,结果看过比赛模式的儿童,采用的是自我报酬的类型,而未看过比赛模式的儿童对待报酬的方法,则是不管什么时候,只要自己愿意和感到喜欢就行。可见,在儿童自我评价的行为上,即在自我强化的社会化方面,模式表现出了明显的效果。

4. 亲社会行为　Bandura 认为,亲社会行为(如分享、帮助、合作和利他主义等),通过呈现适当的模式能够给儿童施加影响。例如,先让一组 7～11 岁的儿童观看成人玩耍滚木球游戏模式,并将所得部分奖品捐赠给"贫苦儿童基金会";然后让同样年龄的另一组儿童单独玩这种游戏。结果发现,后一组儿童远远没有前一组儿童所做的捐献多。Bandura 认为,亲社会行为靠训练是没有什么效果的,有时强制的命令可能会一时奏效,但效果会有反复,只有模式的影响才更有用,而且持续时间更长。

Bandura 的社会学习理论从人的社会性角度研究学习问题,强调观察学习。认为人的行为的变化,既不是由个人的内在因素,也不是由外在的环境因素所单独

> 三种行为理论有何异同?
> 请你用三种不同的行为理论解释人类是如何学习新知识和技能的。

决定的,而是由两者相互作用的结果所决定。认为人通过其行为创造环境条件并产生经验(个人的内在因素),被创造的环境条件和作为个人内在因素的经验又反过来影响以后的行为等。无疑,这在相当程度上反映了人类学习的特点,揭示了人类学习的过程,具有一定的理论和实际价值。但是,Bandura 的社会学习理论基本上是属于行为主义的,他虽然似乎也重视认知因素,但并没有对认知因素作充分的探讨,更缺乏必要的实验依据,他侧重于行为研究而没有给认知因素以应有的地位,只是一般化地对认知机制作些简单的论述,因而其社会学习理论存在着明显的不足之处。

第三节 文化-历史的心理发展观

图 2-10　Lev Semenovich Vygotsky
（1896～1934）

Lev Semenovich Vygotsky（图 2-10）是苏联心理学家,主要研究儿童心理和教育心理,着重探讨思维与言语、教学与发展的关系问题。在发展心理学史上,Vygotsky 的思想独树一帜,不仅被苏联专家肯定,而且被西方心理学界推崇。1992 年 11 月,在莫斯科还召开了 Vygotsky 心理学思想国际讨论会。

Vygotsky 和 Alexander R. Luria(1902～1977)、Aledsey Leonliev(1909～1979)一起从 20 世纪 20 年代开始研究人的高级心理功能的社会历史发生问题。后来得到了心理发展的社会文化-历史理论名称,形成了社会文化-历史学派（又称"维列鲁"学派）,Vygotsky 是这个学派的创始人。这个以Vygotsky、Leonliev、Luria 为首所形成的社会文化-历史心理学派,是当时苏联最大的一个心理学派别。后来有许多心理学家加入,在美国、西欧和日本等国家和地区也有着广泛的影响。

Vygotsky 对心理的种系发展和个体发展都作了研究,特别是对于人类心理的社会起源的学说和儿童心理发展对教育、教学的依赖关系的学说,都作了较深入的探讨。

一、"文化-历史发展理论"的创立

Vygotsky 认为,由于工具的使用,人开始采用新的适应方式,即物质生产的间接的方式,而不像动物一样以身体的直接方式来适应自然。在人的工具生产中凝结着人类的间接经验,即社会文化知识经验,这就使人类的心理发展规律不再受生物进化规律制约,而受社会历史发展的规律制约。他以此理论解释人类与动物心理不同的高级心理功能。

工具本身并不属于心理的领域,也不加入心理的结构,只是由于这种间接的"物质生产的工具",人类的心理上出现了"精神生产的工具",即人类社会所特有的语言和符号。生产工具和语言符号的类似性就在于它们使间接的心理活动得以产生和发展。所不同的是,生产工具指向外部,引起客体的变化;符号指向内部,不引起客体的变化,而影响人的行为。控制自然和控制行为是相互联系的,因为人在改造自然时也改变着人自身的性质。

二、探讨"发展"的实质

Vygotsky 认为发展是指心理的发展。所谓心理发展是指一个人的心理(从出生到成年)在环境与教育的影响下,在低级的心理功能的基础上,逐渐向高级的心理功能转化的过程。

心理功能由低级向高级发展的标志是什么?Vygotsky 归纳了四个方面的表现:① 心理活动的随意功能;② 心理活动的抽象-概括功能,也就是说各种功能由于思维(主要是指抽象逻辑思维)的参与而高级化;③ 各种心理功能之间的关系不断地变化、组合,形成间接的、以符号或词为中介的心理结构;④ 心理活动的个性化。

心理功能由低级向高级发展的原因是什么?Vygotsky 强调了三点理由:① 起源于社会文化-历史的发展,是受社会规律所制约的;② 从个体发展来看,儿童在与成人交往过程中通过掌握高级心理功能的工具——语言、符号这一中介环节,使其在低级的心理功能的基础上形成各种新的心理功能;③ 高级心理功能是不断内化的结果。由此可见,Vygotsky 的心理发展观是与他的文化-历史发展观密切联系在一起的。他强调,心理发展的高级功能是人类物质产生过程中发生的人与人之间的关系和社会文化-历史发展的产物。他强调心理发展过程是一个质变的过程,并为这个变化过程确定了一系列的指标。

三、提出"教学"与"发展"的关系

在教学与发展的关系上,Vygotsky 提出了三个重要的问题:①"最近发展区"思想;② 教学应当走在发展的前面;③ 关于学习的最佳期限问题。他认为,至少要确定两种发展水平。第一种水平是现有发展水平,指由一定的已经完成的发展系统的结果而形成的心理功能的发展水平。第二种是在有指导的情况下借别人的帮助所达到的解决问题的水平,也是通过教学所获得的潜力。在智力活动中,对所要解决的问题和原有的独立活动之间可能有差异。通过教学,在别人的帮助下消除这种差异,这就是"最近发展区"。教学创造着"最近发展区",第一个发展水平与第二个发展水平之间的动力状态是由教学决定的。"最近发展区"的提出说明了儿童发展的可能性。Vygotsky 认为,重要的不是迄今为止已经完结了的发展过程,而是那些现在仍处于形成状态的、刚刚在发展的过程,关键在于"判明儿童发展的动力状态"。因此他指出,"弄清儿童发展的两种水平,将给关于教学与发展的关系的整个学说带来一场大的变革"。

根据上述思想,Vygotsky 提出"教学应当走在发展的前面"。这是他对教学与发展关系问题的最主要的理论。也就是说,教学"可以定义为人为的发展",教学决定着智力的发展,这种决定作用既表现在智力发展的内容、水平和智力活动的特点

> 请举例说明如何使教学走在发展的前面。

上，也表现在智力发展的速度上。对于怎样发挥教学的最大作用，Vygotsky强调了"学习的最佳期限"。如果脱离了学习某一技能的最佳年龄，从发展的观点来看都是不利的，它会造成儿童智力发展的障碍。因此，开始某一种教学，必须以成熟与发育为前提，但更重要的是，教学必须首先建立在正在开始形成的心理功能的基础上，走在心理功能形成的前面。

四、提出"内化"学说

在儿童思维发生学的研究中，国外不少心理学家提出了外部动作"内化"为智力活动的理论。Vygotsky是"内化"学说早期的提出人之一。他指出，教学的最重要的特征便是教学创造着"最近发展区"这一事实，也就是教学激起与推动学生一系列内部的发展过程，从而使学生通过教学掌握人类的经验，内化为儿童自身的内部财富。Vygotsky内化学说的基础是他的工具理论，他认为人类的精神生产工具或"心理工具"就是各种符号，运用符号就可使心理活动得到根本改造。这种改造转化不仅在人类发展中，而且也在个体发展中进行着。学生早年还不能使用语言这个工具来组织自己的心理活动，心理活动的形式是"直接的和不随意的、低级的、自然的"。只有掌握了语言这个工具，才能转化为"间接的和随意的、高级的、社会历史的"心理技能。新的高级的社会历史的心理活动形式，首先是作为外部形式的活动而形成的，以后才得以"内化"，转化为内部活动，才能"默默地在头脑中进行"。

第四节　Piaget的心理发展观

Jean William Fritz Piaget（图2-11）是瑞士著名的儿童心理学家和发生认识论（genetic epistemology）的开创者，他的心理发展观是当代发展心理学最有影响的理论之一，现今围绕Piaget理论展开的研究成果，被称为新Piaget主义。

一、Piaget的发展心理学理论

Piaget的理论核心是"发生认识论"，主要研究人类的认识，包括认知、智力、思维、心理的发生和结构。他认为，人类的认识不管多么高深和复杂，都可以追溯到人的童年时期，甚至可以追溯到胚胎时期。Piaget的心理研究企图探索和解答的问题有：儿童认识是怎样形成的？智力和思维是如何发生发展的？它受哪些因素的制约？它的内在结构是什么？各种不同水平的智力和思维结构是如何出现的？……Piaget解答这些问题的主要科学依据是生物学、逻辑学和心理学。他认为，生物学可

图 2-11　Jean William Fritz Piaget
（1896～1980）

以解释儿童智力的起源和发展,而逻辑学则可以解释思维的起源和发展。生物学、逻辑学和心理学构成了 Piaget 发生认识论和智力(思维)心理学的理论基础。

(一)关于发展的实质和原因

1. 内因与外因的作用　在心理学中,特别是发展心理学中,由于观点的不同,而存在各种不同的发展理论。Piaget 在他的《智力心理学》(*The Psychology of Intelligence*)一书中,对此作了详细的论述。他列举了五种重要的发展理论:① 只讲外因不讲发展的,如英国 Bertrand Russell 的早期观点。② 只讲内因不讲发展的,如 Karl Bruner 的早期观点。③ 讲内因外因相互作用而不讲发展的,如格式塔学派。④ 既讲外因又讲发展的,如联想心理学派。⑤ 既讲内因又讲发展的,如 Thorndike 的尝试错误学说。Piaget 认为他和这五种发展理论不同,他自己是认同内外因相互作用的发展观的,即既强调内外因的相互作用,又强调在这种相互作用中心理不断产生量和质的变化。

2. 心理发展的本质和原因　Piaget 认为,心理、智力和思维既不是起源于先天的成熟,也不是起源于后天的经验,而是起源于主体的动作。这种动作的本质是主体对客体的适应(adaptation)。也就是说主体通过动作对客体作出的适应,乃是心理发展的真正原因。

Piaget 从生物学的观点出发,对适应作了具体的分析。他认为个体的每一个心理反应,不管是指向外部动作,还是内化了的思维动作,都是一种适应。适应本质在于取得机体与环境的平衡(equilibrium)。根据生物学的观点,Piaget 认为适应是通过两种形式实现的:一种是同化(assimilation),即把环境因素纳入机体已有的图式或结构之中,以加强和丰富主体的动作;另一种是顺应(accommodation),即改变主体动作以适应客观变化。例如,学会抓握的婴儿看见床上的玩具,会反复用抓握的动作去获得玩具。当他独自一个人,玩具又较远,婴儿手够不着(看得见)时,他仍然会用抓握的动作试图得到玩具,即用以前的经验来对待新的情境(远处的玩具),这一动作过程就是同化。偶然地,他抓到床单一拉,玩具从远处来到了近处,这一动作过程就是顺应。通过同化和顺应,认识结构就不断发展,以适应新环境。如果机体和环境失去平衡,就需要改变行为以重建平衡。这种不断的平衡-不平衡-平衡的过程,就是适应的过程,也就是心理发展的本质和原因。

(二)发展的因素与结构

1. 心理发展的因素　Piaget 在其《儿童逻辑的早期形成》(*The Early Growth of Logic in the Child*:*Classification and Seriation*)、《儿童心理学》(*The Psychology of Child*)等著作中,对制约人的发展的各种因素进行了分析。他认为支配心理发展的因素有四种:① 成熟;② 物理因素;③ 社会环境;④ 平衡。

2. 儿童心理发展的结构　Piaget 是一位结构主义的心理学家,他提出心理发展的结构问题。他首先认为心理结构的发展涉及图式(scheme)、同化、顺应和平衡。在四个概念中,Piaget 把图式作为一个核心的概念提出来。如他在为 P. H.

Mussen 主编的《儿童心理学手册》所写的"关于认知发展理论"部分的《皮亚杰学说》(*The Theory of Piaget*)一文中,即把图式这一概念作为最基本的概念。Piaget 认为,图式就是动作的结构或组织,这些动作在相同或类似环境中由于不断重复而得到迁移或概括。主体为什么会对环境因素的刺激作出不同的反应?这是因为每个主体都有不同的图式,以不同的内在因素同化各种刺激,作出不同的反应。图式最初来自先天遗传,以后在适应环境的过程中,图式不断地得到改变,不断地丰富起来。也就是说,低级的动作图式,经过同化、顺应、平衡而逐步构造出新的图式。同化与顺应是适应的两种形式。同化指主体将外界的刺激有效地整合于已有的图式之中。也就是说,同化是个体以其既有的图式或认知结构为基础去吸收新经验的历程。顺应指主体改造已有的图式以适应新的情境,是主体为了适应新的外界刺激以更新或调整原有的图式,创立新图式的过程。同化和顺应既是相互对立的,又是彼此联系的。Piaget 认为,同化只是数量上的变化,不能引起图式的改变或创新;而顺应则是质量上的变化,促进创立新图式或调整原有图式。平衡,既是发展中的因素,又是心理结构。平衡是指同化作用和顺应作用两种功能的平衡。新的暂时的平衡,并不是绝对静止或终结,而是某一水平的平衡成为另一较高水平的平衡运动的开始。不断发展着的平衡状态,就是整个心理的发展过程。后来 Piaget 在《结构主义》(*Structurism*)一书中指出,思维结构有整体性、转换性和自调性等三要素。结构的整体性是指结构具有内部的融贯性,各成分在结构中的安排是有机的联系,而不是独立成分的混合,整体与其成分都由一个内在规律决定。结构的转换性是指结构并不是静止的,而是有一些内在的规律控制着结构的运动和发展。结构的自调性是指平衡在结构中对图式的调节作用,也就是说,结构由于其本身的规律而自行调节,并不借助于外在的因素,所以结构是自调的、封闭的。

(三) 发展的阶段

Piaget 的发展观,突出地表现在他的阶段理论的要点上:① 心理发展过程是一个内在结构连续的组织和再组织的过程,过程的进行是连续的;但由于各种发展因素的相互作用,儿童心理发展具有阶段性。② 各阶段都有它独特的结构,标志着一定阶段的年龄特征,但由于各种因素,如环境、教育、文化以及主体的动机等的差异,阶段可以提前或推迟,但阶段的先后次序不变。③ 各阶段的出现,从低到高是有一定次序的。④ 每一个阶段都是形成下一个阶段的必要条件,前一阶段的结构是构成后一阶段的结构的基础,但前后两个阶段相比,有着质的差异。⑤ 在心理发展中,两个阶段之间不是截然划分的,而是有一定的交叉的。⑥ 心理发展的一个新水平是许多因素的新融合、新结构,各种发展因素由没有系统的联系逐步组成整体。这种整体结构又是从哪儿来的呢?Piaget 认为,在环境教育的影响下,人的动作图式经过不断的同化、顺应、平

> 试比较 Piaget 和 Vygotsky 理论观点的异同。

衡的过程，就形成了本质不同的心理结构，这也就形成了心理发展的不同阶段。虽然，Piaget在他不同的著作里，其阶段理论往往出现大同小异的情况，但基本上都是分为四个阶段，即感知运动阶段（0～2岁）、前运算思维阶段（2～7岁）、具体运算思维阶段（7～12岁）和形式运算阶段（12～15岁）。

二、新Piaget主义

Piaget的理论产生于20世纪20年代，到20世纪50年代已完全成熟，并风行于全世界。很多儿童心理学工作者对Piaget理论进行了研究，并对他的实验进行了重复性的检验。据估计，仅仅关于"守恒"一项内容的重复和验证实验就达3000次以上，这使得Piaget理论有了新的发展，形成新皮亚杰主义（the new Piaget doctrine）。促使Piaget理论获得新的进展的主要原因及其表现有三个方面：

（一）对Piaget的研究方法和研究结果进行修订

目前，西方儿童认知发展理论的一个新趋势，就是对Piaget儿童发展阶段理论的两种质疑。一是越来越多的人提出，儿童认知能力的发展并不是以Piaget的年龄阶段论所描述的那种"全或无"的形式进行的。他们通过实验发现，许多重要的认知能力在儿童年幼时就已经存在，只是程度有限，这些能力将随着个体知识和经验的增长，一直发展到成年期。他们认为Piaget发展阶段论的事实根据不足，并认为Piaget的实验过于困难，不适合年幼儿童，因而不能挖掘和表现出幼儿的应有能力。最近的研究结果已表明，如果研究者能设计出难度适当的课题任务，如事先引入训练程序，再做Piaget的实验时，年幼儿童就能表现出原来认为缺乏的认知能力。二是提出成人思维发展的模式。William Perry等人对Piaget的"将15岁定为思维成熟期"的理论提出了质疑。他们认为，15岁不一定是思维发展的成熟年龄，形式运算思维也不是思维发展的最后阶段。Perry把大学生的思维概括为如下三种水平：① 二元论（dualism）水平；② 相对论（relativism）水平；③ 约定性（commitment）水平。League就明确地提出，青年期辩证思维的发展是思维发展的第五个阶段，此阶段正是成人思维发展的特征。

上述两种观点的提出者都表示自己是新Piaget主义者，但是他们在思维发展的模式上却和Piaget的学说有着不同的看法。

（二）信息加工理论与Piaget理论相结合

信息加工论者对Piaget的理论大体上有两种态度：一是"非发展理论"，即认为儿童的认知能力的发展之所以与成人不同，只是由于知识和经验的贮存不够，如果足够，就与成人的认知能力没有本质的区别了。另一种则是"发展论"，这种理论认为应当把Piaget理论与信息加工理论结合起来，因为儿童心理与成人心理有本质的不同。这种不同包括三个方面：① 儿童的脑结构不够成熟；② 缺乏足够的信息贮存；③ 决策能力较弱。鉴于儿童这几方面的特点，如果能用信息加工理论来建立一个不同年龄阶段儿童智力发展的程序模式，就可以对儿童的智力发展设计出比 Piaget 的抽象描述更为确切、更为科学的具体模式。近年来，Piaget 理论不仅在理论方面有了新的发展，而且在实践领域，特别是在教育实践领域也获得了日益广泛的应用。

在西方和日本等许多国家和地区，根据 Piaget 理论框架和最近的研究成果，心理学工作者与教育工作者一起，设计出了一些教育程序，应用于婴儿、学前和中小学教育中。在婴儿教育方面，他们根据 Piaget 的感知运动智力理论，采取各种方法指导婴儿摆弄物体、操作智力玩具等，帮助孩子形成对物体的特性（如颜色、形状、体积、质地等）的认识；在幼儿教育方面，设计了各种智力玩具和教具（如图片、积木等），为儿童能提早形成数概念、空间概念及时间概念打下基础；也有人研究了如何运用 Piaget 理论，培养小学儿童的思维能力，甚至有人研究了青春期形式运算思维形成的一些具体过程，并将此与教育工作联系起来。

（三）日内瓦学派本身的变革

在 Piaget 晚年和他去世以后，在瑞士日内瓦大学，他的同事和同学们的研究对 Piaget 的理论也有着新的发展。这种发展是在保持 Piaget 理论的基础框架或模式的前提下，调整了研究的方向，扩大了研究的范围和课题。其表现或者是补充和修正了 Piaget 的某些观点，或者是从广度和深度上充实并提高了 Piaget 理论，或者是为 Piaget 理论加入某些新的成分。他们也打出"新 Piaget 学派"的旗号，但与信息加工论的"新 Piaget 学派"完全不同。

日内瓦新 Piaget 学派的产生，以 20 世纪 60 年代日内瓦大学建立"心理与教育科学院"为契机。1976 年，P. Mounoud 发表的《儿童心理学的变革》一文，标志着走向新 Piaget 学派的第一步。1985 年，该学派出版了第一本文集《新 Piaget 理论的发展：新皮亚杰学派》(*The Future of Piagetian Theory: The Neo-Piagetians*)，比较系统地阐述了他们的观点和一些主要研究成果。

日内瓦新 Piaget 学派的主要特点可以概括为如下几点：① 恢复了日内瓦大学重视教育研究的传统。认为教育不仅是社会发展的需要，也是个体人格完满发展的需要。因此，特别强调社会关系、交往、社会文化、社会性发展的研究。在他们关于"智力的社会性发展"研究中，虽然使用了 Piaget 的概念，但他们更多是从社会认知或发生社会心理学的观点来加以阐释的，即同化、顺应、平衡等过程发展的线索是由社会环境（包括教育）来提供的。② 不仅追求心理学理论研究的科学价值，更重视心理学应用的研究。他们不赞成在心理学中只是抽象地研究心和物、心和身、感觉和思维等这些对立命题的关系，而是主张综合地、全面地研究这些对立命题之间在实际上的密不可分的联系。③ 不赞成只研究认知发展，而要求把儿童心理发展当作一个整体来研究。④ 试图创设几个变量相互作用的情境，给儿童提供分析、抽取、鉴别客体属性的机会，从而强调被试在实验过程中的作用。此外，新 Piaget 学派还注意采用现代技术（电子计算机、微电脑等）来对 Piaget 研究中未包括的方向进行新的探索。当然，日内瓦新 Piaget 学派还没有一个明确的体系。正如他们自己所说的,"要回答新 Piaget 学派提出的种种问题是不容易的,也不是立刻可以办到的,这是一个广阔的、需要雄心壮志的、长期的研究计划"。

第五节　其他心理发展观

一、社会生物学观点

社会生物学是 20 世纪 70 年代出现的新兴学科,它通过研究生物的起源、发展,生物和环境的关系等多个相关学科来研究生物界和社会的规律。1975 年,生物学家 Edward O. Wilson(1929~)出版了名著《社会生物学:新的综合》(*Sociobiology: The New Synthesis*),宣告了社会生物学的诞生。他认为社会生物学是"对一切形式的社会行为的生物学基础的系统研究",其中既包括动物的社会行为,也包括人类的社会行为。社会生物学是"把生物学纳入社会科学的框架。这一框架是进化论、遗传学、人口生物学、生态学、动物行为学、心理学和人类学的综合"。

(一) 社会生物学取向的起源

1. 进化论　社会生物学是以自然选择的原则阐明动物社会行为进化的学科。它的思想最初来源于进化论,以 Darwin 的进化论为进化论发展的最高峰。1859 年 Charles Robert Darwin(1809~1882)创立了以"自然选择"理论为核心的进化学说,主要包括三个方面的内容:① 生物普遍具有变异现象。Darwin 认为,在生活条件发生改变的情况下,生物可以在结构上、功能上、习性上发生变异,且具有遗传的倾向。② 生存斗争。一个物种的许多个体为了生存、繁荣和再生必须斗争。③ 自然选择或最适者生存。有时自然选择学说就是 Darwin 的整个进化理论的代名词。在生存斗争过程中,拥有对生存有利变异的个体被保存,拥有不利变异的个体则被淘汰。自然选择经常在生物与环境的相互关系中改造生物体,使生物更加适应于环境,促进了生物沿着从简单到复杂、从低级到高级的方向发展。

Darwin 的进化论明确肯定人类是由低等有机体形态进化而来的,人的心理活动也由动物演化而来。Darwin 在《人与动物的表情动作》一书中,介绍了人与动物的表情之间的关系,表明了人与动物心理的连续性。

Darwin 的进化理论不仅为生物学发展开创了新时代,也为心理科学奠定了基础,对心理学产生了巨大而深远的影响。正是在 Darwin 心理进化概念的影响下,动物心理学、比较心理学等得到蓬勃的发展。同时 Darwin 的研究也为习性学的诞生提供了重要条件。

2. 习性学　古典习性学家是把 Darwin 的进化论应用于行为学研究中的先驱。习性学是研究动物在其自然环境中的习惯或行为的科学,又称为行为学。它关心动物行为的适应或生存价值和它的进化历史。主要代表人物有 Konrad Lorenz(1903~1989)、Nikolaas Tinbergen(1907~1988)等人。

习性学强调决定动物行为的进化因素,即基因和自然选择的作用,认为动物的行为都具有一定的适应意义。根据习性学家的观察,动物行为主要是遗传的,是物种种系演化的结果。动物的行为可以被内外环境的适当刺激激发,可以在适当的时候出现。其中最著名的研究是奥地利动物学家 Lorenz 的小鹅"印刻"(imprinting)效应。Lorenz 在研究刚出生的小鹅的行为时发现,小鹅在刚出生的 20 个小时以内,有明显的认母行为。它追随第一次见到的活动物体,并把它当成"母亲"。通常小鹅出生后遇到的第一个运动物体就是母鹅,于是小鹅就产生了追随行为。当小鹅第一个见到的是鹅妈妈时,就跟鹅妈妈走;而当小鹅见到的是 Lorenz 时,就跟随 Lorenz 走,并把他当成"母亲"。如果在出生后的 20 小时内不让小鹅接触到活动物体,过了一两天后,无论是鹅妈妈还是 Lorenz,尽管再努力与小鹅接触,小鹅都不会跟随,即小鹅这种认母行为丧失了。于是,Lorenz 把这种无需强化、在一定时期容易形成的效应叫作"印刻"(图 2-12)。

图 2-12　印刻效应

不只是小鹅,对于其他许多鸟类,特别是出生后就会走或游泳的鸟类,都有印刻效应存在。习性学家认为,印刻表示动物一种天生的、本能的、迅速的学习方式,这种学习能使动物形成最初的依恋和合群关系。在自然环境中,印刻效应对小动物的生存是有价值的。母鹅是小鹅的保护者,印刻使小鹅依恋母鹅,保证它的安全,增加了小鹅存活下来的几率。因此,印刻是长期进化的结果,是动物对环境作出的一种适应行为。

在 20 世纪 70 年代,传统习性学在很大程度上被社会生物学所取代,这种运动寻求把动物行为研究的一系列新的数学技术运用于人类。可以说,社会生物学是习性学在近期的一种存在形态。

(二) 社会生物学的基本观点

社会生物学和习性学相互统一和连续的基础,在于这样两个基本原则:① 坚持 Darwin 的自然选择理论;② 坚持对社会行为所作的遗传学的解释和说明。

社会生物学家认为,社会行为的生物学基础是基因。动物和人类生存的目的是把基因留传给后代。动物复杂的社会行为看起来难以解释,实际上是基因为了复制自己所采取的手段和策略。动物的弱肉强食、自私自利、损人利己和互惠互利、牺牲自己帮助别人的行为,表面上看来迥然有别,但目的都是为了把自己的基因传给后代。一切生物科学和行为科学都必须以基因遗传规律为基础,才能阐明动物的各种种群现象,揭示动物的生活习性和行为模式。在生物进化中,自然选择的单位不是生物个体,而是更小的基因。基因传递也是人类各种行为的生物学根源。社会生物学之父 Edward Osborne Wilson(1929~)甚至提出了"自私的基因"这个命题,其基本表述为:"有机体只是 DNA 制造 DNA 的工具。"

社会生物学在研究中形成了两个主要的假说:① 一个物种不可能有脱离其生

物本性的"超自然的"目的;② 人的天然特征只不过是其他各物种自然本性的一部分,人的大部分行为规范其他生物同样也有。人类和其他生物的社会行为都有相同的基本形式,即性行为、利他行为、利己行为、侵略行为。性行为在很大程度上是由遗传决定的,不论动物还是人,都渴望在交配时把自己的基因传递下去,成功地复制自己。利他行为是为了其他生物的利益而实现的自杀行为,利他行为使该个体遭受伤害,而使其他生物个体受益。

对于社会生物学,人们褒贬不一。赞同者认为这将会引起心理学整个面貌的变化,恢复对人性的关注,重新研究人和自然环境的关系,重视人的生物性对文化的影响。尽管社会生物学家认为,基因仅仅为人类社会行为规定了范围和极限,他们也并不否认社会文化因素深深影响、制约着人的社会化及社会行为的发展,但是,他们的理论依旧受到了许多社会科学家的批评。不赞同者认为,社会生物学是社会达尔文主义(Darwinism)的翻版。社会生物学家过分夸大了基因在人类社会行为演化中的作用,必然使心理学重蹈生物学化的覆辙。在 20 世纪 80 年代末期,社会生物学受到了一种新的自称为"进化心理学"运动的攻击。

(三) 进化心理学

当代进化心理学的创始人是美国心理学家 David Buss(1953～),他于 1995 年发表《进化心理学:心理科学的一种新范式》一文,提出进化心理学是心理学一种新的研究范式。1999 年,他出版了第一本进化心理学教科书《进化心理学:心理的新科学》(*Evolutionary Psychology: The New Science of the Mind*)。他认为,进化心理学的研究目的是用进化的观点理解人类心理或大脑的机制。进化心理学的基本观点如下:

1. 过去是理解心理机制的关键　要想充分理解人的心理现象,就必须了解这些心理现象的起源和适应功能。"过去"不只是个体的成长经历,更重要的是指人类的种系进化史。

2. 功能分析是理解心理机制的主要途径　进化论认为,所有有机体都是适应设计的产物,当然也包括人。进化心理学认为,人的心理也是适应的产物,如果不理解心理现象的适应设计,就很难充分理解人类的心理现象。功能分析就是弄清某些特征或机制是用来解决哪些适应问题的。

3. 人类进化过程中主要的问题是生存与繁殖问题　在人类进化过程中,人类面临的两大问题是生存和繁衍后代。人的心理就是在解决这些问题的过程中通过自然选择而演化形成的。

4. 心理机制是在解决问题过程中的演化物　心理机制以目前的方式存在是因为它在人类进化过程中解决了与生存和繁殖有关的某个特定问题。例如,人类怕蛇是因为这种心理机制解决了生存中的问题,通过对蛇的害怕,可以减少被蛇咬死的危险。

5. 模块性是心理机制的特性　进化心理学认为,心理是由大量特殊的但功能上整合了设计的、用于处理有机体面临某种适应问题的机制构成的,针对不同的适应问题,可以采用不同的解决方法。

6. 人的行为表现是心理机制和环境互动作用的结果　心理机制是社会行为的前提,心理机制对于社会环境是高度敏感的,社会环境影响心理机制的表现方式、强度和频率。所有的行为都是背景输入和心理机制相互作用的产物。

进化心理学对心理学中的许多问题进行了广泛的探讨和研究,取得了一些成果,但也存在着一些问题,如研究主要是推论性的、没有令人信服的实验结果、没有自己的研究方法等。

进化发展心理学是一种从种系发生来解释人类发展的新理论视角,主要研究个体发生发展过程中进化的、渐成的程序的表现。

二、信息加工观点

认知心理学是 20 世纪 50 年代中期在美国和西方兴起的一种心理学思潮和研究领域,以 1967 年 Ulric Neisser 的专著《认知心理学》(*Cognitive Psychology*)的出版为标志。这种观点迅速传播,20 世纪 70 年代后成为当代心理学的一种主导思潮,使心理学各领域都带有认知心理学的色彩。

在认知心理学中存在着不同的观点,有不同的研究途径。当前认知心理学的主流是以信息加工观点研究认知过程,所以可以说认知心理学又可称为信息加工心理学。信息加工观点把人看作是一个信息加工的系统,认为认知就是信息加工的过程,它包括信息的获得、存储、加工和使用。

从 20 世纪 70 年代开始,信息加工理论渗透到儿童心理学研究中。信息加工心理学家认为信息加工的方法适合儿童心理的研究,因为信息加工理论强调问题的解决,而问题解决是儿童每天都遇到的事,很多事对成人来说是简单的,而对儿童来说则是全新的、富有挑战性的问题。因此,用信息加工的观点研究儿童认知发展,就是要揭示儿童获取知识的心理机制,即随着年龄的增长,儿童的各种信息加工能力是如何提高。用信息加工心理学研究儿童发展的一般特点如下:① 认为思维是一个信息加工过程,将研究重点放在儿童发展过程中怎样再现、加工和保持信息,并在适当的时候转化和综合运用它们。② 加强发展机制的精确分析,探讨所有心理发展的机制是如何综合在一起来促进儿童心理的发展的,并且研究儿童在某个年龄段达到某种水平而没有达到更高水平的原因。③ 认为发展是连续不断的自我调整的过程,探究儿童如何调整自己、改变行为方式,以适应未来生活,并取得一定的成果。④ 认为目标分析(task analyses)是理解儿童思维的关键,儿童的表征和信息加工是致力于实现目标的。只有认真地分析特殊环境中的特殊目标,才能正确理解认知活动。

信息加工理论的心理学家以系统论为指导,借助计算机的帮助对儿童的知觉、记忆、言语和思维等认知过程的发展进行了新的探讨。这类研究更注重探讨发展过程的局限性、克服局限性的策略和具体的发展内容,重视对儿童心理变化的精确分析和连续性研究,对教育实践有重要指导意义。例如,Piaget把同化、顺应和平衡过程作为儿童认知发展的心理机制,虽然被广泛认可,但并不能具体说明儿童获得知识的内部心理过程。但信息加工心理学的研究则具体揭示儿童解决某一课题任务的心理过程,这对于个体发展水平的诊断和优化学习的过程具有重要价值。

信息加工心理学的研究存在局限性,尚需进一步完善。例如,信息加工理论研究使用计算机模拟儿童认知的步骤并建立模型,但并没有明确地阐述这种模式的意义。而且,众多模型之间缺乏内在联系,不能从理论高度整合,因此目前信息加工的研究缺乏全面的理论指导。甚至有人质疑研究效度,认为把认知过程从真实的学习情境中孤立出来是不正确的。

三、生态系统理论

1979年,美国心理学家Urie Bronfenbrenner(图2-13)出版了《人类发展生态学》(*The Ecology of Human Development: Experiments by Nature and Design*)一书,提出了儿童发展的生态系统理论。他受到Vygotsky及Luria思想的影响,认为人的心理也处在生态环境中,人的发展离不开人与环境的相互作用。Bronfenbrenner所确定的人的发展公式为"D=F(PE)"(发展是人与环境的函数)。他所谓的"生态"是指个人正在经历着的,与之有直接或间接联系的环境。他认为,个体发展的环境是一个由小到大、层层扩散的复杂的生态系统,每个系统及其他系统的相互关系都会通过一定的方式对个体的发展施以影响。这个系统的中心是儿童,是具有主观能动性、自然成长的个体。人的发展是与一个庞大的生态体系相互作用的结果。

图2-13　Urie Bronfenbrenner (1917~2005)

Bronfenbrenner的生态系统包括四个不同层次的环境(图2-14):

1. **小环境**　处于Bronfenbrenner的生态系统最内层的是小环境,它指个人直接接触和体验着的环境以及与环境相互作用的要素,包括家庭、学校、托幼机构等。儿童直接生活在其中,是与儿童生活和发展联系最密切、作用最大的环境。小环境与人的发展的科学相关性不仅在于其客观存在的特性,而且在于人是否能够知觉这些特性。

2. **中环境**　这是Bronfenbrenner的生态系统的第二层,是指小环境之间的联系与相互影响。例如,家庭与幼儿园,是儿童发展环境中最重要的中环境。婴儿的小环境相对单一,但当走出家庭进入托儿所或幼儿园时,他的环境中出现了新的联系,即家庭-托儿所(幼儿园)。中环境可能以各种形式存在:与儿童直接作用的两个微观系统中的人之间的相互作用;小环境之间正式与非正式的相互交往;一个环境对另一个环境的了解程度、态度和已有的知识,如家庭对幼儿园的了解程度、有关幼儿集体生活的知识等。如果幼儿园和家庭的教育要求不一致,会使儿童形成两套不同的行为反应系统,即儿童在家与在幼儿园的表现不一致。

3. 外环境 这是 Bronfenbrenner 的生态系统的第三层,是指儿童未直接参与但对个人有影响的社会环境,如社区、父母的职业和工作单位等。这些社会组织或人物没有与儿童发生直接联系,但会影响儿童最接近的环境经验。例如,父母所在单位的效益影响父母收入,从而影响父母的教育投资等。这些都是父母的小环境,但由于父母和孩子经常接触,这些成人的小环境会不同程度地对孩子的小环境内发生的事件产生影响,构成了影响儿童发展的外环境。

4. 大环境 这是生态系统的最外层,它不是指特定的社会组织或机构,而是指儿童所处的社会或亚文化中的社会机构的组织或意识形态,如社会文化价值观念、宗教信仰、风俗、法律及其他文化资源。大环境不直接影响儿童的发展,但对生态系统中的各个系统层次产生影响。大环境的变化会影响到外环境,并进而影响到儿童的小环境和中环境。例如,由于文化背景的差异,美国和中国父母的养育观和儿童观会有很大差异,因而亲子关系会有不同的特点。在一定的文化环境之下,所有层次的环境系统都具有相对一致的特征,即都存在于一定的大环境之中。

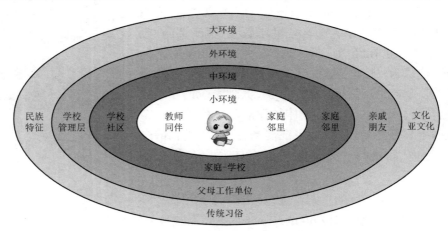

图 2-14 儿童发展的社会生态系统

Bronfenbrenner 认为,这些系统相互联系、相互影响,从而构成了影响儿童发展的一个完整的生态系统,人的发展就是在这样一个层层叠叠、互有联系的生态系统中发生的,这些环境系统都直接或间接地以各种方式和途径影响着人的发展,其中既有近距离的直接影响儿童发展的因素,也包括远距离的间接的影响因素。因此,对儿童发展的分析不应仅停留在微系统上,还应从各系统的相互联系中来考察儿童的发展。

从以上介绍可以看出,Bronfenbrenner 所说的环境不是静止的、不变的,它是动态的、不断变化的。随着儿童的成长,生态环境也在不断拓宽,例如儿童入园、入学、毕业、就业等重大生活事件改变了儿童的生活环境;与此同时,生态系统

> 儿童发展的生态系统理论对我们有什么启发?
> 学习完本章内容后,你对人类的心理发展有些什么新的认识?

也在随之不断变化。处于生态系统中的人,既不会被动地接受环境的影响,也不能仅以个人的力量决定发展,而是不断接受着环境与人的相互作用。人既是环境的产物,也是环境的创造者,二者形成了一个交互影响的网络系统。Bronfenbrenner 的理论为人们理解环境与人的关系提供了崭新的视角。

（金明琦）

阅读 1　Jung 的心理发展观

> Carl Gustav Jung(1875~1961),瑞士心理学家,精神分析学派的代表人物,建立了分析心理学派。他在心理治疗中发现,人格有一系列发展阶段,其最终目标是实现个性化或自我实现。据此,他提出了独特的人格发展阶段理论,这一理论的核心是强调人的后半生的人格发展。他把人一生的人格发展划分为四个阶段。
>
> **1. 童年期(从出生到青春期)**　这一阶段分为前期和后期,前期指出生后的最初几年,儿童还不具备意识的自我。他们虽然有意识,但意识结构不完整,一切活动几乎完全依赖于父母。到了后期,由于记忆的延伸和个性化的作用,他们的意识自我逐渐形成,开始摆脱对父母的依赖。
>
> **2. 青年期(从青春期到中年)**　这一时期是"心灵迎生"的时期。此时人们的心灵正发生一场巨变,他们面临人生道路的各种问题。由于心理的不成熟,在面对学校生活、职业选择、婚姻和各种内部心理矛盾时,他们常常盲目乐观或盲目悲观,产生这一时期特有的心理问题。
>
> **3. 中年期(从 35 岁或 40 岁到老年)**　这是 Jung 最为关注的时期,他发现许多中年人功成名就、家庭美满,却感到人生仿佛失去了意义,心灵变得空虚苦闷。他认为,这是在人生的外部目标获得之后所出现的一种心灵的真空,并称之为"中年期心理危机"。要想使中年人振作起来,就必须寻找一种新的价值来填补这个真空,扩展人的精神视野和文化视野。要做到这一点,必须通过沉思和冥想,把心理能量转向内部主观世界,重新发现中年生活的意义。
>
> **4. 老年期**　Jung 治疗的大多数病人是中老年人,他们过分依恋过去的目标和生活方式,许多在早年害怕生活的人到老年却害怕死亡。Jung 认为,此时人们必须通过发现死亡的意义来建立新的目标,找到生活的意义。通过梦的分析可以了解老年人对死亡的态度,帮助他们发现人生有意义的哲理。
>
> (参考资料:郭本禹.西方心理学史[M].北京:人民卫生出版社,2013.)

阅读 2　Gesell 和双生子爬梯实验

在心理学中,有一个非常著名的实验,叫作"双生子爬梯实验",研究的是双生子在不同的时间学习爬楼梯的过程和结果。研究者选取了一对双生子 T 和 C 参加实验。从出生后的第 48 周开始,研究者让 T 每日进行 10 分钟的爬梯训练,连续 6 周。而从第 53 周起 C 才开始爬梯训练,每日持续 10 分钟。结果发现,C 只接受了 2 周的训练,在爬梯的各种动作指标上就达到了 T 的水平。由此,研究者认为:在儿童尚不成熟时,学习的效用很小,只有当儿童内在的条件准备好后,学习才能起作用。

这个实验的研究者是著名的心理学家 Arnold Lucius Gesell(1880~1961)。他建立的发展理论被称为"成熟势力说"。他认为支配儿童心理发展的因素有两个,即成熟与学习,其中成熟更为重要。在某机能的生理结构未达到成熟前,学习训练的效果是微弱的,只有在达到足以使某一行为模式出现的成熟状态时,学习才能起作用。Gesell 还认为,儿童心理和动作的发展是一个按顺序模式展开的过程,这个模式是由机体成熟所决定的。经过了数十年系统的研究工作,Gesell 于 1940 年正式编制出了儿童发展量表,即《格塞尔发展顺序量表》,分别从婴儿的动作、适应、言语和社会应答这几个方面来对婴儿进行测查。

第二章习题及答案

第三章　生理的发展

```
第一节　概述                          二、大脑功能的发展
  一、生命的本质                     第五节　青少年期生理和神经系统的发展
  二、心理的产生                       一、外形变化
  三、遗传对发展的影响                  二、生理功能
第二节　胎儿期生理和神经系统的发展         三、青春期的特征
  一、受精卵的形成                     四、脑和神经的发育
  二、胎儿期发展的三个阶段           第六节　成年期生理和神经系统的发展
第三节　婴幼儿期生理和神经系统的发展      一、成年早期的生理变化
  一、婴儿期的生理发展特征              二、成年中期的生理变化
  二、幼儿期的生理发展特征              三、成年晚期的生理变化
第四节　儿童期生理和神经系统的发展    阅读　你应该了解的阿尔兹海默氏症
  一、大脑结构的发展
```

案例 3-1　世界上第一例"试管婴儿"

> Louise Joy Brown 出生于 1978 年 7 月,是全球第一名试管婴儿,Lesley Brown 和 John Brown 是她的父母。因输卵管受阻,Lesley Brown 尝试了九年,都不能自然怀孕。帮助 Brown 夫妇的是最基本的体外受精——胚胎移植技术,由此开创了人工辅助生育的历史。当时人们一度怀疑试管婴儿是否会像正常生育的婴儿一样,经过跟踪和走访,调查人员发现通过人工授精生育的孩子同样具有良好的适应性。Louise 的出生曾经成为新闻头条,但现在人工授精已经是一种比较常见的手段了。人们对于人类生理的发展提出了一些让人十分担忧的问题,然而在担忧的背后还存在更为根本的问题:我们的身体如何发育?我们的身体是否会受到科学技术的影响?人类正在寻找着答案……

作为自然界生命体的一员,千百年来人类不断探寻生命的奥秘:我们是从哪里来的?生命的本质是什么?我们的能力从哪里来?人类为什么会有智慧?……在下面的章节中我们将一一作出解答。

思考题

生命的本质是什么?
人类的成长轨迹遵循怎样的模式?

第一节 概 述

一、生命的本质

我们居住的地球是生命的世界,充满着复杂而又丰富多彩的生命现象,尽管生命形态千差万别,但它们在化学和分子组成上却表现出高度的相似。例如,生命都含有C、H、O、N、P、S等元素,但是由这些元素构成的核酸、蛋白质、多糖等大分子则是生命所特有的,所以它们才被称为生物大分子。所有生物大分子的"建筑模块"都是以非生命界的材料和化学规律为基础的,并有着相同或相似的结构模式和功能,生物大分子结构与其功能紧密相关。因此,对化学组成的深入了解是揭示生命本质的基础。目前分子生物学给生命下的定义为:生命是由核酸和蛋白质等物质组成的分子体系,具有不断繁殖后代及对外界产生反应和适应的能力。

生物(life-form)是自然界中具有生命的物体,包括动物界、植物界、原生生物界、真菌界和原核生物界。生物的个体都会进行物质和能量的代谢,使自己得以生长和发育并按照一定的遗传和变异进行有规律的繁殖,使种族得以繁衍和进化。

细胞是生命活动的基本单位,能够通过分裂而增殖,是生物个体发育和系统发育的基础。细胞中的核酸是储存和传递遗传信息的物质基础,控制着蛋白质的合成。天然存在的核酸可以分为核糖核酸(RNA)和脱氧核糖核酸(DNA)。DNA在酶的参与下,可以复制出和自身一样的分子,因此称DNA具有"繁殖"能力。DNA通过"转录"和"翻译"决定着核糖核酸和蛋白质的结构,但是只有核酸和蛋白质还不是完整的生命,因为这一简单的系统还不能从外界摄取必要的物质和能量。只有当这些大分子和其他必要的分子,如脂类、糖类、水、各种无机盐等组合成有一定结构的细胞,自然界才出现了完整的生命。单细胞生物体如鞭毛藻类、原生动物等的全部活动都发生在一个细胞内。在进化过程中,生命结构不是停留在细胞层次上的,而是向更高的、更复杂的层次发展的。相同细胞聚集成群就形成了高等生物的组织,不同的细胞群构成各个器官,承担共同任务的各器官组成了系统,不同结构和功能的各系统组合形成多细胞生物的个体。个体又以一定的方式组成群体或种群,种群中各个个体通过有性生殖而交换基因,产生新的个体。一个种群就是这种生物的一个基因库,而在生物学上,种群才是各种生物在自然界中存在的单位。在同一环境中生活着不同生物种的种群,它们彼此之间存在着复杂的关系,共同组成一个生物群落。生物群落加上它所在的无机环境就形成一个生态系统。生命圈则是包括地球上所有生物群落在内的最大的生态系统。

人类个体始于单细胞,如果一切进展顺利的话,从这个微不足道的开端,只需经过数月,一个新生儿就诞生了。这个最初的细胞(受精卵)是由一个男性生殖细胞(精子)突破女性生殖细胞(卵子)的膜融合而成的。这些男、女性生殖细胞(配子)中,每一个都含有大量的遗传信息,两者遗传结构最终结合在一起,其中含有20亿条以上的化学编码信息,足以创造一个完整的人。人与其他动物相比,最大的不同就是具有丰富的想象和思维,所以人类成了地球的主人。

二、心理的产生

心理是脑对客观现实的反映,即客观现实作用于脑产生心理现象。任何一种心理现象,不管它有多么简单或复杂,都是以神经系统尤其是大脑的活动为基础的。

(一)大脑是心理的器官

人的心理现象(mental phenomenon)是脑整体活动的产物,是脑对现实刺激的反映。心理活动(mental activity)是人脑的正常功能,因此心理活动与大脑功能是分不开的。心理活动与大脑的具体关系,有几种说法,如心理活动就是人脑的运动形态,心理活动是人脑运动时表现的特性,心理活动是人脑运动的产物等。目前人们对于有关心理活动与大脑的相互关系仍知之甚少,有待于将来大量的研究。

人的心理素质依赖于一定的自然物质基础,即生理素质。生理素质除了具备一定的先天遗传特质外,更多是在后天的现实生活中逐渐养成的,生理素质直接或间接地影响着人的心理素质。首先,大脑和中枢神经系统的损伤会影响人的心理与人格。例如,脑震荡、脑损伤会导致人的意识障碍、遗忘症、言语障碍、人格改变等;煤气、酒精、某些药物等化学物质侵入体内引起的中毒,可能会毒害中枢神经系统,造成心理障碍;病菌、病毒感染所造成的脑梅毒、斑疹伤寒、流行性脑炎等中枢神经系统疾病,会导致神经系统组织结构损害而出现器质性的心理障碍或精神异常。

研究脑各部分结构的功能,关键在于了解这些部分如何参与脑的整体工作。因此我们必须从脑的活动方面来探讨心身关系。目前,研究的领域已从感、知觉等的神经基础发展到了对心理现象和行为等全面的生物基础的研究,包括从信息理论的观点来研究感知觉信息加工的神经过程;运动反应及反馈信息在控制身体运动和技巧动作中的神经机制;摄食、饮水、睡眠和生殖等基本行为调节的生理机制,包括中枢神经和内分泌系统控制的与情绪有关的神经核内分泌腺活动的机制;精神障碍的神经生理问题;记忆的神经解剖及生理和生化基础;高级心理功能,如语言和意识活动的脑机制;大脑两半球的功能转化,以及大脑皮质功能的区域分化和整合问题等,而且这些方面的研究也涉及物种行为的进化和个体发育问题。

(二)神经系统的组成和主要功能

大脑是心理的器官,但人并不是仅仅靠大脑产生心理活动的。人是靠着完整的神经系统协调活动，才有了完整的心理活动。人的神经系统分为周围神经系统（peripheral nervous system）和中枢神经系统（central nervous system）两部分，前者分布在人的全身，由脑神经、脊神经和自主神经系统组成，主要起传递信息和神经冲动的作用；后者由脊髓和脑组成。脑由脑干、小脑、前脑组成。延髓、脑桥、中脑统称为脑干。延髓是调节循环、呼吸、吞咽、呕吐等功能的基本生命中枢。脑桥是角膜反射中枢所在的部位。中脑与姿势和随意运动有关。小脑是保持身体平衡和协调动作的中枢。前脑又包括间脑和端脑。间脑主要分丘脑和下丘脑两部分。丘脑是大脑皮质下的感觉中枢，下丘脑是自主神经系统的高级部位，是内脏活动和情绪反映的中枢。端脑是脑的最高级部位，即左、右大脑半球，是人类思维、意识及智慧活动的器官，由表面的灰质和深部的白质组成。表面的灰质部分又称大脑皮质，是高级神经活动的物质基础，它是细胞体较集中的、高度褶叠的神经组织板，表面布满深浅不等的沟或裂，是听觉、视觉、嗅觉、平衡觉、语言运动等的中枢所在。

苏联神经心理学家 A. P. 鲁利亚（А. Р. Jlypия，1912～1977）通过长期的临床研究，把大脑分成三大块功能单元，即大脑皮质联合区，它包括：① 第一功能联合区。它调节皮层紧张度并维持觉醒状态，位于皮下网状结构及其所属部分。② 第二功能联合区。它是接收、加工和储存信息的联合区，其功能被归结为对来自各个分析器兴奋的整合，保障着整个一组分析器的协同工作，它位于大脑两半球的后部，即皮层的各个感觉区（视觉、听觉和躯体感觉等）。③ 第三功能联合区。它是规划、调节和控制复杂心理活动的联合区，这些积极的能动的心理活动是由位于大脑两半球中央沟一起的脑区实现的。人的心理活动过程是非常复杂的功能系统活动，这些过程不是独立地定位于脑的狭小而局限的部位，而是在协同工作着的脑器官各组成要素的参与下实现。三个基本联合区就是这些复杂组成要素的不同体系。人的各种心理过程就是依赖这三个功能联合区的统一活动得以实现。

案例 3-2　先天和后天哪个更重要？

> 关于遗传和环境的影响，是早期心理学家和社会公众热烈讨论的话题。虽然某些极罕见的身体缺陷将近 100% 会遗传，但大多数复杂的正常特征，比如健康、智力和个性有关的表现型，则受遗传和环境因素各种复杂组合的共同支配。
> 爱好音乐的父母往往会为孩子创造一个经常能听到音乐的家庭环境，给孩子上音乐课，带孩子去听音乐会。如果孩子遗传了父母的音乐天赋，那么他的音乐才能便是遗传因素和环境因素相结合的结果。

三、遗传对发展的影响

（一）染色体决定遗传

人类的受精卵里有哪些遗传物质？个体生理上的重要特征来自父母的遗传，而遗传的基本运作单位是染色体。染色体是体细胞中的一种复杂构造，主要由遗传物质脱氧核糖核酸(DNA)及蛋白质构成。人类体细胞的染色体数目为46条，即23对同源染色体，同源染色体在大小、形状和遗传功能上都是一致的，一条同源染色单体来自母亲的卵子，另一条来自父亲的精子。这样父母双方都给自己的孩子贡献了23条染色体。每条染色体都由成千上万的碱基或者叫基因(最基本的遗传单位)组成，每条染色体上基因在相应染色体的相同位置成对存在，构成个体的基因型。人类的基因大约有20000～22000个，是规划身体这个"硬件"中所有部分在未来如何发展的生物学"软件"。所有基因均由DNA分子的特定碱基序列所组成。基因以特定的顺序排列在46条染色体的特定部位。只有生殖细胞(也称为配子，包括精子和卵子)仅含有23条染色体，是正常体细胞染色体总数的一半。父亲和母亲分别为23对染色体中的每一对提供一条染色体。新受精卵的46条染色体(23对)含有指导个体在未来的一生中细胞活动的蓝图。通过有丝分裂，也就是大多数细胞的复制方式，身体中的所有细胞几乎都含有与受精卵相同的46条染色体。在染色体中有22对常染色体和1对性染色体。在受孕时个体就产生了性别分化，当受精卵含有2个X染色体时，个体遗传性别为女性；当受精卵含有1个X染色体和1个Y染色体时，个体遗传性别则为男性。

除了体细胞，人类还有生殖细胞，它具有的特殊的遗传功能就是产生配子。与有丝分裂过程相比，这是一种不同类型的细胞繁殖过程。男性睾丸和女性卵巢中的生殖细胞通过减数分裂产生精子和卵子。减数分裂使得相同父母的兄弟姐妹并不完全相像。生殖细胞首先复制它的46条染色体，然后相邻的染色体交叉并在一个或更多的点纵向脱离，发生互换，交换基因片段，如此基因的传递产生了一种新的、独特的遗传组合。接下来，复制的染色体对分开进入两个新的细胞，每个细胞都含有46条染色体。最后，新细胞分裂使得每个配子含有23条单独的或非配对的染色体。有23条染色体的精子与有23条染色体的卵子结合，就产生了拥有46条完整染色体的受精卵。新个体身上基因的组合，也是随着染色体的几率组合而进行的。因此，除了同卵双生者具有相同的基因之外，世界上所有人口中都找不到任何两个人身上有相同的基因。染色体和基因的复杂结合，决定了新生命的性别和身心特征。

（二）遗传性异常

尽管大多数新生儿在出生时都是健康的，但每100个新生儿中大约就有5个带有某种先天缺陷。先天缺陷指孩子出生时就存在但不一定会即刻被发觉的生理问题，这种缺陷可能来自于基因和胚胎期的影响，或者由出生过程中的复杂因素所致。遗传性异常包括染色体异常和基因异常。

1. **染色体异常** 正常情况下，生殖细胞在减数分裂过程中，46条染色体将平均分配到新形成的精子或卵子中，有时也会出现分配不均匀的情况。分裂出的配子中可能一个染色体过多，而另一个却过少。绝大多数这样的染色体数目异常是致命的，很可能导致发育停滞或流产。然而，有一些染色体的异常并不是致命的，研究显示：大约每250个儿童中就有1个出生时染色体异常。染色体数目异常中最常见的为三体型，如21-三体综合征（又称唐氏综合征），是指第21号染色体多了1条。唐氏综合征是精神发育迟滞最常见的病因，该病的发病率约为1/1000～2/1000，高龄产妇所生的孩子患此病的风险会更高。当然染色体的异常也包括第23对染色体即性染色体异常。偶尔，有些男性生来带有一个多余的X染色体或Y染色体，即为XXY或XYY的基因型；或者遗传了一个X染色体或者3个X染色体，即为XO或XXX，都可以导致性腺发育或第二性征异常，甚至导致不孕不育。

2. 基因异常　　健康的父母得知自己的孩子有遗传缺陷时，通常会很吃惊。这种惊讶是因为多数基因引起的异常是隐性特质，他们的近亲很少表现为这些隐性特质，而且这些异常只有在双亲都遗传了有害的等位基因，并且孩子从父母那里都获得了这个特定的基因时才会表现出来。如果隐性致病基因位于X染色体，而这条含有致病基因的染色体恰巧遗传给了儿子，就会出现父母双方正常，儿子获病的情况。一些基因异常是由显性等位基因引起的，在这种情况下，孩子会由于遗传了父亲或母亲的显性等位基因而发生异常。具有这种导致异常的显性等位基因的父母同样会表现出这种缺陷。常见的显性遗传病主要有亨廷顿症。

基因异常也可能是突变引起的，即一个或多个基因里的碱基发生变化，产生了新的表型。许多突变同时发生，对机体的影响可能会较为严重甚至致命。基因突变也可能是由环境危害引起的，如有毒的工业废料、含防腐剂或添加剂的食物、辐射等。进化论者认为突变也有有利的一面，自然环境中的紧张性刺激引起的突变，可能会使遗传了这些突变基因的后代发展出适应性的优势，有助于个体生存下来。例如，镰状细胞基因突变发生于非洲、东南亚等热带地区，那些地方疟疾盛行。科学家们发现遗传了1个镰状细胞等位基因的儿童很容易适应环境，因为这种突变基因使他们更容易抵抗疟疾，增强的免疫力意味着患有镰状细胞贫血的患者具有一种遗传优势（对于抵抗疟疾而言），在某种程度上抵消了作为镰状细胞基因携带者的坏处。

当然，除了遗传外，母亲在受孕期间的营养、疾病、情绪、压力、自身条件以及服用药物、酗酒、吸烟、吸毒、辐射等都将对胎儿的身心发育产生影响。例如，孕期酗酒对胎儿的发展有较大的危害，这种情况下出生的子女，较多出现动作迟缓与心智薄弱等综合症状，称为胎儿酒精综合征。另外，父亲的年龄、吸烟等因素也是影响胎儿身心发育的相关因素。父亲生育年龄的推迟与一些罕见病风险的增加有密切关系，包括侏儒症，同时也可能是精神分裂症和孤独症以及相关障碍增加的一个危险因素。中国古代就开始关注环境对胎儿发展的影响，提倡"胎教"，要求孕妇慎于喜怒，切忌盛怒、忧郁、惊恐等。而现代科学则重视从孕妇的心理卫生上保证胎儿的健康发展，达到"优生"的要求。

专栏 3-1　染色体检测技术的发展

　　目前,科学家发明出一系列工具用来评估未出生婴儿的发展和健康状况。采用无创或微创手段检测染色体异常方面的技术一直在进步,例如超声波、羊膜穿刺术、绒毛膜取样、胚胎着床前基因诊断、脐带穿刺术、母亲血检、胎儿镜检查等。其中,羊膜穿刺术和绒毛膜取样这些被用在怀孕早期的诊断手段,可能会带来略高的流产风险。

第二节　胎儿期生理和神经系统的发展

　　个体的生物学发展,可以按人体组织系统的不同分列论述,也可按人生的不同阶段加以论述。前者的优点是可以清楚地认识各组织系统发展不同的进程。如:人类的神经系统、淋巴系统发展先快后慢,其中脑发育最快的时期在出生后第一年,咽部的淋巴结及扁桃体也是在幼儿期增长最明显,到 10 岁以后就逐渐减慢;而生殖及呼吸、消化、肌肉骨骼等全身其他系统的发育则先慢后快。后者的优点是阶段层次分明,能更好地体现年龄这个变量,并能把人生各阶段生物发展的主要情况分时期较完整地介绍清楚。本节将采用后一种方式进行详细介绍。

　　个体的生长发育是一个连续的动态过程,不应被人为地割裂认识。但是在这个过程中,随着年龄的增长,个体的解剖、生理和心理等功能确实在不同阶段表现出与年龄相关的规律性。因此,可以人为地把个体的生理发展分为胎儿期、婴幼儿期、童年期、青少年期、成年期。

一、受精卵的形成

　　胎儿期是指从受精卵形成到胎儿出生为止的阶段,共 40 周。来自父体的精子和来自母体的卵子结合形成受精卵,在母体宫腔内分裂发展而后长成胎儿。胎儿的发展主要受遗传及生物学因素的控制,但胎内外的环境及母亲自身的状况,也会对胎儿的发展产生影响。这些影响不仅仅是生理方面的,也有心理和社会方面的。对心理方面的影响,是由于生理方面的变化造成的,并且将反映在出生以后的各个发展阶段。

　　卵子又称卵细胞,在卵巢中生长发育。在女子的卵巢中,含有许多卵原细胞,总数达 4.5 万个。这些卵原细胞在胎儿期就开始分化,到女孩出生时,卵巢中的初级卵母细胞大约已有数十万个。这些初级卵母细胞在完成第一次减数分裂以后暂时停止分裂,直至性成熟。完成第一次减数分裂后的卵母细胞称作次级卵母细胞,以后次级卵母细胞又完成第二次减数分裂。次级卵母

图 3-1　受精卵的形成

细胞中的染色体数为 23 个。通常,女性到了性成熟期,每一个月经周期释放 1 个卵细胞,这个卵细胞在输卵管与精子结合形成受精卵。一个女子终生所能排出的卵细胞数目是 360～420 个,生育年限大约是 30～35 年。

精子或称精细胞,是在睾丸之内生长发育的。在男子的睾丸中有无数个精原细胞。男子到了成熟年龄,精原细胞开始分裂,产生初级精母细胞。每个初级精母细胞经过第一次减数分裂,产生 2 个次级精母细胞,再经过第二次减数分裂,形成 4 个精子细胞。精子中的染色体数只有精原细胞中的一半,即 23 个。精子至此不再分裂,变成体态轻盈、运动灵巧的精虫。精虫的形状似蝌蚪,包括扁圆的头部、短短的颈部和长长的尾部。一个男性一次射精大约就包含 3 亿～4 亿个精虫,一生中产生的精虫总数约为 1 万亿个。随着年龄增高,产生的精虫数量会减少,有些人直到 70～80 岁仍然继续产生精虫。

形成一个受精卵至少要有一个精子找到并穿透一个卵子,这个瞬间称作受孕,成功受孕就意味着形成了一个受精卵(图 3-1)。在受精卵形成的过程中,有一个重要因素——时间。除此之外,还有一些因素也影响受孕成功率,比如精子密度过大或过小、夫妇双方的年龄超过 40 岁、过度的压力和紧张等都会影响受孕的成功。

二、胎儿期发展的三个阶段

(一)胚种阶段(0～2 周)

一旦精子和卵子成功结合,受精卵就开始分裂。第一次分裂在受精卵形成后 36 小时之内开始。最初的细胞组成一个小球称作胚种。此时的受精卵呈游离状态,它一边不断分裂,一边沿输卵管向下漂移。第 3～4 天时到达子宫形成胚泡,胚种在子宫腔中大约自由漂移 1～2 天,在第 6～8 天时慢慢地把自己移植到子宫壁上。移植过程大约需 2 周完成,当移植结束时,约为受精卵形成后 13 天。这时胚泡边缘的一些细胞聚集在一起,形成胚盘。

(二)胚胎阶段(3～8 周)

自第 2 周末,增殖的细胞群发生分化,胚泡的细胞群逐渐分为不同的层,分别是外胚层、中胚层、内胚层。除此之外,胚泡的其余部分将发育成为滋养和保护胎儿在子宫内生长的器官——胎盘、脐带和羊膜囊。胎盘是由母亲的组织和胎儿的组织共同组成的,它在子宫中生长,允许氧气、营养物质以及胎儿的废弃物在母亲和胎儿之间进行交换。胎盘通过脐带与胚胎相连,来自母亲的营养物质由血液流入胚胎的血管,然后通过脐带传送给胚胎。同时,脐带中的胚胎血管把胚胎产生的废弃物运送到胎盘,再通过母亲的血管排出体外。这种营养物质和废弃物的交换是通过血管壁之间的扩散来实现的。除此之外,胎盘也有助于应对内部感染,增强胎儿对各种疾病的免疫力。羊膜囊是一种内部充满液体的薄膜,包裹着发育中的胎儿,为其提供活动空间。此时的受精卵只是内部结构发生着巨大的变化,细胞进行着分层次的分化,它的体积并不增大。这时的胚胎圆盘便为胚胎,如果有害物质此时进入胚胎,会产生永久的、不可逆转的损伤。在此期间,心脏、眼睛、耳朵将会形成,手和脚也会变成它们的最终形式。胚胎阶段的发展展示了一个从头到脚、由内及外的发展模式。头、血管和心脏等的发展早于胳膊、手、腿和脚的发展。在胚胎内也已有了一个小的消化系统和神经系统,这显示出反应能力的开端。

到了第 8 周末,胚胎已初具人形,心脏已可跳动。此时骨细胞开始在中心部分再造软骨细胞。当身体的结构分化基本完成时骨细胞就出现了,它们的出现使得已经分化的结构开始了骨化的过程。骨化意味着胚胎发展到了一个新的阶段——胎儿阶段。因此可以认为,骨细胞的出现,是胚胎发展到胎儿的一个重要标志。

(三) 胎儿阶段(2 个月末到出生)

在胎儿期,所有的器官和机能变得更像人,所有的系统开始具有整体功能。通过一些医疗仪器,如 B 超,可以看到子宫中的胎儿,他们比以前更有活力。怀孕 4 个月后,母亲可以感觉到胎动,再过几个月,其他人也可以通过母亲的皮肤感觉到胎儿在踢腿。除此之外,胎儿还会翻身、哭泣、打嗝、握拳、张合眼睛、吮吸手指。在第 9~12 周,如果胎儿是男性,他的阴茎已经形成。在第 13~16 周,如果胎儿是女性,她的输卵管、子宫和阴道开始形成。在第 17~20 周,胎儿的生活分为睡眠和清醒两部分。在第 21~24 周,胎儿的皮肤仍然是皱巴巴的,并且盖满油脂。他们的眼睛开始睁开,还能够上、下、左、右看,呼吸也开始变得规则。假设这时把胎儿取出,放在保育箱中,加上医护人员的精心照料,胎儿是有成活希望的。但是,由于这时胎儿的皮下没有脂肪贮存,且肺和消化系统还没有成熟,他们存活的机会很小。在第 25~28 周,胎儿的大脑皮层区域有了特殊的功能,大脑开始指挥视、嗅、发音等器官的活动,与前一阶段相比,胎儿的脑已发展了足够的细胞去指挥呼吸,控制吞咽和调节体温,因此,他们存活的概率也提高到了 50%。女性胎儿的卵子开始出现了它们的最初形式,男性胎儿的睾丸进入到阴囊中。在第 29~32 周,胎儿的皮下开始长脂肪,于是看上去就不再那么皱巴巴了,脂肪的生长也有助于出生后调节体温的变化。胎儿开始对外界声音敏感,音乐声、水流声及其他的声音能引起他们在胎内的活动,母亲的心跳声及走路的节奏律动能使他们变得平静。但是,胎儿的肺泡还不能交换氧和二氧化碳,他们的消化系统也仍然不完全成熟。假如这时早产,他们存活的可能性为 85%。在第 33 周至出生前,胎儿继续从母血中接受抗体,这些抗体将保护他们免遭许多疾病,一般自出生至生后 6 月龄,来自母体的抗体逐渐被耗竭。此时,消化系统和呼吸系统不断完善,为出生后"独立"生存奠定良好的基础。

胎儿期生理发展的三个阶段及其具体特征如表 3-1 所示。

表 3-1　胎儿期的各阶段生理发展

胚种阶段	胚胎阶段	胎儿阶段
受精至第 2 周 胚种期是最早也是最短的阶段,以系统化的细胞分裂和受精卵着床于子宫壁为特征。受精后 3 天,胚泡就含有 32 个细胞,每过一天数目翻倍。一周内,胚泡就增长至 100～150 个细胞。细胞变得专门化,其中一些形成包围胚泡的保护层	第 3 周～第 8 周 受精卵此时被称为胚胎。胚胎发育成三层,它们最终会形成不同的身体结构。这三层包括: 外胚层:皮肤、感觉器官、神经系统。 中胚层:肌肉、血液、循环系统。 内胚层:消化系统、呼吸系统。 8 周时,胚胎约 2.54 厘米	2 个月末直至出生 胎儿阶段正式始于主要器官开始进行分化时。胚胎此时被称为胎儿。胎儿生长迅速,例如,身长增长约 20 倍;4 个月时,胎儿平均重 113 克,出生时可达 3.18 千克

第三节　婴幼儿期生理和神经系统的发展

婴儿期是指个体 0～3 岁的时期。它是儿童生理发育最迅速的时期,也是个体心理发展最迅速的时期。幼儿期指儿童从 3～6、7 岁这一时期。本节将逐一介绍婴幼儿期的发展特征。

一、婴儿期的生理发展特征

新生儿期指自胎儿娩出脐带结扎到生后 28 天的时期。按年龄划分,此期实际包含在婴儿期内。由于此期在生长发育和疾病方面具有非常明显的特殊性,且发病率高,死亡率也高,因此将这一个特殊时期单独列为新生儿期。

(一) 新生儿的生理特征

在新生儿期,小儿脱离母体转而独立生存,所处的内、外环境发生了根本的变化,而其适应能力尚不完善。此外,分娩过程中的损伤、感染持续存在,先天性畸形也常在此期出现。

1. 由寄居生活过渡至独立生活　胎儿的生活完全是寄居性的,通过脐带与母亲相联系,实现其营养、呼吸、排泄等新陈代谢的机能。在出生后,新生儿就成为一个完全独立的个体,且面临着一个新的完全不同于胎内的生活环境。因此,新生儿需要尽快使自己的各种生理器官(如呼吸系统、消化系统、循环系统等)适应新的环境。

2. 神经系统的发育　虽然从胎儿时期开始,胎儿的神经系统就已经在不断发展,到出生后,新生儿脑相对大,但脑沟、脑回仍未完全形成,神经细胞的体积还小,神经纤维还很短很少,而且大部分没有髓鞘化,因此就不容易在大脑皮层上形成比较稳定的优势兴奋中心,新生儿大脑皮层也就难以适应外界刺激的强度。这样新生儿对外界的各种超强刺激就采取了保护性抑制,表现为睡眠时间多,觉醒时间一昼夜仅为 2~3 小时。大脑对下级中枢抑制较弱,常出现不自主和不协调动作。随着大脑皮层和神经系统的不断成熟,个体的这种"保护性"睡眠时间就会逐渐地减少,与此同时,新生儿的各种心理活动则不断增加和复杂化。

3. 原始反射的存在　新生儿出生时已具备多种暂时性的原始反射,如觅食反射、吸吮反射(图 3-2)、握持反射、拥抱反射等 70 多种反射。正常情况下,上述反射出生后数月自然消失。虽然新生儿一出生就具有多种原始反射,为他们的生存提供了前提条件,但是各种生而具有的非条件反射往往是不精确的,还常常容易发生泛化,如不仅刺激新生儿嘴唇会引起吸吮反射,刺激其脸颊也常常会引起同样的反射。至出生后 20 天左右,新生儿的各种反射行为才趋于精准。

图 3-2　吸吮反射

(二) 新生儿的感觉能力

对客观世界的感知能力(capacity of sensory and perception)是各种心理能力(mental capacity),如学习、思考及社会化等发展的基础。从发展的角度来看,感觉能力是发展最早,且最早趋于完善的一种基本心理能力。大量研究表明,新生儿各种感觉器官从一开始就处于积极活动状态之中,因此,新生儿已具有了一定的感觉能力。

1. 视觉(vision)　视觉是人类最重要的一种感觉。人通过外界获取的信息中,大约有 80% 是通过视觉获得的。新生儿的视觉系统还未达到成熟,可以区分不同的颜色,但视觉能力是有限的。例如,新生儿已能较系统地寻求观察事物,但仍有较大的偶然性和无组织性。其视觉调节能力具有一定的局限性,视觉运动是不协调的。

2. 听觉(audition)　研究和经验表明,所有正常的新生儿都有听觉。许多新生儿在听到摇铃声时能将头转向铃响的方向,但这个动作不是立即完成的,需要 2.5 秒的反应时间。研究发现,声音的分贝越大,新生儿的心率就越快,表明新生儿已能分辨不同分贝的声音,并对此作出生理反应。新生儿已能分辨不同的语音,声音定位能力对新生儿而言只是一种反射行为,在 1 个月后即短暂消失,大约 4 个月时即能进行准确的声音定位。

除此之外,刚出生的新生儿已具有发达的味觉,这对其具有重要的保护意义。出生不到 12 小时的新生儿即能够表现出一定的嗅觉。除此之外,新生儿对于触摸是非常敏感的,他们能感觉到成人感觉不到的微小气流,因此触觉的刺激对新生儿的发展也是必要的。

(三) 婴儿的生理特征

婴儿生理的发展是指其大脑和身体在形态、结构及功能上的生长发育过程。

这一阶段儿童心理的进步也是极为明显的。

1. 婴儿大脑功能的发展　人脑的结构和机能是统一的,结构决定机能,机能也影响结构。婴儿大脑的形态发展就直接影响、制约着其机能的发展,也决定着其发展的速度。

(1) 脑重与头围：婴儿大脑是从胚胎时期开始发育的,到出生时其重量已达350～400克,是成人脑重的25%（而这时体重只占成人的5%）。此后第一年内脑重量的增长是最快的,6个月时已达700～800克（约占成人的50%）;12个月时已达800～900克;24个月时增到1050～1150克（约占成人的75%）;36个月时脑重已接近成人脑重范围。此后发育速度变慢,12岁时才达到成人水平。这些发展变化在一定程度上反映了各个阶段大脑内部结构发育和成熟的情况,与大脑皮质面积的发展密切相关。但我们不能以脑重的大小来衡量婴儿的智力发育水平的高低,因为每个婴儿的脑重之间存在着明显的个体差异。一般来讲,婴儿脑重只要在正常范围内,就属发育正常。研究发现,婴儿期女孩大脑的发展要比男孩快,而3岁以后男孩大脑的发展则明显加快。

婴儿头围也存在类似的发展变化。刚出生时婴儿的头围达34厘米左右（约达成人头围的60%）;12个月时达46～47厘米;24个月时达48～49厘米;此后增长速度变慢,10岁时才达52厘米。

(2) 大脑皮质：婴儿大脑在胎儿早期就已经开始发展。胎儿6、7个月时,脑的基本结构就已具备。出生时脑细胞已分化,细胞构筑区和层次分化已基本上完成,脑细胞的数量已接近成人,大多数沟回都已出现,脑岛已被临近脑叶掩盖,脑内基本感觉运动通路已髓鞘化（白质除外）。此后,婴儿皮质细胞迅速发展,层次扩展,神经元密度下降且相互分化,突触装置日趋复杂化。到2岁时,脑及其各部分的相对大小和比例,已基本上类似于成人大脑。白质已基本髓鞘化,与灰质明显分开。其中,大脑的髓鞘化程度是婴儿脑细胞成熟状态的一个重要指标,整个皮质广度的变化也与髓鞘化程度密切相关。

(3) 网状结构的作用：网状结构是在脑干中央部分的一个很小的神经网络,由神经细胞和神经纤维交织而成。它虽然没有成人的一个小指头大,但却是一个非常重要的结构。研究表明,网状结构是构成婴儿思维、学习和活动能力的基础。没有它,个体就成了一块无能为力的、无感觉的、瘫痪的原生质。新生儿脑皮层尚未起作用时,网状激活系统也能使他在一天中仍然有短时觉醒。网状结构还参与调节婴儿身体的全面运动活动,有产生肌肉收缩的特殊运动中枢,能变更（加强或抑制）随意性（脑控制的）和反射性（脊髓控制的）肌肉运动。

(4) 大脑单侧化形成：婴儿大脑两半球不仅在解剖上,而且在功能上也存在着差异,大量实验研究表明,大脑两半球的能力确实具有不同的模式,即两半球以明显不同的方式思维着。左半球不仅用语词进行思维,还在以语言为基础的逻辑思维方面优于右半球;而右半球则用表象进行思维,在再认和处理复杂知觉模型方面具有极大优势。现在大多数人认为，婴儿大脑的单侧化在发展中是不变化的，即自出生起，婴儿左右半球就分别控制着不同的功能。有研究表明，大脑单侧化在婴儿刚出生时便明显地表现出来了。

（5）脑电活动的发展：对新生儿的脑电图进行研究后发现，新生儿的脑在一定程度上是成熟的。出生后的5个月，是婴儿脑电活动发展的重要阶段。脑电逐渐皮质化，且伴随产生皮质下抑制。在安静状态下，婴儿皮质枕叶区可以看到频率为5次/秒的节律性持续电活动，其构成已类似于成人的α节律。

2. 婴儿生理发展过程　婴儿生理发展是指其身体各部分及各种器官、组织的结构和机能的生长发育过程。生长是指量的增加，如身长、体重和各器官的增长；发育是指质的变化，如各器官组织结构和功能的不断分化、成熟等。由于整个生长发育过程受遗传和后天环境的影响，个体之间在身高、体重或其他生理发展方面存在很大差异。婴幼儿身体的各部分并不是以相同的速度成长的，新生儿刚出生

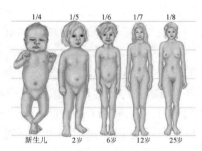

图 3-3　逐渐减小的头部比例

时头部占整个身体比例的四分之一，到2岁时幼儿的头只有身高的五分之一，而到了成人期，就只有八分之一（图3-3）。

（1）体重：各器官、系统、体液的总重量称为体重。其中骨骼、肌肉、内脏、体脂、体液为主要成分，可反映机体在量的方面的发育情况，是代表体格发育尤其是营养情况的重要指标。新生儿出生体重与胎次、性别及母亲健康情况有关，如第一胎较轻，男孩较女孩稍重。出生时，足月男婴体重为3.3～3.4千克，足月女婴体重为3.2～3.3千克。生后一周内可有暂时性体重下降，大约减少原来体重的3%～9%，一般于生后7～10天内恢复到出生时体重。在正常喂养情况下，5个月大时体重已经是出生时的2倍，12个月时体重可达到出生时的3倍，此后速度放慢，到30个月时达出生时体重的4倍，即13千克左右。2岁至青春前期平均每年增加2千克。

（2）牙齿与骨骼发育：生后4～10个月乳牙开始萌出，12个月后萌出为乳牙萌出延迟。乳牙萌出顺序一般为下颌先于上颌、自前向后，约于2.5岁时乳牙出齐。婴儿出生时颅骨缝稍有分开，约于3～4月龄时闭合。出生时后囟很小或已闭合，最迟约6～8周龄闭合。前囟出生时约1～2厘米，以后随颅骨生长而增大，6月龄左右逐渐骨化而变小，约在1～1.5岁闭合。婴儿骨骼发育很有规律。常用X光拍片检查婴儿腕骨骨化中心，可以了解其骨骼发育状况。将婴儿实际出现的骨化中心与正常标准相比，可得其骨龄。一般来说，12个月婴儿腕骨已发育出头状骨和钩状骨，36个月时长出三角骨。13岁时才能全部完成腕骨骨化过程。

3. 婴儿的动作发展　婴儿各种运动、动作的发展是其活动发展的前提，也是

其心理发展的外在表现。婴儿的动作发展有着严密细致的内在规律,它遵循一定的原则,存在一定的常模,是一个复杂多变而又有规律可循的动态发展系统。

(1) 动作的发生和新生儿动作研究:一般认为,婴儿动作最早发生在新生儿期,其最初的无条件反射行为便是"最早产生"的第一批动作。事实上,活动发生的时间应追溯到胎儿期。胎儿期的胎动和一些反射活动才是"最早产生"的两种动作。研究发现,刚满 2 个月的胎儿便可利用头或臀的旋转,使身体弯曲离开刺激(这是最早的胎动);3 个月的胎儿已出现巴宾斯基反射和其他类似吸吮反射及抓握反射的活动。胎儿在 5 个月后逐渐获得了防御反射、吞咽反射、眨眼反射和强直性颈反射等对其生命有重要作用和价值的本能动作。

(2) 婴儿动作发展的一般进程:婴儿动作发展主要有两方面的内容,即行走动作的发展和手运动技能的发展。其顺序是从整体动作到分化动作,从上部动作到下部动作,从大肌肉动作到小肌肉动作。具体来说就是,从抬头到翻身(3 个月)、坐起(6 个月)、爬行(8、9 个月)、站立(1 岁),再到学会行走(13、14 个月)。手的动作也是从无意识地抚摸(3 个月)到随意抚摸(5 个月),再到抓握动作的发展(6 个月以后),逐渐形成了眼手协调的运动。2~3 岁的婴儿已能随意行走,手的动作也灵活协调起来,并学会了双手运动。在此基础上,婴儿的游戏和自我服务性的劳动活动也发展起来了,如能灵活地摆弄和使用物体,学会了自己穿衣、吃饭、洗脸、洗手和收拾东西、整理玩具等。这说明婴儿在 3 岁前已出现具有一定目的性的活动,这是人类实践活动的萌芽。婴儿通过活动接触了各种物体,训练了感官,发展了各种心理活动。但是,婴儿的活动还缺乏明确的目的性,主题经常变化,很不稳定,在内容上也比较贫乏和单调,只限于简单的模仿。

4. 发展的四个原则　婴儿的生理发展主要遵循以下四个原则:

(1) 头尾原则:身体发展所遵循的模式是先从头部和身体上半部开始,然后逐渐至身体的其他部分。这就意味着位于头部的视觉能力发展要先于位于身体末端的走路能力发展。

(2) 近远原则:发展从身体的中央部位逐渐至外围部位扩散。这就意味着躯干的发展先于四肢末端的发展。例如,使用手臂的能力要比使用手指的能力优先发展。

(3) 等级整合原则:简单技能一般是各自独立发展的,然后这些简单的技能被整合成更加复杂的技能。例如,用手捡东西的技能要到婴儿学会控制和协调每个手指的运动时才能掌握。

(4) 系统独立性原则:身体的不同系统有着不同的发展速率。例如,身体大小、神经系统和性别特征的发展模式是不一样的。

二、幼儿期的生理发展特征

幼儿期相当于幼儿园教育的阶段。幼儿期随着年龄的增长,神经系统进一步发展,突出表现在大脑结构的不断完善和功能的进一步成熟等方面。幼儿大脑的进一步发展为幼儿的心理发展提供了生理基础。

(一) 大脑结构的发展

1. **脑重继续增加** 幼儿3岁时脑重已接近成人脑重的范围。到了6、7岁时脑重约为1280克,基本接近于成人水平。以后脑重增长相当缓慢,到12岁时达到成人脑重的平均数(1400克),到20岁左右时停止增长。由此可见,个体脑重的增长到幼儿期基本完成。重量的增加并不是由神经细胞大量增殖所引起的,而主要是由神经细胞结构的复杂化和神经纤维的不断增长所造成的。

2. **神经纤维增长髓鞘化基本完成** 幼儿2岁以后,脑神经纤维继续增长,并在水平方向的基础上出现了向竖直或斜线方向延伸的分支。此后,神经纤维分支进一步增多、加长,形成更为复杂的神经联系。同时,幼儿神经纤维的髓鞘化也渐渐完成,使得神经兴奋沿着一定道路迅速传导,并且更加精确。到幼儿6岁末几乎所有的皮层传导通路都已髓鞘化,神经纤维的增长与髓鞘化的基本完成,使脑皮质结构日益复杂化。

3. **大脑皮质达到相当成熟的程度** 大脑皮质的成熟具有一定的程序性。我国心理学工作者刘世熠关于儿童脑发展的年龄特征的研究表明:

(1) 脑电波α波增多而θ波明显减少:通过脑电频率考察脑的发展得知,4~20岁个体脑电发展的总趋势是α波的频率逐渐增长,有两个波显著加速的"飞跃"期,其中5~6岁即幼儿末期是第一个显著加速期,此时α波和θ波对抗最为激烈,对抗的结果是α波开始明显超过θ波。而α波是人脑活动最基本节律,频率为8~13次/秒,它在成人期呈现相当稳定的状态。而θ波的频率多为4~7次/秒,不利于儿童与外界保持最佳平衡。因此,幼儿末期脑电波α波增多而θ波明显减少表明脑结构趋向成熟。

(2) 大脑皮质各区都已接近成人水平:关于儿童大脑皮质成熟度的研究表明,到幼儿末期,大脑皮质各区都已接近成人水平,7岁时连发育最晚的额叶也基本成熟。这就为幼儿智力活动的迅速发展和接受教育提供了可能。

(二) 大脑功能的成熟

1. **兴奋和抑制的神经过程不断增强** 兴奋过程的加强表现在幼儿睡眠减少,由出生时的每天22小时睡眠到3岁时平均14小时,而7岁时则只需11小时左右就够了。抑制过程在婴儿期就开始发展,一般在3岁前幼儿的内抑制发展很慢,大约从4岁起,由于神经系统结构完善、言语的掌握和周围环境的作用,使得儿童的内抑制有了较快的发展,突出表现为幼儿可以逐渐学会控制、调节自己的行为,从而减少冲动性。

2. **条件反射易建立,而且较巩固** 幼儿初期还具有婴儿期条件反射行程慢、缺乏强化及易消退(或减弱)等特点。但是,随着幼儿期神经系统结构的发展,到学前晚期,条件反射的形成和巩固就比以前明显加快,学会后也不易忘记。

（三）大脑单侧化的形成

1. 左右脑半球的形成　现代生理学的研究表明，大脑的单侧化现象自婴儿期就开始出现，至幼儿期明显形成。我国学者郭可教通过研究一个右脑半球严重病变、伤及颞叶后部的 5 岁幼儿发现，该幼儿具有明显的左侧空间不识症，而他的言语能力完全正常，日常会话和对答都没有任何问题。这一事实证明，幼儿在 5 岁时大脑两半球功能已经单侧化，左右脑半球优势已经明显形成。

2. 优势手的形成　优势手是使用较多的手，这种现象的出现，是个体大脑优势半球的外部标志之一。日本田中敬二的《发展心理学》指出，优势手在 1.5～5 岁间形成。我国关于优势手的研究取得了基本相同的结果。李鸣果等人曾用幼儿抓物方式研究不同年龄儿童优势手的形成，结果表明 1 岁儿童使用左右手的次数接近 1∶1，随着年龄的增长，儿童使用右手的次数逐渐增多，至 5 岁以后基本趋于固定值。钟其翔对广西幼儿园儿童的调查指出，小班幼儿左利手占 27%～30%，中班就只占 9%，而大班只占 4%～9%。上述研究材料表明，幼儿优势半球自 5 岁左右已经形成。此时，左右脑已有明显分工。

（四）动作技能的发展

1. 大肌肉的动作技能活动　幼儿在 2.5～3.5 岁能自行行走，能循直线跑步，能双脚跳跃；3.5～4.5 岁步伐距离能及成人的 80%，快跑速度能及成人的 1/3，能投掷并接住较大的球类；4.5～5.5 岁脚能单独着地保持平衡，跑步时能控制身体，能学习游泳。

2. 小肌肉的动作技能活动　幼儿在 2.5～3.5 岁能循线画圆圈，能使用餐具，能搭简单积木；3.5～4.5 岁能扣解衣服纽扣，能照图描绘，能按自己意思绘画；4.5～5.5 岁能用剪刀剪纸，能搭复杂积木，能学习写数字及单字。

骨骼、肌肉的生长发育，促进了幼儿期儿童的动作技能的发展，虽然这表面看来只是些肢体活动，事实上却是儿童身体与心智两方面综合发展的表现。对成人而言，日常生活中的各种动作与技能，都是他为达成目的的手段。但对儿童而言，动作与技能活动的本身，就是他的目的，他从活动本身即获得满足，此外并无所求。

第四节　儿童期生理和神经系统的发展

自入小学开始（6～7 岁）至青春期前为儿童期，相当于小学教育阶段（又称学龄期）。这个时期以大脑为核心的神经系统迅速发展，而身高和体重的增长速度要比幼儿期和少年期缓慢。

一、大脑结构的发展

随着儿童年龄的增长，神经细胞的突触数量和长度也逐渐增加，神经纤维深入到皮质各层，将它们紧密地联系起来。随着神经细胞结构的复杂化和神经纤维的生长,儿童的脑重逐渐增加,到 6、7 岁时达到 1280 克,为成人脑重的 90%;9 岁时约为 1350 克;12 岁时约为 1400 克,达到了成人水平。

在小学阶段,儿童大脑的大部分都在不断地增大,其中体积增大最为明显的是皮质部位的额叶。现代生理心理学的大量研究表明,额叶与人类记忆、抑制、思维等高级心理过程有着密切的联系。从人类的种系发展过程来看,额叶增大是现代人类和作为人类祖先的类人猿在脑解剖结构上的重大区别之一。我国心理学工作者刘世熠对儿童脑发展的研究表明:额叶是脑皮质中最晚成熟的部位。因此,在小学阶段,儿童额叶的显著增大对高级神经功能的发展有着重要意义。

二、大脑功能的发展

小学儿童所有皮质传导通路的神经纤维,在 6 岁时几乎都已髓鞘化。这时的神经纤维具有良好的"绝缘性",可以按指定的道路迅速传导神经兴奋,极大地提高了神经传导的准确性。在小学阶段,神经纤维从不同方向越来越多地深入到皮质各层,在长度上也有较大的增长。除了神经纤维的发展,小学儿童脑皮质神经细胞的体积也在增大,突触的数量日益增多,它们的发展共同决定了小学儿童大脑功能的完善。

(一) 兴奋和抑制功能的发展

小学儿童脑兴奋功能的增强,可以从儿童觉醒的时间较多这一事实看出来。7 岁时儿童每日睡眠时间由新生儿期的 22 小时降为每日平均 11 小时,到 12 岁时,每日只需 9~10 小时。在皮质抑制方面,儿童约从 4 岁开始,内抑制就蓬勃发展起来。儿童在其生活条件的要求下开始发展内抑制功能,特别是言语的不断发展,促进了内抑制功能的进一步发展,从而能更细致地综合分析外界事物,并且更善于调节控制自己的行为。与青少年或成人相比,小学儿童大脑兴奋与抑制的平衡性较差,兴奋强于抑制,要求儿童过分的兴奋或抑制都会产生不良后果。过分的兴奋容易诱发疲劳,例如,波加琴科认为,学习负担过重、作业量太大、儿童连续长时间地用脑等会致使大脑超负荷地兴奋,长此以往,会使兴奋与抑制过程、第一与第二信号系统间的正常关系遭到破坏。同样的,过分的抑制会引发不必要的兴奋,也让儿童难以接受。

(二) 条件反射的发展

皮质抑制功能指由于条件刺激的形成而致使个体反应减弱的现象,是大脑功能发展的重要标志之一。皮质抑制功能的发展使反射活动更精确、更完善,对儿童来说有很重要的意义。抑制性条件反射加强了儿童心理的稳定性,提高了儿童对外界环境的适应能力。小学儿童由于神经系统结构的发展,及第二信号系统的发展,特别是学校生活有要求(要求儿童上课坐好、安静听讲、守纪律、不乱动等),往往可以更快地形成各种抑制性的条件反射,而且一旦形成,就能得到巩固,从而使儿童能够更好地对刺激物(如学习内容)加以精确地分析,并能更好地支配自己的行为。

第五节　青少年期生理和神经系统的发展

青少年期的年龄范围一般为11～20岁，女孩的青春期开始年龄和结束年龄都比男孩早2年。这个阶段青少年正处于青春发育时期（又称青春发育期）。青春期的进入和结束年龄存在较大个体差异，约可相差2～4岁。此期青少年的体格生长发育再次加速，出现第二次高峰，同时生殖系统的发育也加速并渐趋成熟。青春期是个体从不成熟的童年期走向成熟的成年期的过渡阶段。青春期的生理发育成熟主要表现在下述几个方面。

一、外形变化

青少年期最明显的特点是身体外形的变化，这也是青春期生理发育的外部表现，既包括身高、体重的变化，又包括第二性征的出现。身高、体重的变化对青少年期心理的发展有很大影响，尤其是增强了他们的"成人感"和"美感"。青春期开始后，身体各部分的发育极不平衡，原本匀称的身体，一下子变得相貌奇特、大手大脚、行动笨拙。有些青少年，可能因不习惯或不喜欢自己的身体形象，会产生暂时的心理上的困扰。

（一）身高

身体迅速长高是青春发育期身体外形变化最明显的特征，称为青春期生长陡增（puberty growth spurt）。在青春发育期之前，儿童平均每年长高3～5厘米，但在青春发育期，青少年每年长高6～8厘米，甚至达10～11厘米。

男女青少年在身体长高的变化上是不一样的。童年期男女的身高是差不多的，男孩稍高于女孩。但在青春发育期的前期，男女身高趋势就发生了明显变化。女孩从9岁开始，进入生长发育的陡增阶段，11、12岁时则达到了陡增高峰。而男孩这一过程，却比女孩晚将近2年，从11、12岁才急起直追，到14岁前后身高又超过了女孩。女性身高一般增长到19岁，至多到23岁就不再继续增长了，男性身高一般增长到23、24岁，有的甚至增长到26岁。身高增长的速度和时间是有个体差异的，这种差异不仅在于性别之间，在城乡之间、地区之间等也都存在不同程度的差异。从整个人体发育过程来看，身体的高矮往往成为健康的标志之一。

（二）体重

在青春发育期之前，儿童每年体重增加不超过5千克。到了青春发育期，青少年体重增加十分明显，每年可增加5～6千克，甚至可达8～10千克。男女青少年体重的增加也有差异。10岁之前，男女生体重相仿。10岁之后，女生领先发育，体重增加较多，一般情况下，2年之后男生赶上女生。体重的增加反映出身体内脏的增大、肌肉的发达、骨骼的增长和变粗，也反映出营养和健康情况等，它同时也是一个人身体发育好坏的标志之一。

二、生理功能

（一）心脏的成长

出生1个月时,心脏的大小可增大到新生儿心脏的3倍;进入青春期,心脏生长迅速,在12岁时达到初生时心脏的10倍,接近成人水平;35~40岁时,心脏的大小开始恒定下来。脉搏频率随年龄的增长而逐渐变慢,18~19岁时趋于稳定。血压方面,收缩压和舒张压均随年龄增大而增加。就收缩压而言,男生自13岁起增加迅速,16岁后速度减慢,18~19岁起趋于稳定;女生增长较为均匀,至16~17岁时,出现下降趋势,18~19岁后趋于稳定。就舒张压而言,变化较小,女生15岁后、男生18~19岁趋于稳定。

（二）肺的发育

肺的结构在7岁时就已发育完全。肺重量的生长经过两次"飞跃",第一次发生在出生后第3个月,第二次发生在12岁前后。12岁前后开始,肺发育得又快又好。肺活量的增长是肺发育的重要指标。肺活量随年龄增大而增大。男生从12~13岁起增长加快,19~20岁趋于稳定。19~25岁城市男青年的肺活量平均为4124毫升,而女青年的肺活量则小得多,平均只有2871毫升。

（三）肌肉力量的增强

体重的增加表明肌肉和骨骼发生了变化,在肌肉力量的发展水平上,男女之间存在着明显的差异。

三、青春期的特征

生殖系统是人体各系统中发育成熟最晚的,它的成熟标志着人体生理发育的完成。生殖器官在青春发育期之前发育非常缓慢,一旦进入青春发育期,其发育速度会迅速上升。

青春期的第二性征,男女均在19~20岁发育完成。原属孩子的个体,改变为能生育孩子的个体,此期即为青春期。青春期不同于成年期,它是成年期的初期阶段。青春发育期的时间为2~3年,女生在11~14岁之间,其平均年龄约在12.5岁;男生在12~15岁之间,其平均年龄约在13.5岁。

（一）性激素的增多

性激素分泌是整个内分泌系统活动的一个重要内容。在青春期以前,无论男女,都仅分泌少量的性激素。进入青春期后,个体下丘脑的促性腺释放因子的分泌量增加,从而使垂体前叶的促性腺激素分泌也增加,进而导致性腺激素水平相应提高,促进性腺发育,女性的性腺为卵巢,男性的性腺为睾丸。性腺的发育成熟使女性出现月经,男性发生遗精。

（二）主性征与次性征

生殖器官的改变以及随生殖器官变化而产生的相关身体变化,称为主性征。青春期开始的标志,女性要比男性更为明显。女性的青春期起自月经的初次出现,它标志着女性青春期的开始。之后,女性的卵巢内即开始孕育卵细胞,伴随而来的改变是子宫增大、子宫内膜黏膜肥厚、阴道膨大、有阴毛及腋毛出现等。男性青春期不像女性那样明显,遗精是青春期开始的标志,其主要生理变化是:睾丸增大、能制造成熟的精细胞,此外还有前列腺及精囊开始分泌、阴茎膨大、阴茎的皮肤增厚、出现阴毛及腋毛等。次性征是指除主性征之外的身体变化,在女性方面,次性征包括乳房隆起、臀部扩大、皮下脂肪增多等。在男性方面,次性征包括胡须、体毛出现及嗓音改变。成熟早晚对两性的影响不同:对男生而言,青春期较早出现,亦即性生理早成熟者,从开始到成年,在同年龄群的发展中一直居于有利的地位。而对于女生来说,早熟非但显不出像男生那样的优势,反而有不利的影响。

专栏 3-2　性早熟及其影响

> 近几十年来,人类在生物性成熟方面存在着全球性提前的倾向。这主要表现在青春发育期提前到来和青春发育期完成的缩短化两个方面,从而使得每一代人都提早达到成人的成熟标准。这种具有时代性的发展加速现象受当代经济和科学技术的高度发展、现代文明的普及以及全球气候条件等诸多因素的影响所致。青春发育期普遍提前的趋势,给社会和教育带来了很多矛盾和问题,也使青少年身心发展的不平衡和种种危机与困难更加明显地表现了出来。

四、脑和神经的发育

(一)脑重量与脑电波的发展

青少年期的脑重量逐渐增加,12岁时约为1400克,已经达到成人的平均脑重量。13~14岁时,脑电波出现第二个"飞跃"现象。第一个"飞跃"出现在5~6岁时,它标志着枕叶α波与θ波之间最激烈的斗争。而第二个"飞跃"则标志着除额叶外,几乎整个大脑皮质的α波与θ波之间对抗的基本结束。这说明皮质细胞在功能上的成熟,它具体地表现为感知觉非常敏感,记忆力、思维力不断提高,这就为它们系统地、深入地掌握更高难度的知识提供了有利的条件。

(二)神经系统的结构和功能的发育

进入青春期后,脑的发育不论在形态上还是功能上都已成熟。大脑皮质的沟回组织已经完善、分明,这时的脑皮质细胞在功能上更加成熟,神经元联系更加复杂化,大脑皮质细胞活动的数量急剧增加,尤其是联络神经纤维活动的数量大大增加,传递信息的神经纤维的髓鞘化已经完成,好像导线外边包上一层绝缘体,保证信息传递畅通,互不干扰。左半球的言语中枢系统的最高调节能力也迅速增强,从而使青年的自我调节和自我控制能力大为增强。

青春期在新的更加复杂的生活条件影响下,大脑功能显著发展并逐步趋于成熟。兴奋与抑制过程逐步平衡,特别是内抑制功能逐步发育成熟,到16、17岁后,兴奋和抑制功能更为协调一致。

青春期脑和神经系统,从结构到功能上的一系列发展变化,奠定了中学生的心理发展基础,特别是逻辑抽象思维发展的物质基础。青春期脑和神经系统的发育成熟,为高中阶段心理成熟提供了生理的机制。

尽管如此,脑和神经系统还要到 20~25 岁以后,才能够发育得与成年人一模一样。比如脑垂体、甲状腺和肾上腺,在青春发育期间都分泌出激素,促使全身组织迅速发育,但也增加了脑和神经系统的兴奋性,因而使中学生的情绪容易激动,也容易疲劳。可是到 20~25 岁之后,这种激素分泌现象显著减少。

由此可见,青春期生理机能主要有三大类巨变:身体外形的改变、内脏机能的健全和性的成熟,这些都标志着人体全部器官接近成熟。脑和神经系统的基本成熟为青少年心理基本成熟提供了可能性,但青少年毕竟处于从不成熟到成熟的过渡阶段,脑和神经系统都有待进一步加强锻炼,因此,妥善引导中学生合理安排休息时间,兼顾学习与娱乐,注意劳逸结合,对他们的身心健康与成熟是非常必要的。

> 青少年期的主要特点是身心发展迅速而又不平衡,这种说法正确吗?
> 试述如何促进青少年的身心健康。

第六节 成年期生理和神经系统的发展

成年期(adulthood)一般指 18~19 岁开始直到衰亡的这段时期。这一过程中,人的生理从幼稚到成熟,又由成熟向衰老过渡,最终走向衰亡。成年期可分为成年早期、成年中期和成年晚期。这一时期的身体变化不像其他阶段那么显著,而是平缓进行的。根据心理学家的研究,多数人的身体功能在 25~30 岁时达到高峰,体力、灵敏度、反应、手工技能都处于最佳状态。美国心理学家 N. W. 肖克测量了成年男性的心血输出量和肺活量等,发现这些指标在 25~30 岁最佳,30 岁以后开始缓慢下降。当然,这个趋势是就一般而言的,而个体差异是很大的。有的人到 50 多岁时,身体组织和功能还很少变化。多数变化似乎是由于身体不同部位的细胞减少造成的。成年早期身体各部位细胞丰富,余量较大,减少一些影响也不大。后来余量丧失,继续减少就会产生可见的影响。如果单纯从人类的身体功能看,成年早期是体能发展的高峰,成年期一开始,体能的效率就开始下降。不过人类体能下降的速度,事实上并不如想象的那样快,一个 50 岁身体健康的人,完全能够负担与 20 岁年轻人同样的工作;在肌肉活动的速度上,可能有年龄上的差异,但在工作的品质上,可能成年人的成绩反而较佳。成年中、后期身体功能上最明显的下降是视力与听力,50 岁以上者多半在阅读时需要戴老花镜,60 岁以上者多半会有听力减退现象。而大脑重量的改变,在 20~80 岁只减少 8% 左右。

一、成年早期的生理变化

成年早期又称青年期,此期人的生理发展趋于平缓并走向成熟,身体各个系统的生理机能,包括心肺功能、体力和速度、免疫力和性机能等都达到最佳状态,疾病的发生率最低,处于身体健康的顶峰时期。

二、成年中期的生理变化

成年中期又称中年期,此期重要的身体变化是更年期变化,男性和女性都有更年期,女性进入更年期的年龄早于男性,更年期的各种特点在女性身上表现得更加明显。女性更年期指妇女绝经前后的一段时期,即指性腺功能开始衰退直至完全消失的时期,大约从45岁开始,时间可持续15~20年。女性更年期最显著的变化是停经,也就是月经的终止,这标志着由可以生育到不能生育的转变。更年期的变化主要是由性激素急剧下降引起的,与女性对更年期的认识和态度也有关系,生理上表现为排卵停止,月经不规律直至停止,有时伴随潮热和出汗;心理上表现为心情抑郁,情绪不稳定,因此更年期也称为"第二个青春期"。

围绝经期指从停经前10年左右开始至最后一次月经后12个月的一个时期,包括绝经过渡期和绝经早期。停经是正常的衰老过程,停经症状的性质和程度由于女性的种族和文化背景不同而存在差异。从1994年起,世界卫生组织提出废弃"更年期"而推荐采用"围绝经期"一词。医学上所用的"围绝经期综合征"是指妇女在绝经前后由于雌激素水平波动或下降所致的以自主神经系统功能紊乱为主,伴有神经心理症状的一组征候群,多发生于45~55岁。近年来,由于生活节奏快、工作压力大,许多女性进入围绝经期的时间有提前趋势,而且每个人所表现的症状轻重不等,轻者安然无恙,重者影响工作和生活,甚至发展成为疾病;围绝经期的时间长短不一,短至几个月,长则可至几年。

(一)内分泌腺的变化

内分泌腺是一种可以分泌激素的器官,包括脑垂体、性腺、胸腺、甲状腺及胰岛等。它们的体积都较小,但对人体的新陈代谢、生长、发育、生殖等具有重要的调节作用。

1. 脑垂体(前叶) 脑垂体被称为腺体的首领组织,从前叶分泌出的激素有生长激素、甲状腺刺激激素、促肾上腺皮质激素、性腺刺激激素等主要激素。除生长激素外,其他激素起着刺激相应内分泌腺,并促始其活动的作用。如果脑垂体出现异常,那么身体的发育必然会出现紊乱现象。

2. 卵巢 女性的性腺主要是卵巢,其产生的主要性激素是雌激素,其相应功能的主要外在表现是月经周期性来潮。稳定的雌激素作用持续至40岁左右,有排卵的周期性月经约维持30年,此后排卵减少,妇女进入更年期。进入更年期的妇女,性腺功能逐渐衰退,生殖能力大为下降并很快停止,绝经并出现生殖器官以及所有依赖性激素的组织的萎缩。进入更年期后,下丘脑-垂体-性腺轴系的改变首先表现为卵巢的衰老,月经停止主要与卵巢有关而不在于下丘脑;随着年龄的增长,以后才逐渐发生下丘脑和垂体的改变。卵巢的衰老约起始于绝经前10年,即相当于35岁左右。

3. 睾丸　男性进入更年期,睾丸开始有退行性变化。自 40 岁之后,睾丸重量就开始逐渐减轻,50 岁以后体积也缓慢缩小,至 60 岁以后就明显缩小。不过,睾丸组织生理性退化的年龄与速度常常是因人而异的,早在 40 岁以后就开始了,迟的 50 岁以后才出现,并随年龄增长而加剧。自 50 岁后睾丸间质细胞也出现多样的形态改变,随着年龄的增加,睾丸合成和分泌睾酮的功能出现了一个渐衰的过程。也就是说,间质细胞对促性腺激素的反应、分泌雄性激素的能力减退,会使睾酮(雄激素)减少。

4. 胸腺　胸腺既是一个免疫器官,又是一个内分泌器官。刚刚出生的婴儿胸腺重量为 10～15 克;14～15 岁时胸腺结实而肥大,其重量为 25～35 克;到青春期,胸腺开始萎缩,但仍然能保持胸腺的功能。到了 45 岁,胸腺明显萎缩,70 岁时几乎完全为脂肪组织所取代。

5. 甲状腺　甲状腺功能从 20 岁以后即开始随年龄增长而逐渐减退。从基础代谢率的情况来看,每 10 年大约下降 3%,进入更年期后更为加速。20～80 岁期间,基础代谢率可下降 50%。随着年龄增长,甲状腺对碘的吸收率也相应降低,甲状腺激素合成的速度减慢。因此,更年期甲状腺功能减退的情况并不少见。

6. 胰岛　胰岛是胰腺中的内分泌组织,其中 β 细胞分泌的胰岛素直接参与糖代谢。胰岛功能下降大约起始于 30 岁,每增加 10 岁下降 6%～18%,进入更年期后功能减弱更为明显,表现为对葡萄糖的耐受量减低。进入更年期,糖尿病的发病率显著增高,而且随年龄的增高不断上升。有报道称 60 岁以上人群糖尿病的发病率是 40 岁以下的 8 倍,这可能与胰岛的 β 细胞活性减弱、胰岛素分泌的减少有关。

(二) 骨组织的变化

骨的形成和吸收速度随年龄变化而不同,在生长的发育期,骨的形成率和吸收率均高,表明骨的代谢活跃;成年以后吸收和形成都明显减少,骨的结构和成分处于稳定状态;25～30 岁以后,骨的吸收过程开始超过骨的形成过程;再以后,无论男女,骨质含量都将随年龄增长而逐渐减少。但骨质丢失的个体差异很大,与性别、种族、生活习惯等均有一定关系。其中身材高大的人骨质丢失较慢,女性骨质丢失比男性发生得早,进度也快,特别是绝经后,由于性激素水平迅速下降,负钙平衡持续进展,以致发生更年期骨质疏松症。此外,在人的不同生命阶段,随着机体内环境和细胞功能的改变,骨骼的组成也在不断变化。

(三) 脑和神经的变化

人到中年,中枢神经系统的兴奋和抑制过程比较平衡,思维、情感也比较稳定。当外界环境有不良情绪、语言、文字的渲染与干扰时,脑和神经的排斥力较强,人往往具有稳定的工作效率,脑力劳动与体力劳动的效率都较高。

随着更年期的到来,大脑皮质表面积逐渐缩小,脑神经细胞数目随年龄增长而减少,因而脑的重量减轻,可减少 50～100 克。如以 80 岁与 20 岁人相比较,大脑细胞减少约 25%,小脑浦肯野细胞减少约 20%。神经细胞内出现"消耗色素"沉着,神经纤维退行性改变,脑血流减少,核糖核酸在神经细胞中逐渐减少,尤其在50岁以后,致使脑组织必不可少的脑蛋白合成减少。因此脑神经开始衰退,近记忆力逐渐下降,而远记忆力尚存。更年期后脑神经细胞数目逐渐减少,但脑力活动和创造性思维能力并不见衰退,这方面是由于人脑具有很大的潜力,大脑皮质的神经细胞可达140亿之多,即使进入老年后期,神经细胞仍可维持在很高的水平。另一方面,虽然"机械识忆"能力降低,但"意义识忆"能力却日渐增强。

在成年中期的最后阶段,大脑细胞可能不断减少,大脑逐渐萎缩,重量逐渐减轻,脑室逐渐扩大,其中脑脊液增多,脑组织内的水分、蛋白质、脂肪、核糖核酸等的含量及它们的转换率都随着年龄的增长而逐渐降低。由于脑细胞的一种代谢产物——褐色素,会随年龄增加而增多,从而影响脑细胞的正常功能,致使脑力劳动能力降低,较易出现疲劳、记忆力减退、睡眠欠佳等情况,且对现实生活的理解逐渐缺乏感情色彩。

(四) 心血管的变化

中年人的心脏、血管具有明显的年龄特点。中年以后随着年龄的增加,尤其到中年后期和老年,生理活动及其正常社会活动减少,心脏的体积和重量日趋减少,心内膜渐趋增厚和硬化,瓣膜也会逐渐变硬、增厚,心肌收缩功能下降,排血量减少。动脉壁内钙含量增加,弹性纤维变性,胶原纤维增加,造成动脉壁弹性下降,动脉内壁可逐渐出现程度不同的粥样硬化斑块。所以,动脉管腔容易变窄。由于上述改变,自中年开始,人的心血管疾病发病率提升,中年猝死并不少见。

> 成年中期最重要的变化体现在更年期,女性和男性都有更年期,这种说法正确吗?
> 更年期的变化是人的一生中正常的生理变化吗?

三、成年晚期的生理变化

成年晚期又称老年期(aging period),我国的最新年龄分段将65岁以后划分为老年期。因此,老年期是指65岁以后至死亡这一阶段,是人生过程中的最后阶段。老年期的特点是身体各器官组织出现明显的退行性变化,心理方面也发生相应改变,衰老现象逐渐明显。由于各种变化包括衰老是循序渐进的,使得人生各时期很难截然划分,而且衰老过程的个体差异很大,即使在一个人身上,各脏器的衰老进度也不同步。衰老与一般健康水平有关,不同时代、不同地区的人,衰老进度也不同。多数人的衰老变化在60岁左右开始出现。根据联合国世界卫生组织新提出的年龄分段,60~74岁为年轻老年人,75~89岁为老年人,90岁以上为长寿老人。老年期的规定还受社会经济乃至国家政策(如退休政策)的影响,例如欧美、日本等发达国家和地区划分的标准比一些发展中国家要晚几年。老年人的特点是结构功能趋向衰退,但在智力方面一般并不减退,特别是在熟悉的专业和事物方面,智能活动不但不减退有时还会增加。而在生理方面,随着年龄增长,老年人的生理功能却发生着巨大的变化。

专栏 3-3　记忆的发展

> 随着年龄的增长,人的记忆发展变化趋势为:儿童的记忆随年龄的增长而发展,从青少年期开始到成年早期达到记忆最佳的高峰期,为个体记忆的"黄金时期"。40～50 岁期间出现较为明显的减退,其后基本维持在一个相对稳定的水平上。70 岁是记忆衰退的一个关键期,此后便进入更加明显的记忆衰退时期。

(一)神经系统

老年人神经系统逐步衰老的改变主要表现在以下几个方面:

1. **脑重量的减轻**　70 岁的老年人脑的重量只有年轻时的 90%;到 90 岁时只有年轻时的脑重量的 80%。这主要是大脑皮质萎缩的结果,如果 25 岁时大脑神经细胞的密度为 100%,则 60 岁时为 88%,80 岁以上只有 80%左右。其中额叶的萎缩尤为明显,脑回变窄,体积缩小,脑室扩大。患老年性痴呆病时,其他部位如顶叶、颞叶等均可能会萎缩。

2. **神经元减少细胞的水分含量降低,脑室扩大**　大脑的神经元从 20 岁前后开始,以每年 1%的速率丧失,到 60 岁时可减少 20%～25%。小脑的神经元则以更快的速度减少,这是老年人运动协调功能障碍的原因之一。脑干蓝斑的神经元到 60 岁时减少 40%,这与老年人睡眠类型的变化有关。神经元丧失的一个显著特点是不能再生,70 岁以上的老年人神经元总数可减少 45%左右。在数量减少的同时,神经元中的水分也减少,到 80 岁时可减少 45%左右。在数量减少的同时,神经元中的水分也减少,到 80 岁时可减少 20%。脑中蛋白质代谢发生障碍,使蛋白质含量减少 25%～33%。上述变化的结果使脑室扩大。

3. **脂褐素和老年斑增多**　脂褐素是脑细胞脂类和蛋白质过氧化作用的副产物之一。随着年龄的增长,体内氧化-抗氧化体系的平衡失调,脑组织内因自由基作用而产生的脂质过氧化物逐渐多起来;这些过氧化物就以脂褐素的形式沉积在神经元和胶质细胞的胞体,甚至在轴突和树突中,且随年龄增长而增多。当脂褐素增加到一定数量时,可导致脑细胞萎缩或死亡。脑中的"老年斑"不同于通常见于面部和手背部皮下的斑点,它是由一种原因尚未清晰的淀粉样蛋白质沉积所造成的,可见于正常老年人,更多见于老年性痴呆病人的脑区。

4. **神经传导速度减慢**　随着年龄的增长,因血流减少、轴突减少或缩短以及有脂褐素之类的物质沉积,神经传递速度会减慢。当人衰老时,由于神经元细胞本身及其蛋白质代谢产物障碍和神经递质合成减少等变化,神经细胞的信息传递也为之减弱。

上述四个方面的变化是老年人神经系统功能变化的根本原因。老年人中枢神经功能的变化主要有以下几个方面:① 学习和记忆能力降低,主要是近期记忆力明显减退,这也会影响学习能力。② 身体平衡功能减弱,步态蹒跚且犹豫不决,故老人跌倒较为常见。③ 睡眠类型改变，深睡时间变短，醒来次数增多，清醒时间延长，约有40%的老年人患失眠症、痴呆症，这都与上述的脑萎缩、脂褐素沉积和老年斑的出现有关。

但是人在衰老方面的个体差异是很大的，据研究，勤于劳动者，脑神经细胞衰退的速度变慢，轴突和树突的数量和程度都较同年人的长且多，也就是脑神经元之间的联系较好，这样就会保持较为正常的信息传递，对于保持记忆等功能是很有好处的。事实证明，信息刺激越多，脑细胞活动就越活跃，衰老也相应减慢，最近的一项研究表明，经常动脑还能使一些特殊的脑细胞数量增加，使智力水平提高。

（二）骨骼的变化

随着年龄的增长，人体的运动器官就必然会发生衰老和退化，如骨质疏松、肌肉松弛、关节发僵，这些变化使人的应急能力减退，四肢屈伸不利，全身行动迟缓。这是一种衰老的象征。

成年人骨骼很坚硬并且具有弹性，骨的这种性质与其化学成分有关。骨由有机质和无机质组成。无机质占骨重量的2/3，它保证骨的硬度；有机质占骨重量的1/3，主要是胶原纤维，它保证骨的弹性。儿童时期，骨内有机质较多，所以骨的弹性大，不容易骨折，但是易变形，而老年人骨内无机质增多，所以容易发生骨折。

中老年人主要的骨骼疾病为骨质疏松和骨软化。通常60岁以上男性有10%、女性有40%会出现骨质负平衡，从而发生骨质疏松。

（三）呼吸系统的变化

肺的肺泡部分相对减少，由20多岁时占肺的60%～70%降至50%左右；肺组织的弹性因弹力纤维的功能下降而降低，气管绒毛上皮出现萎缩、变性；呼吸肌的肌力下降，因而肺活量减少，咳嗽和咯痰的能力下降。

国内学者调查表明：我国慢性支气管炎的发病率平均为4%；而50岁以上的人患病率高达13%；60岁以上者，比30岁的患病率高6～7倍。原因包括：① 随着年龄的增长，肺活量、肺血流量减少，呼吸功能储备逐渐变小，而肺内残气量逐渐增多，加之老年人的呼吸肌、膈肌、韧带萎缩和肋骨硬化，致使胸廓变硬，肺部变成桶状，肺组织弹性减弱，易形成"老年性肺气肿"。由于肺泡和毛细血管减少，结缔组织和脂肪增多，黏膜及黏液腺萎缩等变化，降低了老年人对外源性和内源性毒物的抵抗能力。② 随着老年人年龄的增长，生理调节功能逐渐减退，防御反射能力降低，致使上呼吸道对有害刺激的反应性减退，所以容易引起下呼吸道损害。③ 老年人的呼吸道黏膜纤毛上皮萎缩、脱落，使黏液与纤毛系统清除功能障碍，加之免疫功能下降，也是下呼吸道容易遭受损伤的因素。

（四）消化系统的变化

口腔黏膜、唾液腺发生萎缩，唾液分泌减少；胃壁伸缩性减弱；肝脏有萎缩趋势，肝细胞减少、双核细胞增加，肝功能可维持正常；胆囊、胆管等弹性纤维显著增生，胆道壁增厚；肠道肌层萎缩，黏膜分泌功能下降，蠕动减少。

（五）心血管系统的变化

心肌的收缩力以平均1%的速度减弱，从而使心收缩期延长，心输出量减少，到80岁时老年人的心输出量只有2.5升/分钟，仅为25岁时的50%。心输出量减少的结果是向组织的供血量和供氧量减少，向心脏本身的供血量也减少。40岁以上的人，其冠状血流量约减少35%。血管壁的弹性纤维变少、变硬，胶原纤维增多，加之管壁的钙化，使得血管变厚、变硬，弹性和舒张性降低，从而使得高血压、心脏病等的疾病发病率增高。

除此之外，泌尿系统、内分泌系统及各种感知觉等都存在不同程度的功能减弱和衰退现象。

> 成年晚期身体各器官衰老的进度一致吗？如何促进老年人的身心健康？

（秦　莉）

阅读　你应该了解的阿尔兹海默氏症

老年人最常见的精神疾病是痴呆症，它包括多种病症，是严重的记忆丧失中的广泛类别，并伴随其他心理功能的衰退。在痴呆症中最常见的形式是阿尔兹海默氏症，该病是一种渐进性大脑障碍，表现为记忆丧失和混乱。

一般来说，阿尔兹海默氏症的症状是逐渐显现的，第一个症状是异乎寻常的健忘。一位老人在一周内可能数次停在商店门口，忘记自己已经买过东西了；在和他人的对话中可能想不起来某些词语。一开始是近期记忆受到影响，然后旧有记忆开始消退，最后陷入完全混乱状态，吐字不清，甚至不能认出自己最亲密的家人，还会失去对肌肉的自主控制，卧床不起。由于患者最初能意识到自己的记忆在衰退，也非常明白该病的后期症状，所以可能会产生焦虑、恐惧或抑郁情绪。大多数证据表明，该病有遗传倾向，但是非遗传因素（如饮食习惯或高血压）可能会增加罹患率。目前还没有能够治愈阿尔兹海默氏症的方法，治疗只能缓解一些症状。虽然当前医学还不能完全理解阿尔兹海默氏症的病因，但是有一些药物治疗似乎比较有效，不过长期效果并不佳。

当患者失去自理能力甚至不能控制自己的膀胱和肠功能时，他们必须接受全天看护，有一些办法可以帮助患者和看护者：

第一，让患者尽可能从事一些日常活动，使他们感到在家里很安全。

第二，为日常用品贴上标签，给患者提供日历及详细且简明的清单，口头提醒他们时间和地点。安排好洗澡的日程，防止患者因为害怕摔跤和洗热水澡而拒绝洗澡。

第三，衣服尽量不要有拉链和纽扣，按穿在身上的顺序把衣服摆出来，让穿衣服变得简单。

第四，提供锻炼的机会，比如每日散步，这能够阻止肌肉功能退化而导致的僵硬。

第三章习题及答案

第四章 认知的发展

```
第一节 概述                          一、注意的发展
    一、认知的基本概念                二、记忆的发展
    二、认知的相关概念                三、思维的发展
    三、认知发展的基本理论        第五节 青少年期认知的发展
第二节 婴儿期认知的发展              一、记忆的发展
    一、感知觉的发生发展              二、思维的发展
    二、注意的发生发展            第六节 成年期认知的发展
    三、记忆的发生发展                一、成年初期认知的发展
    四、思维的发生发展                二、成年中期认知的发展
第三节 幼儿期认知的发展              三、成年晚期认知的发展
    一、感知觉的发展            阅读 1. 性激素水平与认知功能的关系
    二、注意的发展                  2. 生理性记忆力减退和病理性记
    三、记忆的发展                      忆障碍
    四、思维的发展
第四节 儿童期认知的发展
```

案例 4-1 有趣的爬行——大胆向前冲

面对一个一两米长、稍带倾斜的斜坡,爬龄一周的宝宝们一般都能轻轻松松地从坡顶爬下。如果坡度再大一点,超出了他们的安全爬行范围,这些小"冒失鬼"们一开始似乎也不在乎,还是义无反顾地昂着小脑袋往下冲,结果当然是可想而知了。但等到宝宝有了大约20周的爬行经验后,再面对这些有危险的坡道时,他们似乎开始明白什么叫"冲动是魔鬼"。这个时候他们会在坡顶停下来,摇头晃脑地盯着坡面,同时还用小手试探性地摸着倾斜的坡面。尽管还有个别宝宝很"英勇"地继续向下爬,但多数宝宝选择了停在坡顶,或者调整姿势,用屁股贴地的仰卧姿势像坐滑梯一样地滑下坡道。

思考题

宝宝们在爬行的过程中为什么会越来越谨慎?
宝宝们爬行的改变说明了什么?

通过上面的案例,我们发现了这样的有趣现象:婴儿刚学会爬行的时候,多半都不顾危险,只知道蹭蹭向前冲,等摔过无数次跤以后才变得稳重点。为什么他们会从"冒失鬼"变得越来越谨慎呢?这都离不开在这爬行背后婴儿认知的发展。

第一节 概 述

一、认知的基本概念

(一) 认知的内容和形式

认知(cognition)一般是指认识活动或认识过程,是大脑反映客观事物的特性与联系,并揭示事物对人的意义与作用的一种高级心理功能。认知包括内容和形式两方面。内容是指认知活动所涉及的特殊事件,形式则是指认知活动的内在结构。认知同其他生理适应活动一样,有同化和顺应两个互补的方面。同化的意义是阐述和解释,即个体以自己现有的、能获得的或喜欢的思考方式去解释外部事物,并吸收成为自己的经验。顺应的意义则为注意和认知,即个体发现了外部事物性质不同而注意到不同事物间的关系,并试图作出认知处理——理解关系结构的属性。

(二) 认知心理学

认知心理学是20世纪50年代中期在美国和欧洲兴起的一种新的心理学思潮和研究领域,60年代得到迅速发展,70年代后成为当代心理学的主流。它是研究人的高级心理活动,即主要认识过程的心理学流派。其概念可有广义和狭义之分,广义的认知心理学是指以人或动物的认知或认识过程为研究对象。其内容又包含两种观点:一是结构主义认知心理学,以 Piaget 为代表;二是信息加工心理学,即现代认知心理学。狭义的认知心理学则专指信息加工心理学。信息加工心理学即应用现代信息加工处理的理论,研究和说明人的认知过程,包括接受、贮存和运用信息的过程,产生应对和处理问题的过程,预测和估计结果的过程,以及知觉、注意、记忆、表象、意象、思维、语言等多种心理活动。

在认知心理学中存在不同的观念和不同的研究途径,当前以用信息加工观点研究认知过程为其主流。现代认知心理学是心理学发展的结果,其主要特点是强调认知的作用,认为知识是决定人类行为的主要因素。

(三) 认知的方式与结构

1. **认知方式** 认知方式是人们在认知操作过程中表现出来的个体特征,也称之为认知风格。认知方式表现为一个人习惯于采取什么样的方式对外界事物进行认知,它并没有好坏的区分。认知方式有很多表现形式,如沉思性和冲动性、拉平和尖锐化等。其中最有影响的是 H. A. Witkin 提出的场依存性和场独立性特征。具有场依存性特征的人,倾向于以整体的方式看待事物,在知觉中表现为容易受环境影响;具有场独立性特征的人,倾向于以分析的态度接受外界刺激,在知觉中较少受环境因素的影响。

2. 认知结构　认知结构是学习者头脑里的知识结构。个人的认知结构是在学习过程中通过同化作用,在心理上不断扩大并改进所积累的知识而形成的。学习者的认知结构一旦建立,又会成为他学习新知识的重要的能量或因素。心理学家们都强调认知结构的重要性,认为提高认知结构的水平和稳定性,对于提高学习效率和解决问题的能力都是很有作用的。而要提高认知水平又必须学习,因为学习起到了促使新材料或新经验结为一体、形成一个改进的或提高了的内部知识组织机构的作用,即新的认知结构的作用。

(四) 认知的特点

1. 认知的多维性　古寓言"瞎子摸象"的故事中,摸耳朵的人说象似蒲扇,摸腿的人说象似柱子,摸身子的人说象似一堵墙。他们说的似乎都对,但又都不全面。这说明尽管人或事物只有一个,但从不同的角度看会有不同的认识;同样对同一个人或事物,不同的人因为自身经验和经历不同也会产生不同的认知或看法。这就是认知的多维性。一切完整认知的形成必须考虑其具有多维性的特点,只有从整体和多维的角度去观察和考虑问题,才能帮助人们克服认知的局限性和片面性,真正认清事物的全貌和本质。

2. 认知的相对性　中国阴阳学说强调"阴阳者,天地之道也。"说的就是世界上万事万物都是一分为二的,提倡人们用"两分法"来认识和处理问题。实际上,在现实生活中,许多事物确实都是由两个相对的部分组成的,如上与下、左与右、好与坏、白天与黑夜、先进与落后等。没有上,也就没有下;没有先进,也就没有落后。这就是认知的相对性。平时人们常常会因为某事而出现"大喜大悲"的情感表现,其实质可能就是只认识到事物的一个方面,而未考虑到另一个方面,缺乏对事物认知相对性的了解。成语中的"乐极生悲""塞翁失马,安知非福"等,便是古人运用认知相对性的特点,进行心理调整的一种适当表达。

3. 认知的联想性　人类认知不仅是感知觉的活动,而且包括思维、想象等心理过程,同时还与人的智力及其既往经验有关。如"O"这一符号,数学家首先想到的是"零"、化学家常认为它是"氧元素"、音乐家则以为它是"休止符"。产生这种状况的原因并非事物有什么不同,而完全是由于个人专业、经验、理解能力等不同,产生不同的联想所致。由于认知具有联想性的特点,所以个体的认知并不像感知觉那样真实地反映客观事实(当然,感知觉也不一定都真实无误),因为其中不仅已包含了个体的想象和思维成分,而且还渗入了经验等情感因素。

4. 认知的发展性　由于认知活动与整个社会科技文化等的发展水平、个人的知识结构及所处社会文化环境等因素相关,因此认知功能不论是社会的还是个体的,都具有发展性的特点。如以人的寿命而言,中国人过去都认为"人到七十古来稀",而当今,在已步入老年社会,人均寿命平均已达70多岁的中国,70岁不仅不稀有,反而非常普遍。同样,儿童阶段对影视剧中的人物大都习惯以好人和坏人来区分,等到长大成人后就会知道很难仅用好与坏两个层面来区分人物,因为成人较儿童在认知上已有很大发展,对人的认识也更加复杂和深刻。认知活动与一个人的知识水平是成正比关系的,即认知也是不断发展改变的。

5. 认知的先占性　认识活动或认知过程经常会发生"先入为主"的现象,即以"第一印象"来判断和解决问题。认知的先占是一种普遍存在的心理现象,在某些情况下是有益的,人们可以通过先占的认知检验其后的实践效果,"吃一堑长一智";但在另外一些情况下则与心理障碍的形成有关,如恐怖症患者往往是"一朝被蛇咬,十年怕井绳",疑病症患者也往往会对身体上的一点不舒服表现出"草木皆兵"的惊恐。一般来说,认知的先占与个体的既往经历和个性特征有关,个性敏感、拘谨、内向的人更易产生认知上的先占。

6. 认知的整合性　所谓整合,就是个体最终表现出对某一事物的整体认知或认识,往往是综合了有关感知、记忆、思维、理解、判断等心理过程之后获得的。一般来说,正常成人因为具有认知整合性的特点,会经常自我修正一些认知上的错误和偏见,通过自我调节,最后获得更正确的认知。不具有认知整合性的人,则会产生自己经历或考虑过的东西不会出错、肯定正确等过分僵硬的信念,从而产生不正确的认知。

二、认知的相关概念

1. 感觉(sensation)　是物质对象作用于人的感觉器官时,在人脑中产生的关于物质对象的个别属性的反映,是感性认识的最初形式。感觉是一定的物质运动作用于感觉器官并经过外界或身体内部的神经通路传入人脑的相应部位引起的意识现象,是物质的刺激向意识的最初转化。

2. 知觉(perception)　是物质对象在大脑中的整体性的直接反映,比感觉更进一步,为感觉信息的组织和解释。知觉是视觉、听觉、肤觉、动觉等协同活动的结果,是人对物体的许多感觉的综合。

(1) 时间知觉:是对客观现象延续性和顺序性的感知。时间知觉的信息,既来自外部,又来自内部。外部信息既包括计时工具,也包括宇宙环境的周期性变化,如太阳的升落等。内部标尺是机体内部的一些有节奏的生理过程和心理活动。

(2) 空间知觉:是对物体距离、形状、大小、方位等空间特性的知觉。其中物体不同部位的远近的感知又称为立体视觉或深度知觉。

(3) 运动知觉:也称动觉,是个体对自己身体的运动和位置状态的感觉。动觉感受器分布在人体肌肉、肌腱、韧带和关节中,其中枢在大脑皮质的中央前回。动觉在人的认识和活动中具有重要的作用:动觉和肤觉结合产生触摸觉;眼肌动觉的参与,形成了对物体大小、远近的视知觉;声带、舌与唇的精确协调运动,是语言知觉的重要条件。

3. 记忆(memory)　记忆是人脑对过去经验的反映,包括识记、保持、再认和再现这四个基本过程。只有环境中那些引起人们注意的刺激,才在感知觉的基础上形成记忆。

4. 注意(attention) 注意是心理活动对一定对象的有选择的集中。注意可以指向外界事物,也可以指向自己的行动或思想。注意并不是一种独立的心理过程,而是心理过程的一种共同特性。

5. 思维(thinking) 是对事物本质和规律的间接、概括的反映,是认识的高级形式,主要表现在概念形成和问题解决等活动中。思维具有间接性和概括性两大基本特征。

三、认知发展的基本理论

认知发展是指个体认知结构和认知能力的形成,及其随年龄和经验增长而发生变化的过程。个体认知发展受到遗传素质、生活经验、环境刺激、教育背景和整个社会发展水平等因素的综合影响,并依赖于其原有的认知结构和认知品质。从信息加工的观点看,认知发生发展的过程就是其加工系统不断构建、不断完善改进的过程。20世纪在认知发展的理论研究方面,最有贡献和影响的是Piaget的发生认识论和认知发展阶段论。Piaget通过多年的观察和努力,花费了大半生的时间和精力,提出了儿童心理发展阶段的理论。按儿童智力发展的水平,他把儿童认知心理发展划分为四个阶段。

1. 感知运动阶段(sensorimotor stage) 从出生到2岁,相当于婴儿期。Piaget认为这一阶段是以后发展的基础,这一阶段心理的发展决定着心理演进的整个过程。在这一阶段中,早期婴儿只能依靠自己的肌肉动作感觉来应付外界事物,动作尚未内化,此后才逐渐能区别自己与物体,知道动作和效果间的关系,开始认识主体与客体间的相互关系、客体与客体之间的相互关系;动作与动作之间开始逐步协调,由动作间的协调逐步发展为动作、感觉、知觉间的协调。这一阶段婴儿还没有语言和思维,主要靠感觉的动作探索周围世界,逐渐形成客体永久性的观念,即使物体不在眼前,婴儿也仍然知道物体的存在。这是认识发展的第一阶段,是智慧的萌芽时期,但其感知运动的智力还没有运演性质。

2. 前运算阶段(preoperational stage) 2~7岁,相当于幼儿期。这一时期又称前逻辑阶段,是为运演作准备的阶段。随着语言的出现,儿童开始用语言和表象来描述外部世界和不在眼前的事物,也用语言与他人交际,以表象来再现交际活动。这个时期的主要特点有:① 形象性和直觉性。儿童只能凭借表象进行思维,其认识发展主要仍依赖于感知运动经验,依赖直接的表象心理活动。② 自我中心化思想。这时的儿童只能站在他的经验中心,只有参照他自己,才能理解别的事物,而认识不到还有他人或外界事物的存在,也认识不到自己的思维过程;还没有掌握概念的守恒和思维的可逆性运算,如只知道小狗、小鸡,却还没有形成小动物的概念。③ 思维缺乏系统的传递性。这时的儿童也只能将注意力集中在某一问题上,而不能转移到其他的问题上,对事物的判断也缺乏系统的传递性。

3. 具体运算阶段(concrete operational stage)　7～11岁,相当于小学阶段。此时,儿童已形成了初步的运演结构,能进行具体运算,但这种思维运算还离不开具体事物的支持,这时的儿童离开具体事物而进行纯形式的逻辑推理就会感到困难,因为其运算的形式和内容都是以具体事物为依据的。例如,给前运算阶段的儿童看两排同样的小石子,他能逐个数,说出它们相等;但如果把一排小石子散开使其变长,儿童则认为长的一排小石子多些。可见,面对变化,学龄儿童还没有数字的守恒概念,但7岁左右的儿童就大多数能够在心理上进行运算了。

4. 形式运算阶段(formal operational stage)　11～12岁,处于初中阶段,属于青春前期。这一阶段的儿童不再依靠具体事物来运算,而能对抽象的和表征材料进行逻辑运算。这一阶段的儿童已能够进行演绎思维、命题逻辑思维和在头脑中将形式和内容完全分开,能够形成两种形式运算的认识结构。

到这一阶段,儿童已不受具体内容的束缚,可以通过假设推理来解答问题,或从前提出发,得出结论;会把逻辑运算结合成各种系统,并根据可能的转换形式去解决脱离了当前具体事物的有关命题,或是根据掌握的资料,开展因素分析,进行科学实验,从而发现规律。这个阶段也是儿童开始掌握理论的时期,他们已经摆脱了具体事物的束缚,形成了较为完整的认知结构系统,智力的发展也趋于成熟。

Piaget起初认为形式运算的智力发展约在15岁完成,1972年又修正了这种看法,认为正常人不迟于15～20岁达到形式运算阶段。

第二节　婴儿期认知的发展

一、感知觉的发生发展

感觉和知觉是个体心理发展的大门。儿童感觉与知觉的发展经历了一个从低级到高级的过程。在所有心理成分中,感觉与知觉是发展最早的,也是最好的。

(一) 视觉

视觉发生在胎儿中晚期(约4～5个月),因此新生儿已具备一定的视觉能力。由于新生儿的视觉高级神经中枢还没有完全形成,外周器官的结构还没有完全成熟,因此新生儿的视觉调节能力还较差,他们看不同距离的物体都不很清楚。第2个月开始,婴儿的视觉调节开始复杂化,到第4个月时已接近成人的视觉适应能力,晶状体已能随物体远近而相应变化。视敏度是精确地辨别细致物体或远距离物体的能力,由于新生儿的晶状体不能变形,其视敏度很差,但发展迅速,在5～6个月时即可达正常成人的水平。

新生儿的视觉运动还是不协调的,在出生后的2～3周内,如果在23厘米(9英寸)远处有两个物体,则新生儿右眼看右边的物体,左眼看左边的物体。有时他们的双眼还会像"斗鸡眼"一样对合在一起。直到新生儿期结束,这种双眼不协调运动才会逐渐消失。一般情况下，到 15 天左右，新生儿就开始能较长时间地注视活动的玩具，甚至有的研究者发现，出生数小时的新生儿的眼球就能跟着慢慢移动的物体活动，但新生儿的这种追视能力还是很差的。新生儿对在视野内出现的移动物体，会朝着不同方向移动视线。研究发现，他们的视线移动并不是平滑的，而是表现为眼球的"飞跃运动"。2 个月的婴儿能明显追视水平方向运动的物体，3 个月的婴儿能追视进行圆周运动的物体。在 4～5 个月时，婴儿的追视准确度已达 75％。

2～4 个月婴儿的色觉已经发展得很好，4 个月的婴儿可以表现出对某种颜色的偏爱。2～3 岁婴儿比较偏爱鲜艳的暖色，如红和黄，其偏爱程度依次为红、黄、绿、橙、蓝、白、黑和紫。

（二）听觉

胎儿的听觉感受器在最初 6 个月时就已基本发育成熟，听分析器的神经通路除丘脑皮质外，均在 9 个月以前完成髓鞘化。因此胎儿已有听觉，可以听到透过母体的 1000 Hz 以下的声音。

1 个月的婴儿能鉴别 200～500 Hz 纯音的差异，5～8 个月的婴儿能鉴别 1000～3000 Hz 内 2％ 的变化（成人是 1％），4000～8000 Hz 内的差别阈限与成人水平相同。

新生儿即有视听协调能力。3～6 个月的婴儿对于声、像刺激相吻合的物体注视的时间更长一些。4～7 个月的婴儿对说话声音与面部口唇运动相符的人脸注视时间较长。

专栏 4-1　国外学者关于婴儿听觉的一些研究

> 国外学者研究发现，婴儿在出生后很快就开始将声音组织成复杂的模式。Kruminhansl 和 Jusczyk 认为，在 4～7 个月，婴儿能觉察音乐乐句的切分。他们喜欢乐句间有停顿的莫扎特的小步舞曲，而不是停顿不当的曲子。Trehub 认为，在第 1 年末，婴儿可以认出以不同音调演奏的同一旋律。并且，当音调序列只有微小的改变时，能够知道旋律已经不再相同。Polka 和 Werker 认为，新生儿可以分辨人类语言的几乎所有语音，并且喜欢听他们自己的母语。他们聆听周围人的谈话时，能够学会集中于有意义的语音变化。到 6 个月时开始"过滤"自己语言中不使用的语音。Mattys 和 Jusczyk 认为，大约 7～9 个月，婴儿将对节奏的敏感扩展到单个词。他们对那些母语中常见的重音词听的时间更长。

（三）味觉、嗅觉、触觉

味觉感受器在胚胎 3 个月时开始发育，6 个月时形成，出生时已发育完好。新生儿偏爱甜食。

嗅觉感受器在胎儿 7～8 个月时发展成熟，能区别几种气味。新生儿偏爱某些气味，并具有初步的嗅觉空间定位能力。新生儿可由嗅觉建立食物性条件反射。

4～5个月的胎儿已建立触觉反应,新生儿可表现手的本能触觉反应(抓握反射),0～3个月的婴儿有无意识的原始的够物行为,4～5个月的婴儿获得了成熟的够物行为。

(四) 空间知觉

1. **方位知觉** 方位知觉是对物体所处方向的知觉。新生儿已经能够对来自不同方向的声音作出相应的侧转反应,即新生儿已有听觉定位能力。婴儿主要依靠视觉定位。因此,婴儿是以自身为中心,依靠视觉和听觉来定向的。

婴儿方位知觉的发展主要表现在对上下、前后、左右方位的辨别上。2～3岁的儿童能辨别上下;4岁儿童开始能辨别前后;儿童5岁开始能以自身为中心辨别左右,7岁后才能以他人为中心辨别左右,以及两个物体之间的左右方位。

2. **深度知觉** 深度知觉指的是判断物体间的距离以及物体同我们距离的能力。它对理解环境的布局和引导个体的活动很重要。当一个物体很接近而不是很远时,我们如何得知? 拿起一个小的物体(例如水杯),移动它并使它接近或远离你的脸,你会发现,当它接近时变大,当它远离时变小;当我们骑自行车或乘车时,近处的物体比远处的物体移过我们视野的速度要快。深度知觉对理解环境的布局和引导个体的活动很重要。要抓取物体,婴儿必须具有一些深度感。随后,当婴儿爬行时,深度知觉帮助防止他们撞上家具、跌下楼梯。

Gibson和Walk发明了一种叫"视觉悬崖"(visual cliff)的装置,用于探索婴儿深度知觉的发展(图4-1)。"视崖"是一种测查婴儿深度知觉的有效装置。在平台上放一块厚玻璃板,平台在中间分为两半,一半的上面铺着红白相间的格子图形,视为"浅侧";另一半的格子图形置于玻璃板下约150 cm处,视为"深侧"。这样透过玻璃板看下去,深侧像一个悬崖。

图 4-1 视觉悬崖装置

Gibson和Walk曾选取36名6.5～14个月的儿童进行"视崖"实验。实验时,母亲轮流在两侧呼唤婴儿。结果发现,6.5～14个月的36名婴儿中,27人爬过浅滩,只有3人爬过悬崖。即使母亲在深滩一侧呼喊,婴儿也不过去,或因为想过去又不能过去而哭喊。该实验说明婴儿已有深度知觉。

Campos和Langer选取了2～3个月的婴儿进行"视崖"实验。结果发现,当把幼小的婴儿放在深滩边时,婴儿的心率会减慢,而放在浅滩边则不会有此现象。这表明,婴儿把悬崖作为一种好奇的刺激来

> 看到这里,你能解释本章开头案例中提到的宝宝爬行变化的原因吗?
> 除了爬行现象,你还能发现生活中的哪些现象与深度知觉有关?

辨认。但如果把9个月的婴儿放在悬崖边,婴儿的心率会加快,这是因为经验已经使他们产生了害怕的情绪。

专栏 4-2 爬行经验与深度知觉

研究表明,具有更多爬行经验的婴儿(不管他们什么时候开始爬行)更可能拒绝穿过"视崖"实验中视崖装置的深侧。婴儿的爬行经验似乎与深度知觉有着密切的联系,两者之间有何关联呢?

研究发现,婴儿从爬行中似乎学到了什么可以促进对深度信息的敏感。在一项研究中,一名能熟练坐但刚会爬的9个月大的婴儿被放到一个可以加宽的陡坡边上。研究者把一个吸引人的玩具放在陡坡边缘,玩具与婴儿的距离可能会导致婴儿跌落。当处于熟悉的坐姿时,一旦距离有可能导致跌落,婴儿会避免向玩具倾斜。但是,在处于不熟悉的爬行姿势时,即使当距离非常宽时,他们也朝向边缘。随着婴儿发现如何在不同姿势和情形下避免跌落,他们对深度的理解也在增加。

爬行经验还促进其他方面的三维理解。例如,与不熟练的同龄人相比,老练的爬行者更善于记忆物体位置和找到隐藏的物体。为什么爬行会造成这些差异?考虑你的亲身经历,比较一下你乘车从一处到另一处的体验与你自己步行或开车的体验。当你自己运动时,你对路标和行进路线更留意,并且你对从不同角度观察到的物体形象更关注。婴儿也是这样。事实上,爬行促成了脑组织的新水平,体现在大脑皮层更有组织的EEG脑电波活动中。爬行也有可能加强某些神经联系,特别是那些与视觉和空间理解有关的神经联系。

专栏 4-3 双眼深度与绘画深度

除了上面介绍的"视崖"实验以外,深度知觉还包括双眼深度和绘画深度。我们双眼看到的视野中的影像略有不同,因而产生了双眼深度线索。当我们看到两幅不同的图像时,脑混合两幅图像的同时还登记了它们之间的不同。国外有研究给婴儿佩戴特殊的眼镜,就像用于看3D电影的眼镜一样,发现对双眼线索的敏感在2~3个月间出现,并且在最初半年迅速提高。婴儿很快就在他们的抓取中使用双眼线索,调整手臂和手的运动来匹配物体离眼睛的距离。最后,大约6~7个月,婴儿发展出对绘画深度线索的敏感,即画家用于使画作看起来具有三维的线索。例如引起透视错觉的线条、组织结构的变化(近的组织结构比远的组织结构更详尽),以及重叠的物体(被另一个物体部分遮挡的物体被知觉为更远)。

(五)物体知觉

Robert Fants 设计了测查婴儿期视觉辨认的装置。这种装置是一个具有观察功能的小屋,让处于觉醒状态的婴儿平躺在屋中小床上,在婴儿可注视到的头顶上方呈现不同的刺激物,观察者通过小屋顶部的窥测孔,记录婴儿注视物体所用的时间。Fants 给 1~15 周的婴儿呈现了人脸照片、牛眼图及画有无规则图案的圆盘,并记录在一分钟内婴儿对不同刺激所注视的时间。结果表明,3 个月的婴儿就可以从其他图形中区分出母亲面孔的照片并对其表现出偏好,5~7 个月的婴儿可以在其他不同刺激中辨认出差别,8~9 个月的婴儿便已获得了形状恒常性。

对物体大小的知觉方面的研究表明,4 个月的婴儿有大小恒常性,6 个月前的婴儿已能辨别大小。2.5~3 岁是孩子判别平面图形大小能力急剧发展的阶段。

专栏 4-4　婴儿联合知觉的发展

> 当从环境中接受信息时,我们经常使用联合知觉,也就是结合来自一个以上通道或感觉系统的刺激。例如,我们知道,不管我们是看到还是触摸到一个物体,它的形状是一样的;嘴唇运动与嗓音的声音密切协调,如果让一个刚性的物体落在一个硬的表面上,将会造成刺耳的、巨大的声音。婴儿从出生就以联合的形式知觉世界。新生儿转向声音的常规方向,以及以原始的方式伸手拿物体。这些行为表明,婴儿预期视觉影像、声音和触摸的感觉一起出现。婴儿通过这些方式体验感觉通道的整合,为检测遍及日常世界的大量通道间联系作好了准备。3~4 个月的婴儿可以把一名儿童或成人运动的嘴唇与对应的言语声音联系起来。而 7 个月的婴儿可以将一个愉快或愤怒的声音与合适的说话面孔相联系。联合知觉是另一种展示婴儿主动地建立有序和可预知世界的能力。

二、注意的发生发展

(一) 注意的发生

新生儿就有注意,其实质是先天的定向反射。较响的声音会使他们暂停吸吮及手脚的动作,明亮的物体会引起他们视线的片刻停留。这种无条件定向反射是最原始的初级的注意,即定向性注意。

新生儿的注意即有选择性,这是婴儿偏向于对一类刺激物注意得多、而在同样情况下对另一类刺激物注意得少的现象。这类研究主要集中在视觉方面,也称为视觉偏好。

Fants 对新生儿视觉注意的选择性进行了一系列研究。在出生后 10 小时的新生儿面对的上方,呈现正常的人脸图片或乱七八糟的脸形图片,似乎新生儿生来就喜欢看人脸,特别是正常的人脸,而不喜欢怪脸。原因在于人脸有更多吸引和保持新生儿注意的特点,包括脸的轮廓、脸的多成分、多活动等。他还发现,新生儿对比较规则而复杂的图形比对简单而单调的图形(如圆、三角形等)注视时间长些,这种对刺激物的偏爱,被认为新生儿有区分不同图形的感觉发生(图 4-2)。

Fants 的工作推动了关于婴儿视觉偏好的大量研究,其中大多数研究说明了一个重要结论:婴儿天生对某些特殊刺激有偏好。例如,出生几分钟的婴儿对不同刺

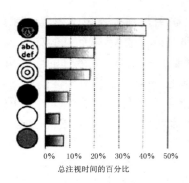

图 4-2 婴儿对复杂性的视觉偏好

激的特定颜色、形状和结构有偏好。他们喜欢曲线胜过直线,喜欢三维图形胜过二维图形,喜欢人脸胜过非脸图形。这种能力可能反映了大脑中存在高度专门化的细胞对特定的模式、方位、形状和运动方向进行反应。

(二) 注意的发展

1 岁前婴儿注意的发展,主要表现在注意选择性的发展上。婴儿选择性注意的发展主要表现在以下两个方面:

1. 选择性注意性质的变化　在婴儿发展的过程中,注意的选择性最初取决于刺激物的物理特性,比如,刺激物的物理强度(如声音的强度、颜色的明度等)。以后这种选择性逐渐转变为刺激物对婴儿的意义,即满足婴儿需要的程度。

2. 选择性注意对象的变化　一方面是选择性注意范围的扩大。有关婴儿对简单几何图形的注意研究结果表明,婴儿的注意发展,从注意局部轮廓到注意较全面的轮廓,从注意形体外周到注意形体的内部成分。另一方面是选择性注意对象的复杂化,即从更多注意简单事物发展到更多注意较复杂的事物。1 岁以后,言语的产生与发展使婴儿的注意又增加了一个非常重要而广阔的领域,使其注意活动进入了更高的层次,即第二信号系统。物体的第二信号系统特征开始制约、影响着婴儿的注意活动,使婴儿的无意注意开始带有目的性的萌芽,有意注意便逐渐产生了。

专栏 4-5　婴儿有意注意的形成阶段

婴儿的有意注意大致上经历了三个阶段。

第一阶段中,婴儿的注意由成人的言语指令引起和调节。几个月后,成人常常自觉或不自觉地用言语引导婴儿的注意,如"宝宝,看!灯!"一边说,一边用手指向灯。成人用言语给婴儿提出注意的任务,使之具有外加的目的。这时,婴儿的注意就不再完全是无意的了,而开始具有有意性的色彩。

第二阶段中,婴儿通过自言自语控制和调节自己的行为。掌握言语之后,婴儿常常一边做事,一边自言自语:"我得先找一块三角形积木当屋顶""可别忘了画小猫的胡子"。在这种情况下,婴儿已能自觉运用言语,使注意集中在与当前任务有关的事物上。

> 第三阶段中，婴儿运用内部言语进行指令控制、调节行为。随着内部言语的形成，婴儿学会了自己确定行动目的、制订行动计划，使自己的注意主动集中在与活动任务有关的事物上，并能排除干扰，保持稳定的注意。这已经是高水平的有意注意。
>
> 可见，有意注意是在无意注意的基础上产生的，是人类社会交往的产物，是和婴儿言语的发展分不开的。

三、记忆的发生发展

（一）新生儿记忆的发生

长期以来，学者认为，记忆的发生应当在新生儿期。新近胎儿研究表明，胎儿末期（约妊娠 8 个月左右）就有听觉记忆，出生后有再认表现。

（二）婴儿记忆的发展

新生儿末期已有长时记忆能力，3 个月婴儿对操作条件反射的记忆可达 4 周。1 岁后言语的产生和发展使语词逻辑记忆能力的产生成为可能。符号表征、再现和模仿，尤其延迟模仿能力的出现，标志着婴儿表象记忆和再现能力的初步成熟。

在婴儿认知发展研究中，常用习惯化和去习惯化的技术。学者们利用此方法进行了大量研究，结果表明，3 个月的婴儿能记住一个视觉刺激长达 24 小时，

> 关于自己的早年记忆，想想你能记得几岁发生的事情？
> 我们婴儿期的记忆能保持终生吗？

1 岁时能保持数天，对某些有意义的刺激（如人脸照片）能保持数周。学步儿对于成人演示的简短动作序列，1 岁时可保持 3 个月，1 岁半时可保持 12 个月。

专栏 4-6　习惯化和去习惯化技术

> 习惯化和去习惯化技术是人们研究婴儿记忆能力的方法。给婴儿呈现一个刺激，监视婴儿对刺激的注视情况。如果将刺激不断重复呈现给婴儿，婴儿对刺激的注意力就会下降。注意力的下降表明婴儿已经对其习惯化了，即婴儿对多次呈现的同一刺激的反应强度逐渐减弱，乃至最后形成习惯而不再反应。习惯化表明婴儿能再认出这是以前看过的刺激。一段时间后如果换一个新的不同刺激，就会重新激发婴儿对新刺激的注意，并能将注意力恢复到先前的水平，这就是去习惯化。去习惯化表明婴儿能对新旧刺激进行区分。习惯化与去习惯化合称为习惯化范式。

四、思维的发生发展

婴儿时期是人生思维的萌芽期。1 岁前婴儿只有感知没有思维，1 岁以后开始出现一些概括和间断性的思维萌芽。国内学者通过不同年龄组百分数分配结果的

总体研究认为：婴儿的思维基本上属于直观行动思维范畴，思维特点主要是直观行动性，即这种思维与儿童的知觉和行动密切相关。婴儿只能在感知行动中思维。相当于 Piaget 的"感知"与"动作协调性"阶段。

（一）分类能力

在 Fants 视觉偏好实验设计的基础上，研究者先给婴儿呈现并让其实际接触几种不同的刺激物，隔一段时间后，再呈现与先前所呈现的刺激物在本质特点上相同、但在某些具体特征上有些区别的刺激，观察婴儿的反应。如果婴儿对第二次所呈现的刺激物的反应与第一次的反应类似，说明婴儿不仅具有分辨刺激的能力，而且还具有简单的归类能力。

Friedman 根据上述思路对 6 个月的婴儿进行了测查。第一次呈现的刺激物是绒毛熊、圆形小摇鼓和小塑料球；第二次呈现的是绒毛猫、方形小摇鼓和大塑料球。结果发现，在第一次对绒毛熊表现偏好的儿童，在第二次物体呈现后对绒毛猫也表现偏好，具体表现为注视的时间长、注视时有抓取的动作倾向以及在实际接触刺激物时的动作模式与第一次时的相同；对另外两种刺激物的反应情况亦是同样的。这表明，婴儿能通过简单的知觉分类将一些东西归为已知类别，并对此作出恰当的反应。

研究者根据习惯化-去习惯化的基本原理，通过改变在形成习惯化阶段的刺激来测查婴儿的分类能力。Cohen 和 Strauss 对出生 30 周左右的婴儿进行了识别人脸照片的测查。将被试分成两组，用某一个女性成人面孔的照片进行初始刺激，使第一组婴儿形成习惯化，然后向其呈现另一个女性成人面孔的照片，该组婴儿马上形成去习惯化，注视新刺激的时间大幅度增加。而用来给第二组婴儿形成习惯化的初始刺激是一组女性成人面孔的照片，在婴儿对这一组人面孔照片均达习惯化后，再用某一个陌生女人的面孔照片作为新刺激引入，结果该组婴儿仍保持习惯化，注视的时间没有增加的趋势。这个实验表明，婴儿能忽略某一张脸与另一张脸在具体特征上的差异，并能了解作为人类成熟女性面孔的某种最本质的特征，进而将形形色色的女性面孔作为同一类刺激去感知和反应。由此可推测这一客体在婴儿头脑中已形成具有特定含义的类别。

（二）问题解决能力

婴儿在与外界现实的互动中，经常会遇到各种"问题"。因此他们从小就出现了要解决问题的意识并为之努力。例如，4 个月的婴儿怎样去抓握一个物体，8 个月的婴儿如何把手里的东西从一只手换到另一只手里，1 岁的婴儿如何寻找看不到的玩具等。因此我们可以把这个时期的问题解决行为看作"手段-目的"思维操作。

按照 Piaget 最初的观点，在 10 个月以内，婴儿不存在真正的问题解决行为。后来 Piaget 及其他研究者证实，3 个月的婴儿就已具备了比较明显的问题解决能力，婴儿 12 个月以前已能利用工具解决问题，并获得了"手段-目的"分析策略。

Willatts 和 Bremner 对婴儿用支持物去够物行为进行研究,结果表明,7~8 个月儿童能根据不同情况的任务调整够物行为,9 个月婴儿在用支持物够物时已很少犯"A、B"错误。而 Piaget 的研究表明,这一阶段的婴儿只要成功地在 A 处找到东西后,即使后来的东西被移到 B 处,他也仍坚持在 A 处寻找,全然不考虑 B 处。

第三节 幼儿期认知的发展

一、感知觉的发展

随着幼儿活动范围的扩大、感性经验的增加和语言的丰富,幼儿的认知水平也不断发展,进入 Piaget 理论中的前运算阶段。这一阶段是儿童心理发展的关键时期。通过与父母及小同伴们的交往、游戏等多种活动,幼儿的各种感觉功能更加完善和发展起来,尤其是视觉和听觉。

（一）视觉

1. 视力　幼儿的视力不如正常成人。日本今村荣一的研究表明,儿童视力在 2 岁时达到 0.5~0.6,3 岁时达到 1.0 以上者为 67%,到 5 岁时该比例可达到 83%,6 岁时达到正常成人的视力范围。

2. 颜色知觉　儿童在 3~4 个月时能辨别彩色与非彩色。天津幼儿师范学校的研究表明:3~4 岁的幼儿已经能初步辨认出红、橙、黄、蓝、青、紫、绿等七种颜色。幼儿掌握最好的颜色是"红",其次是"黄""绿"。幼儿颜色知觉存在性别差异,女孩的颜色辨别能力强于男孩。在色盲调查上,发现男性中占 5.8%,女性中占 1.5%,而大部分是先天性的。

3. 整体与部分知觉　Elkind 和 Koegler 等对儿童的整体和部分知觉发展进行了研究,被试为 5~9 岁的儿童,让他们看一些图片,这些图片组成一个整体,但每一部分又显得很突出。研究的指导语为:"你看到了什么? 它们看起来像什么?"结果发现,4~5 岁的儿童大都只看到了部分;6 岁的儿童开始能看见整体,但是不够确定;7~8 岁的儿童既能看到部分也能看到整体,但不能把二者联系起来;8~9 岁的儿童能看出整体与部分的关系,实现整体与部分的知觉统一。

4. 观察力　幼儿观察的有意性日益增长,观察的时间逐渐持久,观察的系统性、逻辑性、概括性也在不断增长。幼儿观察能力有以下五个特点:① 喜欢观察活的、运动着的物体,不喜欢观察静止的物体。② 喜欢观察颜色鲜艳的东西,不喜欢看颜色单调、灰暗的东西。③ 喜欢看大而清晰的图像,不喜欢看小而模糊的图像。④ 容易观察出位置明显的物体,比如墙上挂的、桌上摆的物体等。⑤ 物体的明显特征容易被观察,而其他特征容易被忽略,比如孩子容易记得球的大小有差别,却记不得色彩和图案的差异。

（二）听觉

幼儿的听觉通过言语对话、音乐、游戏等活动也更加迅速地发展。Apkin 研究发现,在听钟表摆动声方面,5～6岁的儿童能听到距离自己55～65 cm的声音,6～8岁的儿童能听到距离自己100～110 cm的声音。Pick等对5～14岁儿童的听觉研究发现,儿童在12～13岁前,听觉感受性一直在增长。在语音知觉方面,幼儿对纯音的听觉敏度比语音听觉敏度强,到幼儿中期,语音听觉敏度提高了,到幼儿晚期,语音的听觉敏度已接近成人,已能不困难地辨明母语的全部语音。

(三) 空间知觉

1. **形状知觉** 天津幼儿师范学校心理组的研究发现,幼儿的形状知觉随年龄增长很快发展提高。幼儿认识图形的正确率高,而对图形命名的正确率低。其中对圆形识别率最高,3岁时达到100%,其他图形则差些。丁祖荫研究发现,幼儿辨认开关时配对最容易,指认次之,命名最难,幼儿掌握形状的易难次序是:圆形、正方形、三角形、长方形、半圆形、梯形、菱形和平行四边形。

2. **大小知觉** 杨期正等研究发现,3岁幼儿一般已经能判断图形大小,但完全不能判断不相似的图形的大小,即使到6岁也很困难。幼儿随年龄增长,判断图形大小的方法相应提高,3岁幼儿只是依据目测来判断大小,5～6岁幼儿中部分会借助其他中介物作为比较量尺来判别大小。幼儿判断大小的能力发展与教育相关,可以通过日常搭积木等活动进行培养。

3. **方位知觉** 叶绚等研究发现,3岁幼儿能正确辨别上下方位,4岁幼儿能正确辨别前后方位,5岁幼儿开始正确辨别自身的左右方位。朱智贤等研究发现,5～7岁儿童能正确地把自己的左右方位和词联系起来,产生最初的左右概念,但不能辨别他人的左右方位;9～11岁儿童能灵活地概括掌握左右方位概念。

(四) 时间知觉

在时间知觉上,幼儿发展水平仍较低,也不够准确和稳定,但已基本具有初步的时间观点,特别是将时间和与其生活密切相关并不断重复发生的事相联系时,幼儿对时间的基本概念已有所理解。但幼儿对小时、分钟等时间单位仍然不理解,容易将时间与空间相混淆,且不考虑速度。

专栏4-7 幼儿时间知觉的相关研究

> Piaget曾对儿童的时间知觉进行过实验研究。在他的实验里,4.5～5岁的儿童还不能把时间关系和空间关系区分开来;5～6.5岁儿童开始把时间次序和空间次序分开,但仍不能完全区分;7～8.5岁儿童才最终得以把时间关系与空间关系分别开来。
>
> 我国学者黄希庭对幼儿时间知觉进行了研究,研究对象是5～8岁的儿童,研究结果表明:5岁儿童时间知觉极不准确、极不稳定;6岁儿童时间知觉基本上与5岁儿童相似,只是对短时距知觉的准确性和稳定性有所提高;7岁儿童开始利用时间标尺,但主要利用外部时间标尺,能利用内部时间标尺的很少;8岁儿童已能主动地利用时间标尺,时间知觉的准确性和稳定性开始接近成人。

> 黄希庭等进一步研究发现,5岁儿童还分不清空间关系和时间关系,往往用事物的空间关系代替时间关系;6岁儿童已开始把时空关系分开,但很不完全,再现时距的准确度仍受到空间关系的影响;7岁儿童已基本上把时空关系区分开来;8~9岁时儿童不仅能把时空关系区分开,还能较准确地再现时距。其结果基本上与 Piaget 的研究结果一致。该实验还发现,7岁儿童可能是时间观念发生质变的阶段。

二、注意的发展

幼儿注意的发展有重要意义。一方面,注意使儿童从环境中接受更多的信息;另一方面,注意使儿童能够发觉环境的变化,从而能够及时调整自己的动作,并为应付外来刺激准备新的动作,把精力集中于新的情况。

(一) 无意注意和有意注意的特点

1. 无意注意的发展　3岁前儿童的注意基本上都属于无意注意。3~6岁儿童的注意仍然主要是无意注意。但是和3岁前儿童相比,幼儿的无意注意有了较大发展。这时主要有以下两个特点:

(1) 刺激物的物理特性仍然是引起无意注意的主要因素。强烈的声音、鲜明的颜色、生动的形象、突然出现的刺激物或事物发生了显著的变化,都容易引起幼儿的无意注意。

(2) 与幼儿的兴趣和需要有密切关系的刺激物,逐渐成为引起无意注意的原因。随着知识经验和认识能力的发展,3~6岁儿童能够发现许多新奇事物和事物的新颖性,即与原有经验不符合之处。在整个幼儿期,对象的新颖性对引起注意有重要作用。

2. 有意注意的发展　幼儿期有意注意处于发展的初级阶段,水平低,稳定性差,而且依赖成人的组织和引导。具体特点如下:

(1) 幼儿的有意注意受大脑发育水平的局限。有意注意是由脑的高级部位控制的。大脑皮质的额叶部分是控制中枢所在。额叶大约在7岁时才达到成熟水平,因此,幼儿期有意注意开始发展,但远远未能充分发展。

(2) 幼儿的有意注意是在外界环境,特别是成人的要求下发展的。儿童进入幼儿期,一般都会进入幼儿园这一新的生活环境和教育环境。儿童在幼儿园必须遵守各种行为规划,完成各种任务,对集体承担一定义务。所有这些外界环境的变化都要求幼儿形成和发展有意注意,注意服从于任务的要求。

(3) 幼儿逐渐学习到一些注意方法。有意注意的形成需要一定的方法。幼儿在成人引导和教育下,能够逐渐学会一些组织有意注意的方法。

(4) 幼儿的有意注意是在一定的活动中实现的。幼儿的有意注意由于发展水平不足,需要依靠活动进行。把智力活动与实际操作结合起来,让幼儿能够完成一些既具体又明确的实际活动任务,有利于有意注意的形成和发展。

(二)注意品质的发展

1. 注意的稳定性　总体来说,幼儿的注意稳定性差。实验证明,在良好的教育环境下,3岁幼儿能集中注意的时间为3～5分钟,4岁幼儿能达到10分钟,5～6岁幼儿为15分钟。在玩游戏的时候,集中注意的时间会延长一倍以上。

2. 注意的范围　幼儿的注意范围较小,这可能是幼儿知识经验贫乏、眼球跳动的距离比成人短、不善于运用边缘视觉等原因造成的。

天津幼儿师范学校心理组的研究表明,在0.1秒的时间内,4岁幼儿只能辨认2个点;6岁幼儿能辨认4个点,约44%的6岁幼儿能辨认6个点(表4-1)。

表4-1　不同年龄幼儿正确辨认点个数的百分比(%)

年龄(岁)	点个数					
	2	3	4	5	6	7
4	73.5	43.5	13.5	5.3	0	0
6	99.5	93.3	66.6	51.5	44.6	27.3

三、记忆的发展

随着大脑神经系统和言语的不断发展成熟,幼儿的记忆也开始逐步全面发展。幼儿期记忆的容量、记忆的持久性、记忆的抽象性、记忆的目的性均有显著发展,其中幼儿的记忆策略和元记忆也开始从无到有地发展起来。幼儿能够部分地保留个体早期的记忆,完全能够对其周围人、事、物进行有效的记忆,这有力地推动了幼儿心理的成长。

(一)记忆在量上的发展

与婴儿期相比,幼儿的记忆容量增加显著。儿童记忆广度的增加受生理发育的局限。儿童大脑皮质的不成熟,使他在极短的时间内来不及加工更多的信息量,因而不能达到成人的记忆广度。研究表明,成人短时记忆容量为7 ± 2个信息单位(组块),7岁前儿童尚未达到这一标准。

(二)记忆在保持时间上的发展

记忆的保持时间是指从识记到再认或再现之间的时间距离。已有研究表明,2岁儿童能再认几个星期以前感知过的事物,3岁儿童能再认几个月前的事物,4岁儿童能再认1年前的事物,7岁儿童能再认3年前的事物。在再现方面,2岁儿童能再现几天前的事物,3岁儿童能再现几个星期前的事物,4岁儿童能再现几个月前的事物,5～7岁儿童能再现1年前的事物。但不同儿童存在个体差异,有个别儿童的记忆保持时间会更长,如一些超常儿童。

(三) 记忆在有意性、抽象性上的发展

1. **有意识记和无意识记的发展**　整个幼儿期的记忆是以无意识记为主的,幼儿对事物的表面特征和外部联系常能记住,有意识记成分在逐渐增加。有意识记的出现和发展是儿童记忆发展中的重要标志。幼儿有意识记发生在 4 岁,基本上是以完成成人提出的记忆任务为主。到 5~6 岁,记忆的有意性发展开始明显,幼儿能主动提出记忆任务,会简单的记忆方法。

天津幼儿师范学校心理组也进行了类似的研究。他们让儿童分别对两组(各 10 张)图片进行有意识记和无意识记,图片画有儿童熟悉的物体(如飞机、衣服、汽车等)。结果显示,两种识记效果都随年龄增长而增强,有意识记的效果优于无意识记的效果(表 4-2)。

表 4-2　不同年龄幼儿有意识记和无意识记效果的比较

年龄(岁)	有意记忆	无意记忆
4	5.4	4.5
5	6.2	5.3
6	6.9	5.7
7	7.7	6.2

2. **记忆形象性与抽象性的发展**　幼儿的记忆还是以直观形象性为主的,凡是直观的、形象的、具体的,并为幼儿所熟悉、理解和有兴趣的事物,都易为幼儿记住;而其词的逻辑的抽象识记能力还很差,抽象的、难以理解的词语、符号材料,幼儿则难以记住。随着语言的发展,儿童的语词记忆也在发展。

Karenka 让 3~7 岁儿童记住三种材料:第一种是儿童熟悉的具体物体,第二种是标志儿童熟悉的物体名称的词,第三种是标志儿童不熟悉的物体名称的词。结果表明:无论哪个年龄阶段,形象记忆效果都优于语词记忆效果(表 4-3)。我国天津幼儿师范学校的研究结果与此类似。

表 4-3　幼儿形象记忆与语词记忆效果的比较

年龄(岁)	平均再现量(10 个物或词中回忆的数量)		
	熟悉的物体	熟悉的词	生疏的词
3~4	3.9	1.8	0
4~5	4.4	3.6	0.3
5~6	5.1	4.3	0.4
6~7	5.6	4.8	1.2

专栏 4-8　幼儿元记忆的发展

1. 记忆策略是人们为有效地完成记忆任务而采用的方法或手段。个体的记忆策略是不断发展的。对于幼儿记忆策略的形成问题，存在不同的看法。一种看法认为5岁以前儿童没有记忆策略，另一种认为较年幼的儿童也能够运用认知策略。Wellman对2岁和3岁儿童进行了实验。在儿童面前放着若干个倒置的杯子，其中一个盖着玩具小狗，要求儿童在实验者暂时离开实验室时记住哪一个杯子下面盖着玩具小狗。2岁儿童不接受任务，不愿等待实验者回来。3岁儿童则已经会运用各种记忆策略，他们高兴地注视着藏小狗的地方，一边看着那个盖着小狗的杯子，一边对着它点头，并说"有"，而当看着其他杯子时，则说"没有"；或者在等待期间一直把手放在那个杯子上；或者把它移到突出的位置。Gelman认为，明确记忆活动的要求和熟悉的环境，有助于儿童选择记忆策略。Deloache和Brown的实验，甚至发现1岁半儿童经过训练后，能够有计划地进行记忆。

但是，研究者指出，幼儿能够有记忆计划，并不等于能够使用最佳记忆方法。有人认为：2岁以后儿童能够开始形成记忆策略；在适宜的条件下，记忆策略出现得早些；4～5岁前儿童的记忆过程比较被动，没有策略、计划和方法；5～7岁是一个转变期；7～8岁以后儿童运用记忆策略的能力比较稳定。但Flavell等提出记忆策略的发展可以分为三个阶段：① 没有策略；② 不能主动应用策略，但经过诱导可以使用；③ 能主动自觉地采用策略。儿童5岁以前没有策略，5～7岁处于过渡期，10岁以后记忆策略逐步稳定发展起来。

2. 元记忆的形成。元记忆就是关于记忆过程的知识或认知活动。记忆的元认知知识主要包括三方面的内容：① 有关记忆主体方面的知识；② 有关记忆任务方面的知识；③ 有关记忆策略方面的知识。

Flavell、Friedrick和Hoyt在一项预言瞬时记忆广度的实验中，当呈现给被试一套印有10张图画的卡片后，问被试是否能够全部记住这套卡片。大多数5岁儿童认为能够记住，只有较少的8岁儿童也这样认为。如果不限定时间，让被试识记这套卡片，5岁儿童很快就宣布他已识记好了，即使他只记住很少几张。而8岁儿童却知道花较多的时间去识记，对自己记忆能力的评价比幼儿要客观得多。

在一项研究中，5岁儿童也知道记住一个短的词表要比记住一个长词表容易，记住熟悉的物体比生疏的物体容易，记住昨天发生的事情比记住上个月发生的事情容易，说明幼儿的元记忆水平是天生的，是具备一定水平的。

四、思维的发展

（一）思维发展的基本特点

幼儿的思维主要是凭借事物的表象或具体形象的联想而进行的具体形象思维，同时抽象的逻辑思维也开始萌芽，整个幼儿阶段的思维的发展趋势是从直观行动思维向具体形象思维再向抽象逻辑思维方向发展的。这种发展趋势表现为以下几点：

1. **以具体形象思维为主要思维形式**　从思维发展的方式看，一般认为，2～3岁以前儿童的思维是直观行动思维，6～7岁以前是具体形象思维，大约到了小学，儿童进入了抽象逻辑的思维阶段。直观行动思维是最低水平的思维，这种思维的概括水平低，更多依赖感知和动作的概括。这种思维方式在2～3岁儿童身上表现最为突出，在3～4岁儿童身上也常有表现。这些儿童离开了实物就不能解决问题，离开了玩具就不会游戏。年龄更大的一些儿童，在遇到困难的问题时，也要依靠这种思维方式。

幼儿思维的具体形象性还派生出幼儿思维的经验性、表面性、拟人化等特点。幼儿的这些思维特点是跟儿童知识经验贫乏及儿童第一信号系统活动占优势分不开的。

> 幼儿说"爸爸是大人、奶奶是中人、宝宝是小人"，这样的表述说明幼儿的思维形式主要是什么？

例如，幼儿普遍喜欢童话画册和动画片，也与幼儿要凭借那些生动鲜明的具体形象才能理解故事有关。又如，某幼儿看到闹钟每天嘀嗒嘀嗒地跳走，就猜想里边可能有小人在推着它走，甚至会拆开去看个究竟。

2. **抽象逻辑思维开始萌芽**　严格来说，学前期的幼儿还没有抽象逻辑这种思维方式，只有这种方式的萌芽。

苏联的Minskaya曾研究了幼儿三种思维方式的关系和发展过程。她在实验中要求幼儿完成下述任务：把一套简单的杠杆连接起来，借以取得用手不能直接拿到的糖果，即找出物体之间极简单的机械关系。上述任务用三种不同方式提出：① 在实验桌上放有实物杠杆，使儿童能以直觉行动的方式解决问题。② 在图画中画出有关物体的图形，使儿童没有利用实际行动解决问题的可能性，但可依靠具体形象进行思维。③ 既没有实物，也没有图片，只用口头言语布置任务，要求幼儿的思维在言语的抽象水平上进行。结果表明，从5～6岁开始，幼儿学会在词的水平上解决问题，即运用抽象逻辑思维（表4-4）。

表 4-4　幼儿三种思维方式的比较

年龄（岁）	解决问题能力的百分数（%）		
	直觉行动水平	具体形象水平	词的水平
3～4	55.0	17.5	0
4～5	85.0	53.8	0
5～6	87.5	56.4	15.0
6～7	96.3	72.0	22.0

3. 言语在思维中的作用增强　言语在幼儿思维中的作用，最初只是行动的总结，然后能够伴随行动进行，最后才成为行动的计划。与此同时，思维活动起初主要依靠行动进行，后来才主要依靠言语来进行，并开始带有逻辑的性质。幼儿中期，儿童往往是在解决问题的过程中一边做、一边说，语言和行动似乎总不分离。如在拼图活动中，幼儿在开始行动时，通常只能很笼统地说出要拼什么东西。在行动过程中，用语言概括着每一个解决问题的动作，同时计划着下一步的行动，并且把每一次的零星结果去同他们面临的总任务对照一番。完成了动作以后的语言总是比动作开始以前要丰富些。幼儿晚期，在行动之前儿童已经能够完全用语言表述行动目标和计划。这是因为儿童在感知拿到手的图形时，就已经分辨出它们的特征。由于能够概括地感知各个实物的特征及其相似性，能够用语言来表示实物之间的联系，幼儿晚期有可能将言语在思维中进行综合。他们的语言出现在动作之前，而动作之后的语言只不过是动作前语言的简单重述，有时比动作前的语言还要贫乏。

4. 思维活动的内化　Vygotsky 提出，儿童思维最初是外部的、展开的，以后逐渐向内部的、压缩的方向发展。直观行动思维活动的典型方式是尝试错误，其活动过程依靠具体动作，是展开的，而且有许多无效的多余动作。这种外部的、展开的智力活动方式虽然能够初步揭露事物的一些隐蔽属性以及事物间的一些关系，但是这些隐蔽属性和关系的展现，只是儿童行动的客观结果。在行动之前，儿童主观上并没有预订目的和行动计划，也不可能预见自己行动的后果。

在实际生活中，儿童对自己的行动结果不断作出分析和评价。正如前面所提到的，幼儿拼图之后，用语言总结自己的行动结果。幼儿游戏行动目的的形成，必须依靠内化的智力活动。所谓行动目的，就是指行动的未来结果，而这事实上是尚不存在的。因此，行动的未来结果只能在头脑中出现，还没有在眼前出现。

（二）概念的发展

儿童对概念的掌握并不是简单地、原封不动地接受，而是把成人传授的现成概念纳入自己的经验系统中，按照自己的方式加以改造，是儿童按照自己的经验对客观世界的主动建构过程。

1. 幼儿掌握概念的特点　儿童对概念的掌握受其概括能力发展水平的制约。

一般认为,儿童概括能力的发展可以分为三种水平:动作水平概括、形象水平概括和本质抽象水平概括,它们分别与三种思维方式相对应。

一是以掌握具体实物概念为主,向掌握抽象概念发展。对幼儿来说,并不是概念越具体,即概括的水平越低,就越容易掌握。有研究者研究了幼儿对不同等级概念的掌握情况。根据抽象水平,将幼儿获得的概念分为上级概念、基本概念、下级概念三个层次。研究发现:幼儿最先掌握的是基本概念,由此出发,上行或下行到掌握上、下级概念。比如,"树"是基本概念,"植物"是上级概念,"松树""柳树"是下级概念。幼儿先掌握的是"树",然后才是更抽象或更具体些的上、下级概念。

二是掌握概念的名称容易,真正掌握概念困难。幼儿掌握概念困难通常表现为掌握概念的内涵不精确、外延不恰当。也就是说,幼儿有时会说一些词,但不代表其能理解其中真正含义。由于幼儿基本是通过实例的方式来获得概念的,而成人又常常有意无意地从各种实例中选择一些幼儿常见的、并对某一概念具有代表意义的"典型实例"重点向幼儿进行介绍,同时与概念的名称(词)相结合。这种做法固然有利于幼儿较快地获得概念,但同时也可能起到一种消极的定势作用,即使得概念的范围局限于"典型实例",造成其内涵和外延的不准确。例如,成人带孩子去动物园,常常一边看猴子、老虎、大象等,一边告诉他这些都是动物。"动物"这个名称和儿童在其中所见的各种动物实例也自然发生着结合。以至于当问到"什么是动物"时,相当多的幼儿回答"是动物园里的,让小朋友看的""是狮子、老虎、熊猫……"如果告诉孩子蝴蝶、蚂蚁也是动物,幼儿会觉得奇怪,要是再告诉孩子人也是动物时,孩子很难理解,甚至争辩说"人是到动物园看动物的,人怎么是动物呢,哪有把人关在笼子里让人看的!"

2. 实物概念的发展　幼儿对实物概念更多的是从功能特征和形状特征中认知的。幼儿掌握实物概念的一般发展过程是:① 3~4岁幼儿实物概念的内容基本上代表幼儿所熟悉的某一个或某一些事物;② 4~5岁幼儿已能在概括水平上指出某一些实物的比较突出的特征,特别是功用上的特征;③ 5~6岁幼儿开始能指出某一实物若干特征的总和,但是还只限于所熟悉事物的某些外部和内部的特征,而不能将本质和非本质特征很好地加以区分。

3. 数概念的发展　数概念和实物概念比较起来,是一种更加抽象的概念。掌握数概念,是要理解以下三个方面:① 数的实际意义("3"是指三个物体);② 数的顺序(如2在3之前,3在2之后,2比3小、3比2大);③ 数的组成(如"3"是由1+1+1、1+2、2+1组成的)。

儿童数概念的产生和发展,经历了最初的对实物的感知、继之到数的表象、最后到数的概念水平这样的过程。

刘范的研究认为,幼儿数概念发展需经历三个阶段:① 对数量的动作感知阶段(3岁左右);② 数词和物体数量间建立联系的阶段(4~5岁);③ 数的运算初期阶段(5~7岁)。

林崇德的研究表明：儿童形成数概念，经历"口头数数→给物说数→按数取物→掌握数概念"等四个发展阶段。2～3岁、5～6岁是儿童数概念形成和发展的关键年龄。

关于数概念发展的转折点，学界一般认为在5岁左右。到幼儿期末，儿童能学会20以内的加减运算，基数和序数概念都达到了一定的稳定性。对10以内的客体有了数量的"守恒"。

4. 类概念的发展　　幼儿的类概念有一个发展过程，从以物体的感知特点为依据进行分类，发展到以物体的功用为依据，进一步向以物体的本质属性为依据进行分类发展。从年龄上分析，4岁以前儿童基本不能分类，5岁儿童主要按感知特点和具体情景分类，6～7岁儿童主要按物体的功用分类，并开始注意到物体的本质属性。例如，4岁的孩子会把茄子和葡萄放在一起，因为它们"都是一样的颜色"，把老虎和梨放在一起，因为它们"都是黄色的，上面还有黑点点"（感知特点）。一些5岁的孩子把车和马放在一起，因为它们"都是给人坐的"，把苹果和葡萄放在一起，因为它们"都是生吃的"，把洋葱和茄子放在一起，因为它们"做成菜才能吃"（功用）。6岁的孩子已经知道苹果和葡萄是水果，洋葱和茄子是蔬菜，甚至少数近7岁的孩子把它们都放在一起，因为它们"都是植物"。

（三）判断与推理的发展

1. 判断能力的发展　　幼儿的判断能力已有初步的发展，表现出以下的特点：① 以直接判断为主，间接判断开始出现。7岁前的儿童大部分进行的是直接判断，之后儿童大部分进行间接判断，6～7岁判断发展显著，是两种判断变化的转折点。② 判断内容的深入化。幼儿的判断往往只反映事物的表面联系，随着年龄的增长和经验的丰富，开始逐渐反映事物的内在、本质联系。③ 判断依据客观化。幼儿逐渐从以生活逻辑为根据的判断，向客观逻辑为根据的判断发展。④ 判断论据明确化。幼儿起先没有意识到判断的依据，以后逐渐开始明确意识到自己的判断依据。

2. 推理能力的发展　　幼儿在其经验可及的范围内，已经能进行一些推理，但水平比较低，主要表现在以下几个方面：① 抽象概括性差。推理往往建立在直接感知或经验所提供的前提上，其结论也往往与直接感知和经验的事物相联系。比如，幼儿看到红积木、黄木球、火柴棍漂浮在水上，不会概括出"木头做的东西"的结论，而只会说："红的""小的""东西浮在水上"。② 逻辑性差。如对幼儿说："别哭了，再哭就不带你找妈妈了。"他会哭得更厉害，因为他不会推出"不哭就带你去找妈妈"的结论。幼儿常常不会按照事物本身的客观逻辑、给定的逻辑前提去推理判断，而是以幼儿自己的经验"逻辑"去思考。③ 自觉性差。幼儿的推理往往不能服从一定的目的和任务，以至于思维过程时常离开推论的前提和内容。例如，当研究者问："一切果实里都有种子，萝卜里面没有种子，所以萝卜……（怎么样？）"，有的儿童立即回答说："萝卜是根""萝卜是长在地上的"。答案完全不受两个前提之间的联系,甚至一个前提本身的内在联系制约。

杨玉英的研究表明,3岁组儿童基本不能进行推理活动,4岁组儿童推理能力开始发生,5岁组儿童大部分可以进行推理活动,6～7岁组儿童全部可以进行推理活动。

第四节　儿童期认知的发展

一、注意的发展

儿童期儿童的有意注意有较大的发展,同时无意注意仍在起着作用。小学低年级儿童的注意,经常带有情绪色彩,任何新异刺激都会引起他们的兴奋,分散他们的注意;但到了中高年级,他们的情绪就比较稳定,注意的情绪特点也没有低年级那样显著了。儿童期的儿童对抽象材料的注意正在逐步发展,但更多的还是注意具体直观的事物。

注意本身可以表现为各种不同的品质,如注意的集中性、稳定性、分配范围和转移等。这些品质之间是相互联系的。儿童期儿童的注意品质发展表现为以下几个方面:

1. 注意的稳定性　低年级儿童对于一些具体的、活动的事物以及操作性的工作,注意容易集中和稳定;对于一些抽象的公式、定义以及单调的科学对象,注意就容易分散。随着年龄的增长,中高年级学生对一些抽象的词和能够引起智力思考的作业,比年幼儿童的注意容易集中,容易稳定。有研究表明,儿童期儿童注意的稳定性随年龄增长而增强,7～10岁儿童的注意集中时间约有20分钟,10～12岁约有25分钟,12岁以上儿童约有30分钟。

2. 注意的范围　注意范围的大小和年龄有一定关系,儿童期儿童由于经验不多,注意范围一般比成人小。研究者以速示器做实验,结果表明:儿童期儿童平均只能看2～3个客体,成人能看4～6个客体。注意范围大小与思维发展相联系,儿童思维富于具体性,在一些复杂事务面前,不能找出其间的联系和关系,只能找出一些个别的特点,因此他们的注意范围比较狭窄。

3. 注意的分配　儿童不善于分配自己的注意,他们不能一边听老师讲课一边记笔记。儿童对注意的分配,必须将其中的一件活动达到自动化程度,才能进行。儿童不善于分配注意,是因为他们对要注意的事物不熟悉。要到小学高年级甚至初中,学生才能慢慢学会注意的分配。

4. 注意的转移　随着年龄增长,儿童注意的转移逐渐发展起来。注意转移因人而异,有些儿童注意的转移比较容易,有些则比较困难;有些情况下注意转移比较容易,有些条件下注意不易转移。这是因为注意转移的难易受下面一些因素制约:① 客体的兴趣性和意义的重要性。如果新的客体比原来注意的客体对人的意义更大,注意的转移就容易。② 客体的强度。儿童的注意从较强的刺激转到较弱的刺激是比较困难的。③ 旧客体是否具有连续性。如果旧的活动尚未结束,要求儿童将注意马上转移到新的活动上,常常会发生困难。④ 个体神经活动特点。个体的神经类型不同,有的学生兴奋抑制的转换比较灵活,有的则比较迟缓,这造成了个体注意转换的差异。

二、记忆的发展

儿童的记忆容量随年龄的增长而增加。小学儿童的数字记忆广度已经与成人水平(7±2 个信息单位)接近。

(一) 记忆发展的特点

1. **有意识记成为记忆的主要方式** 有意识记和无意识记都随儿童年龄的增长而发展,在小学阶段有意识记开始超过无意识记,占据优势。有意识记的出现标志着儿童记忆发展上的质变,有意识记超过无意识记又是记忆发展中的一个突出的变化。

2. **意义识记在记忆活动中逐渐占主导地位** 意义识记是一种理解识记,当儿童对所要识记的材料产生理解并具有进行意义加工的能力,他们就能更好地进行意义识记。小学期间,随着理解能力的增加、知识的增多、组织和表达能力的提高以及言语和思维水平的提升,儿童在学习中越来越多地进行意义识记。如果一些儿童此时长期停留在机械识记的方法上,将会影响他们记忆的发展和以后学习能力的提高。

3. **抽象记忆的发展速度逐渐超过形象记忆** 儿童期儿童的抽象记忆能力得以不断发展,发展速度超过形象记忆,乃至逐渐上升,占据优势地位。当然,形象记忆与抽象记忆是相辅相成的,在小学阶段这两种记忆都具有重要作用。

(二) 记忆策略的发展特点

小学儿童使用记忆策略的能力迅速提高,他们能运用多种记忆策略,其中主要的记忆策略是复述和组织。

1. **复述(背诵)** 是注意不断指向输入信息、不断重复记忆材料的过程,也是儿童为了达到识记目的而主动进行的意识活动。实验表明,儿童掌握背诵策略是随年龄增长而提高的(儿童在 5 岁有 10% 的复述行为,7 岁有 60%,10 岁达到 85%)。另有研究表明,9~10 岁以前的儿童尚不能很好地主动利用背诵策略来帮助记忆的保持。对不能自发地进行背诵的儿童进行适当的训练,可以把他们的记忆成绩提高到接近主动背诵儿童的水平。

2. **组织** 是把要识记的材料中所包含的项目,按意义联系归类成系统以帮助记忆的策略,组织策略一般可分为两种情况:① 归类:把要识记的材料按某种标准或关系进行归并,以帮助记忆。研究表明,年长儿童比年幼儿童更多地采用归类策略。但不同年龄儿童分类的水平也不同,年龄小的儿童往往按简单联想归类,稍大的儿童常以功用关系归类,然后才逐渐发展到按概念进行归类。② 系列化:把相互关联的信息按体系关系进行整理并条理化,以帮助记忆。儿童在小学一年级还不能运用系列化策略,从三年级开始,这种能力随年纪增长而提高。

儿童使用记忆策略的能力是随年龄的增长而不断提高的。小学低年级儿童尚缺乏自发地使用记忆策略的能力;儿童在8岁左右处于从不会自发运用记忆策略到能自发运用的过渡阶段;10岁以上儿童基本上可以自发地运用记忆策略。

三、思维的发展

按照Piaget的理论,儿童期的思维处于具体运算阶段。儿童期的思维获得飞跃发展,其基本特征在于:逻辑思维迅速发展,以形象逻辑思维为主,在发展过程中完成从形象逻辑思维向抽象逻辑思维的过渡。这种过渡要经历一个演变过程,从而构成儿童期儿童思维发展的特点。

(一)思维的基本特点

1. 经历一个思维发展的质变过程　儿童在幼儿期以具体形象思维为主导,经过儿童期就进入以形象逻辑思维为主导的阶段。这一转变是思维发展过程的质的变化。

2. 不能摆脱形象性的逻辑思维　儿童期的逻辑思维在很大程度上受思维具体形象性的束缚,尤其是小学低年级或三年级以下的儿童,他们的逻辑推理需要依靠具体形象的支持,甚至要借助直观来理解抽象概念。在解决问题的思维活动中,往往抽象逻辑思维与具体形象思维同时起作用,在两者的相互作用中,抽象逻辑思维逐渐发展起来。

3. 10岁左右是形象思维向抽象逻辑思维过渡的转折期　儿童思维发展存在着关键性的转折年龄。一般认为,这个转折年龄在10岁左右,即小学四年级,也有研究指出这个重要阶段的出现具有伸缩性。根据教学条件,可以提前到三年级或者延缓到五年级。

(二)思维形式的发展特点

1. 概括能力的发展　小学儿童概括能力的发展从对事物的外部感性特征的概括逐渐转为对事物的本质属性的概括。小学儿童的概括水平可以按如下三个阶段划分:① 直观形象水平。指所概括的事物特征或属性是事物的外表的直观形象特征。小学低年级儿童,即7~8岁儿童的概括能力主要处于这一水平。② 形象抽象水平。指所概括的特征或属性既有外部的直观形象特征,又有内部的本质特征。就其发展趋势而言,直观形象特征的成分逐渐减少,内在本质特征的成分逐渐增多。小学中年级,即8~10岁儿童的概括能力主要处于这一概括水平。这一水平是从形象水平向抽象水平的过渡形态。③ 初步本质抽象水平。指所概括的特征或属性是以事物的本质特征和内在联系为主,初步地接近科学概括。

2. 推理能力的发展　推理能力的发展可以表现在演绎推理、归纳推理和类比推理三方面:① 演绎推理能力的发展。儿童演绎推理能力的发展可分为三种水平:小学低年级的水平是运用简单概念对直接感知的事实进行简单的演绎推理;小学中年级的水平是除了能用概念对直接感知的事实进行推理之外,还能对用言语表述的事实进行演绎推理;小学高年级的水平是能自觉地运用演绎推理解决抽象问题。② 归纳推理能力的发展。儿童归纳推理的能力随年龄的增长而提高;材料中包含的因素越多,归纳的难度越大,当需要归纳概括的意义单位达到 3 个时,二年级有约 50% 的儿童能正确完成,三四年级正确完成的人数比率约为 60%,五年级这一比率达到 80%;在发展的速度方面,三四年级归纳能力发展缓慢,四五年级是发展的一个转折点。③ 类比推理能力的发展。小学儿童类比推理能力的发展存在着年龄阶段性的差异,小学低年级类比推理能力较低,平均正确人数比率仅有 20%,小学中年级这一比率发展到 35%,而小学高年级则达到 60%;各年龄阶段之间的差异具有显著性;教育条件的好坏显著地影响儿童类比推理能力的发展。

3. 新的思维结构的形成　按 Piaget 的认知发展阶段性的划分,儿童期儿童属于具体运算阶段进入逻辑运算时期,但不能摆脱具体形象性。这个时期的认知结构与幼儿期相比较发生了质的变化,形成了新的思维结构。其主要特点如下:① 掌握守恒。即儿童期儿童概念的掌握和概括能力的发展不再受事物的空间特点等外在因素的影响,而能够抓住事物的本质进行抽象概括。儿童期儿童逐渐达到各类概念的守恒。一般而言,达到数概念守恒和长度守恒的时期在 6~8 岁,液体守恒和物质守恒约在 7~9 岁,面积守恒和重量守恒约在 8~10 岁,容积守恒要在 11~12 岁才能掌握。② 思维具有可逆性。即儿童期儿童在头脑中进行的运算活动可以朝相反方向运转。思维可逆性活动有两种:一种是反演可逆性,认识到改变了的形状、方位等还可以改变回原状或原位。如把彩泥球变成香肠形状,幼儿认为香肠形状大于球形状,小学儿童就认识到改变了形状还可以改回来,所以两者仍然一样大小。另一种是互反可逆性,两个运算互为逆运算,如 A-B 的反运算为 B-A。如果儿童能够了解两个运算之间是等值的,这说明儿童对事物之间的变化关系具有了可逆运算能力。③ 补偿关系认知。即思维活动可以从不同维度进行转换。如液体守恒的掌握是由于儿童能够在杯子的高度和直径两个维度上进行思维运算。如果把两个相等的彩泥球中的一个压成饼形,儿童能认识到饼形虽然比球形大,但同时它也变薄了,所以两者仍然一样。

第五节　青少年期认知的发展

青少年时期主要处于中学教育阶段,一般认为 11、12~14、15 岁为少年期,青少年大都在初中接受教育;14、15~17、18 岁为青年的初期,青少年大都在高中接受教育。这一时期既是个体身心发展逐步趋于成熟的时期,也是认知发展的一个重要转折时期。此期个体的认知不论在内容方面还是形式方面,都发生了质的变化。

一、记忆的发展

青少年记忆的整体水平处于人生的最佳时期。杨治良等采用具体图形、抽象图形和词三种材料,在一项大年龄跨度的人群中,进行信号检测的再认识实验表明,青少年期记忆处于最佳水平(表 4-5)。

表 4-5　各年龄组再认能力的实验结果

	幼儿	初小	高小	初中	大学	中年	壮年	老年
具体图形	3.40	4.60	4.82	4.65	3.82	1.76	3.64	3.30
抽象图形	1.81	1.88	2.77	3.08	2.22	1.46	1.32	1.12
词		3.49	4.20	4.49	4.12	3.96	3.62	3.48

儿童到青少年时期,短时记忆能力迅速发展,是短时记忆能力增强的主要时期。研究表明,从 3 岁到 14~15 岁期间,短时记忆广度提高 2~3 倍。

在此期内,青少年的有意识记日益占主导地位,机械记忆和意义识记所占比重发生逆转,尤其是高中阶段,机械记忆成分变小,意义识记成分明显增大,能力迅速提高;从记忆内容上看,进入青少年期以后,青少年对抽象材料的记忆能力也明显增强。林崇德研究表明,若以小学一年级的再现量为 100,其他年级被试的记忆再现增长量均是抽象识记超过形象识记(表 4-6)。

表 4-6　形象识记与抽象识记增加量比较

	记忆数量增加百分比	
	具体的	抽象的
小学二年级	28	63
小学四年级	50	68
初中一年级	84	192
初中三年级	99	192
高中二年级	77	195

二、思维的发展

青少年的思维是他们认知能力的核心成分,思维的发展是他们认知能力发展的标志。抽象逻辑思维在青少年的思维中逐步处于优势地位,并开始由经验型向理论型过渡,进入 Piaget 所说的形式运算思维阶段,即可以在头脑中把形式和内容分开,脱离具体事物进行逻辑推演。但初中生和高中生的思维尚有差异。

(一)初中生思维发展的一般特点

1. 运用假设能力的发展　初中生在解决问题的思维过程中,不是简单地得出结论,而是通过挖掘隐含在问题背景中的各种可能性,再用逻辑分析和实验证明的方法对每一种可能性予以检验,然后确定出最有可能性的设想。

初中生运用假设的能力有了很大发展。他们常用怀疑的态度认真检验每一个假设,不轻易地承认任何一种可能性,而是经过深思熟虑后,再对各种可能性进行取舍,从中选出最佳方案。因此可以说,初中生已具有了较高程度的建立假设和检验假设的能力。

2. 逻辑推理能力的发展　初中一年级的学生就具备了各种逻辑推理能力。随着年级的增长,他们的逻辑推理能力也在不断发展,但其发展是不均衡的,归纳推理的能力略高于演绎推理的能力。他们掌握演绎推理的顺序是:直言推理→复合推理和选言推理→连锁推理。

初中生运用推理的能力也是逐渐发展的,首先学会排除推理中的干扰,接着学会改正推理中的错误,最后学会运用推理解决实际问题。

3. 运用逻辑法则能力的发展　初中生掌握逻辑法则的能力存在着不平衡性。在三类逻辑法则中,他们掌握矛盾律和同一律容易些,而掌握排中律则困难些。在运用逻辑法则能力方面,也存在着不平衡性。初中生运用逻辑法则判断问题正误的能力较高,运用逻辑法则对问题进行多重选择判断的能力次之,运用逻辑法则回答问题的能力较差。

此外,初中生掌握抽象概念及将其系统化的能力也有所发展。

专栏 4-9　初中生思维品质的发展

> 初中生思维品质的发展是指他们在思维活动中,思维的创造性、批判性、敏捷性、灵活性和深刻性等品质的发展,主要表现为思维的创造性和批判性有了明显的发展,同时思维中的表面性和片面性的问题也突出地表现出来。
>
> 1. 创造性和批判性品质的发展　初中生思维的创造性是指他们在思维活动中能够进行独立思考,独立发现问题、分析问题和正确解决问题的思维品质。也就是说,在问题情境面前,采取独特、新颖的策略去解决问题的一种思维品质。
>
> 由于自我意识的高涨、强烈的成人感,初中生要千方百计地展示自己的能力,力图摆脱过去对父母或教师的依赖及被动的地位。因此,在各方面都表现出强烈的创造欲望,逐渐地使他们的思维打上了创造性的烙印。
>
> 初中生创造性思维品质发展的同时,其思维的批判性品质也发展了起来。初中生思维的批判性,是指他们在思维活动中严格地评价所依据的材料,精密地验证所提出的假设,以实际结果来确定假设的正确性的思维品质。思维批判性的出现也是初中生自我意识高涨的表现,一方面表现为对他人的意见经常持怀疑和批评的态度,另一方面表现为认真地审视自己的观点,调节和检查自己的认识。有时,也会萌发出不愿盲目生存的人生态度。初中生思维的创造性和批判性品质的发展,说明他们的思维正趋于成熟。
>
> 2. 思维的表面性和片面性依然存在　初中生思维发展的另一个特点,就是

他们思维的表面性和片面性在思维活动中仍占有重要地位。

初中生思维的表面性在于分析问题时,还经常被事物的外部特征所困扰,很难揭示事物的本质特征。这主要表现为:看问题极端、偏激,有时抓住一点不计其余。

总之,初中生创造性和批判性品质的日趋发展以及思维的表面性和创造性的存在,正表现出他们思维品质发展具有矛盾性。这既反映出他们心理发展的半成熟、半幼稚的特点,又反映出他们思维品质趋于成熟的特点。

同时,初中生思维中自我中心的特点再度出现。其主要表现为,虽然他们能区别自己与他人的想法,但却不能正确地区分自己关心焦点与他人关心焦点的不同之处,片面地认为自己关注的问题一定也是同伴关注的问题。

(二) 高中生形式逻辑思维的发展

高中生概念、推理和逻辑法则运用能力的发展是他们形式逻辑思维发展的具体表现。

1. 概念的发展　高中生可通过概念的定义和上下文获得新的概念,还可获得由语言所表达的精确、清晰和抽象的一般概念。在学习活动中,高中生能够对他们所理解的概念作出比较全面的、反映事物本质特征属性的并且合乎逻辑的定义,如他们能够对哲学概念、社会概念和科学概念下正确的定义。高中生通过学习逐渐掌握系统和完整的概念,如许多高中生能够通过分析比较某一几何概念的正例和反例,给这一概念下定义。

2. 推理的发展　高中生推理能力基本趋于成熟。归纳推理的正确率达到80%,演绎推理的正确率超过60%。其中,直言推理的正确率达到81.5%,假言推理的正确率达到61.5%,选言和复合推理的正确率达到62.5%,连锁推理的正确率达到48%。总之,高中生各种形式的推理能力已经基本成熟。

高中生归纳推理和演绎推理的发展有一致性。大多数高中生若其归纳推理成绩好,则演绎推理的成绩也好。两种推理的相关系数为0.56,但高中生这两种推理的发展水平存在着差异性。一般说来,归纳推理优于演绎推理,前者的正确率为79.49%,后者的正确率则为63.2%。这是因为,高中生的认识都是由特殊到一般,再由一般到特殊(即先归纳后演绎),演绎推理是在归纳推理的基础上进行的。

3. 逻辑法则运用能力的发展　高中生掌握和运用各类逻辑法则能力的发展特点为:① 掌握和运用逻辑法则的能力基本成熟。高中生掌握矛盾律、同一律和排中律的水平均有提高。他们运用三类逻辑法则判断的正确率为85.09%,多重选择的正确率为75.66%,回答问题的正确率为57.5%。这说明高中生掌握和运用逻辑法则的能力在稳定地发展。② 掌握和运用逻辑法则的能力存在着不平衡性:一方面表现为,高中生在掌握逻辑法则同时,对矛盾律掌握最好,同一律次之,排中律最次;另一方面表现为,高中生逻辑法则的运用水平不同,如高二学生运用逻辑法则进行判断的正确率为85.09%,多重选择的正确率为75.66%,回答问题的正确率为57.5%。由此可见,高中生掌握和运用逻辑法则能力的发展是不平衡的。

(三) 高中生辩证逻辑思维的发展

高中生的辩证逻辑思维指他们在头脑中能运用对立统一的矛盾规律来反映客观事物的思维活动。

高中生辩证逻辑思维发展特别迅速。高中二年级学生能基本正确地进行辩证逻辑思维。随着年龄的增长、生活经验的丰富、人际交往的频繁,他们在学习活动中会遇到不少难题。这就要求他们学会积极思考,用辩证唯物主义的观点去分析和处理问题,发现问题并且用辩证唯物主义方法解决问题。这些都促进了高中生辩证思维的发展。

高中生不同形式的辩证思维的发展水平是不同的。高中生掌握辩证概念较容易,掌握辩证判断次之,掌握辩证推理困难较大。

专栏 4-10　高中生辩证思维能力的发展

> 高中生辩证思维能力的发展,可以通过透过现象看本质、全面思考问题、分清主次问题和具体问题具体分析等几个方面表现:
>
> 1. 透过现象看本质能力的发展　从高中生道德评价能力的发展状况看,不能揭露现象的本质特征,把本质特征和非本质特征混为一谈的高中生占9.5%;已接近其本质特征,但还不能充分揭露其事物本质属性的高中生占41.3%;能较正确地深刻揭露事物本质特征的高中生占49.2%。
>
> 2. 全面考虑问题能力的发展　从高中生对道德事件的评价看,他们大多数都具备了全面思考问题的能力。对问题考虑不全面的高中生占8.5%;对问题看法正确,但理由不够充分的高中生占4.3%;能全面考虑问题的高中生占87.2%。
>
> 3. 分清主次问题能力的发展　高中生分清主次问题能力的发展存在着三级水平。在道德评价中,不能分清主次问题,甚至有时把次要问题当成主要问题的高中生占1.5%;能分清主次问题,但有时仍抓不住主要问题的高中生占26.2%;完全能分清主次问题,并且能明确地指出主要问题的高中生占72.3%。
>
> 4. 对具体问题进行具体分析能力的发展　在道德评价中,不能进行具体问题具体分析的高中生占14.9%;对有的问题能进行具体分析,而对另一些问题又不善于具体分析的高中生占34.0%;能对具体事物进行具体分析的高中生占51.1%。
>
> 总体来说,我国高中生辩证思维能力发展很快,但尚未达到成熟阶段,各种辩证思维能力的发展也不是很均衡。

（四）高中生创造思维的发展

高中生的创造思维是指他们在创造活动中所具有的思维。它既具有一般思维的特点，又能体现出独创性的特点。高中生创造性思维的发展具有下列特点：

1. 创造思维结构的发展　高中生创造性思维的构成有求异思维成分和求同思维成分。他们的创造性思维结构的发展已进入了一个新的阶段，以求异思维为主要成分，以求同思维为次要成分。在创造性解决问题的过程中，两者密切配合，协调发展。

2. 发散思维的发展　是指高中生在解决问题的过程中，沿着不同的方向去思考，对条件加以重新组合，找出几种可能是答案的思维活动。高中生发散思维有三个特性，即流畅性、变通性和独创性。这三个特性的发展速度是不同的，流畅性发展速度较快，变通性发展速度较慢，独创性发展速度最慢。

3. 发散思维发展的个体差异　高中生发散思维能力的发展存在着较大的差异性。独创性的个体差异最大，变通性的个体差异较小，流畅性的个体差异最小。

第六节　成年期认知的发展

18岁以后称为成年期，又可分为成年初期（青少年晚期）、成年中期（中年期）和成年晚期（老年期）三个阶段。

一、成年初期认知的发展

随着人均寿命的延长，成年初期的年龄规定一般都倾向18～35岁阶段。这时个体已从迅速成长、变化巨大的青少年期转为相对成熟、稳定发展的成年初期，个体不仅生理成熟、智力鼎盛，而且极富创造力，是人生开创自己事业的最佳时期，这一切都来源于成年初期认知发展的坚实基础。20世纪以来，众多学者的研究结果都表明，Piaget的形式运算阶段的认知图式后面还应有一个阶段，即第五阶段，有人将其称为后形式运算或辩证思维发展阶段。尽管不同的研究者对思维发展的第五阶段的特征有不同的论述，但也有彼此观点一致的地方。如Kremer对有关后形式运算的文献进行研究后，就认为各研究者的理论模型都具有三个共同特征：① 对认识相对性的认识；② 接受矛盾；③ 在辩证的整体系内整合。

成年初期的记忆方面，对个体来说，虽然机械记忆能力有所下降，但逻辑记忆能力是人生发展的高峰期，其意义识记占据主导地位，且记忆容量也很大。

成年初期的思维继续发展的主要优势在抽象认知能力、理解能力、分析能力、推理能力及创造思维能力和解决问题的能力等方面；在思维结构、思维品质等方面更加进步和稳定。就辩证思维能力而言，个体从少年期初步掌握，至青年期迅速发展，到成年期已达到十分成熟的阶段。

成年初期的想象方面，个体想象中的

> 你能说说你的认知能力的表现吗？

合理成分及创造性成分明显增多,克服了前几个发展阶段中所表现出来的想象过于虚幻的缺陷,想象更具实用性。

二、成年中期认知的发展

成年中期认知的发展错综复杂。传统来看,研究者都认为这一时期人们的认知能力会随着年龄的增长而逐渐下降。但近年来,随着研究的深入细化和研究手段的提高,发现中年人的认知虽然在某些方面有所下降,但总体仍处于相对稳定状态,甚至在有些方面还有所提高,具体表现如下:

1. **感知觉能力减退** 成年中期,尤其是中期的后半段,由于人体组织器官生物学的变化,感知觉功能开始出现衰退现象。在视觉方面,45岁左右的人因为晶状体变硬,灵活度下降,对近处的视觉能力开始下降,大约一半的人需要矫正视力。50岁左右时深度感觉的准确性也普遍下降。在听觉方面,听力的损害从40岁左右也开始上升,45~54岁年龄组大约有19%的人出现了某种听力困难,60岁以后听力困难呈快速增长趋势。其他如味觉、嗅觉等感觉功能也会随着年龄的增长而逐渐变得不太敏感。当然,这种感知觉功能变化的个体差异性很大,有些中年人感知觉能力并没有下降,但总体而言,由于生物学功能的退化,中年人的感知觉功能开始呈下降趋势。

2. **认知发展的特点** 当代众多心理学家已经认识到,人们认知活动的本质就是适应,环境对个体提出什么要求,个体相应的认知就可以得到什么样的发展。美国心理学家Schaie把人一生的认知分为四个不同阶段,其中第三阶段,即为中年时期,又称为责任阶段。中年人是社会中坚,他们的社会责任最为重大,所以中年人认知发展的内在特点与儿童及青少年期有明显的区别,后者重在获取知识和学会如何解决问题的技能,前者则重在如何运用学术、知识和技能来加强社会认知和伦理认知。中年人认知加工的方式不再以抽象逻辑思维为主,而是由抽象上升到具体,即不仅考虑问题的逻辑结构,还考虑问题产生的背景。中年人的认知不仅与学术能力有关,而且还与生活、社会适应能力有关,他们的社会认知能力迅速发展,都已能根据自己人生经验中的道德准则、价值观和目标,构建稳定的认知伦理关系,并付诸道德行动中去。

过去人们普遍认为人到中年以后,认知水平下降是由于记忆力减退、学习效率较差、智力测验成绩不佳等原因。近代研究认为,即使上述理由确为事实存在,也不能确认人到中年后认知水平就真的全面下降了,因为认知水平有多方面的含义,比如记忆有短期记忆与长期记忆之分,青少年优于短期记忆,成年人则优于长期记忆;青少年思维敏锐,但不善于解决复杂的问题,成年人则不仅思维深刻,而且在解决问题的能力上明显强于青少年;尤其是在社会认知和理论认知上,中年人由于自身的经历和经验,必然呈现出比青年人更深刻、更成熟的表现。

三、成年晚期认知的发展

1. 感知觉能力明显减退　成年晚期即老年期,各种感知觉能力明显减退,尤其是视力障碍常会成为老人生活满意度下降的主要原因,其中包括视敏度降低、区分度下降、视野缩小和区别颜色的准确度下降等。与此同时,随着年龄的增长,尤其是70岁以上老人,所患白内障、黑斑退化等眼病的比率也不断提高,根据美国国家预防失明协会的调查,失明发生率在40～60岁年龄段为0.25%,65～69岁段为0.5%,70岁以上为1.45%。

在听力损失方面,许多报道都表明男性听力损失病例多于女性,且表现多为高频音听力困难。一般老年人听女高音比听男低音困难,听女声比听男声困难。在70岁以后,男性的语言范围会很快下降,因为他们已丧失了大部分高频音力。据Ford报告,75～79岁年龄组,听力出现困难的比例高达75%。视觉减退使老人们清楚认识和辨别事物的能力下降,听力损害使老人听清和理解别人的讲话发生困难。结果是老人准确获得外界信息的数量日益减少,进一步深化了老人们与社会隔离的程度,导致很多认知、情感等方面的障碍。

在其他感觉能力方面,成人晚期也都有明显衰退的表现,如味觉、嗅觉敏感度降低,许多老人已逐步甚至完全丧失了欣赏花草香味、品尝美味食品的能力和乐趣;平衡觉衰退,明显表现为老人们行动姿势和走路步态的不稳。一项针对老年人的调查显示:在调查前一年,在65岁以上老人中,至少有30%的人摔过一次跤。

2. 反应时间延长　对老年人研究最一致的结果是反应时的延长。反应时包括感觉传送需时、机体执行需时和中央处理需时三个方面。中枢神经系统随年龄增长而变得愈加迟钝,是使老人们反应时延长的主要原因。典型的反应时任务从简单(比如,当看到红灯亮起就按下按钮需要花多少时间?)到复杂(比如,写字或打字的速度有多快?),老年人完成这些任务速度的减缓程度非常大,完成简单任务的速度减慢约20%,复杂任务达50%左右。

3. 记忆力下降　对成人晚期认知变化的研究,国内外学者主要都集中在对老年人记忆变化的研究方面,其结论是老年人的记忆力的确在缓慢下降之中。假定18～35岁人的记忆力平均成绩为100分,那么35～60岁者平均成绩约为95分,60～85岁者平均成绩则为80～85分。

老年人记忆衰退主要表现为以下四点:① 有意识记、意义识记较无意识记和机械识记下降慢。老年人的有意识记和意义识记相较而言,下降的速度要慢;而无意识记和机械识记下降的速度则要快。② 再认和回忆能力有所下降。由于老年人对信息的编码、储存等组织加工过程不断减弱,他们的再认能力随着年龄的增长不断下降,60～70岁下降的速度几乎没有区别,70岁以后再认能力下降特别明显。因为老年人在头脑中提取信息的环节出现了困难,所以他们回忆的能力也较差。③ 短时记忆不易转为长时记忆。人在80岁以前,在接收外界信息后,瞬时记忆很快进入短时记忆,识记的效果还比较好。但短时记忆转入长时记忆比较困难,老年人在阅读一本书时,常常觉得书的内容记得很清楚,书中描写的人物、事件、时间、地点、原因和结果都很明确,但过几个小时后,他们的记忆就模糊不清了。这是老年人对信息深层编码和组织加工能力减弱的缘故。80岁以后的老年人,瞬时和短时记忆也会略有减退。④ 记忆品质的变化。老年人的记忆广度和记忆的敏捷性都明显下降。他们的无意识记能力明显减退,而有意识记的能力还较好,这是老年人记忆持久性品质的特点。另外,老年人记忆有个明显的特点,他们对事件的大体意思能记忆,而对事件的一些细节则容易遗忘。正如有人说老年人"小事糊涂,大事不乱"。

4. 思维衰退　成人晚期的思维总体呈衰退趋势,但也有区别,那些与生理功能状态有关的思维因素衰退得较快,如思维的速度、灵活程度等,而与知识、文化、经验相关联的思维因素则衰退得较慢,如语言理论思维和社会知识等,少数人老年期仍有创造思维。

老年人思维衰退的主要表现为以下三点:① 思维自我中心化,主要表现是坚持己见、主观,不能从客观实际和他人的观点去全面地分析问题。② 在解决问题时深思熟虑,但又缺乏信心。③ 思维的灵活性变差,想象力减弱。

5. 想象衰退　由于老年人生理机能不同程度的衰退,对待生活的态度也发生了相应的变化,这对老年人的想象带来一些不利影响。

老年人想象衰退的主要表现为以下四点:① 无意想象的成分逐渐增多。由于老年人阅历深,生活经验丰富,大脑里贮存的表象多,他们无意中谈到过去的往事,就会呈现"一触即发"的状况,浮想联翩,这是老年人无意想象的表现。② 再造想象能力日渐衰退。他们再造想象的内容比较丰富,但再造想象的速度较慢,图形想象的能力有所衰退。③ 创造想象能力明显下降。有项研究表明,50岁以后的人创造性的成果占20%,60岁以后老年人的创造成果则不到10%。进入老年期,创造力水平明显降低。④ 幻想中的积极成分增多。由于老年人的经验丰富,他们能掌握客观事物的发展规律,能预见复杂事物发展的结果,因此,他们的幻想比较接近实际,一般说来理想大多能转变为现实。

(王　欣)

阅读 1　性激素水平与认知功能的关系

近些年的研究发现,成年中期后,认知水平的衰退与个体性激素水平的变化有着较为密切的关系。

1. 雄激素水平与认知功能的关系

雄激素水平的下降可能对男性某些认知功能造成损害。Moffat 在 10 年间随访了 407 名 50~91 岁的健康男性,结果发现游离睾酮较高男性的语词记忆(对所阅读或听过的语言材料加以识记、保持和再现的过程)、视觉记忆(对所见过的视觉材料如图片等加以识记、保持和再现的过程)和视觉空间能力(视觉-空间的分析和综合能力,如要求被试找出图片所画东西的缺失部分)成绩较好;睾酮和游离睾酮与语词知识、简易精神状态量表(mini-mental state examination,MMSE)、抑郁症状无关。这说明游离睾酮与中老年男性的某些特定认知功能呈正相关的关系。另外,一些学者的研究均表明,中老年男性较高的生物可利用睾酮水平有益于某些认知功能,睾酮下降与认知功能是选择性相关的关系。睾酮下降导致患者视觉运动变慢,工作记忆的反应时间延长,觉醒测验正确反应率下降,延时再认、字母识别速度的成绩下降,但物体再认的成绩提高。

2. 雌激素水平与认知功能的关系

雌激素对中老年女性的认知功能有着重要的意义。研究表明,雌激素具有神经保护作用,这是其对认知功能保护作用的基础。雌激素的神经保护机制是多途径的,包括通过与其受体结合,促进神经传导,促进神经生长及存活,降低缺血性损害。另外,研究发现,雌激素可促进培养的海马神经元表达上调,说明雌激素有可能通过调控表达而改善学习记忆等认知功能。目前,雌激素对于中老年男性的作用研究结论尚不一致。

资料来源:杨大中,韩布新.中老年男性性激素水平与认知功能关系的研究进展[J].中国男科学杂志,2006(11):53-55.

王艳,任慕兰.绝经后女性认知功能减退者血清性激素与脑源性神经营养因子的变化[J].生殖医学杂志,2010(5):434-436.

阅读 2　生理性记忆力减退和病理性记忆障碍

记忆是指信息在脑内储存和提取的过程,通俗讲就是我们把发生过的事情、学过的知识记到脑内,然后能够通过回忆再想起来。人的记忆力随着年龄的增长有逐步减退的趋势,一般于 50 岁后开始减退,50~60 岁无明显差异,70 岁以后又有更显著减退。一过 50 岁,很多老人就觉得记忆力不行了,以前看一眼、听一次就能记住的东西,现在特别容易忘。但记忆力减退有些是生理性的,有些是病理性的。

1. 什么是生理性记忆力减退？

生理性记忆力减退是一种自然现象，与进入老年有一定关系，是由于老年人的注意资源减少，不能调整记忆策略以及提取异常。其特点是程度较轻，发展到一定程度后一般不再继续发展；健忘者记得有某件事，一时想不起来，事后又能重新想起来，或经提醒、联系后想起来；改善记忆策略和给予线索提示可以明显改善记忆能力；到医院进行正式的记忆力检查结果通常正常；生理性记忆力减退虽然也会给中老年人工作和生活带来不便，但一般说来，对工作、学习和日常生活不至于产生很大影响。

2. 什么是病理性记忆障碍？

病理性记忆力减退是由于脑部病变导致的记忆障碍，其病因包括多方面，如脑外伤、脑炎、营养不良等，都会造成记忆力减退。其中最常见的原因是各种类型的痴呆，如阿尔茨海默病、血管性痴呆等。与生理性记忆减退比较，病理性记忆减退更严重，患者丢三落四、整天找东西，经别人提醒也很难再想起来；有时反复询问同一个问题，诉说同一件事，重复购买一样东西；甚至有时因找不到东西怀疑别人偷自己的东西；记忆障碍持续进展，明显影响患者的生活；到医院进行正式的记忆力检查结果明显差于正常人。患者或伴有其他认知功能障碍，如理解、表达、计算能力减退，严重者可能迷路，此时患者已经发展成痴呆。

如老人有记忆减退，不能简单地归于衰老，要及早辨别是生理性记忆力减退还是病理性记忆障碍，如为后者需要及早治疗。

第四章习题及答案

第五章 言语的发展

第一节 概述
    一、语言与言语
    二、言语的分类
第二节 言语获得理论
    一、环境和学习因素学说
    二、先天性因素学说
    三、环境和个体相互作用学说
第三节 婴儿期言语的发展
    一、婴儿的"前言语行为"
    二、婴儿语言的发生和语法的获得
第四节 幼儿期言语的发展
    一、幼儿语音的发展
    二、幼儿词汇的发展
    三、幼儿语法的掌握
    四、幼儿口语表达能力的发展

第五节 儿童期言语的发展
    一、小学生口头言语的发展
    二、小学生书面言语的发展
    三、小学生内部言语的发展
第六节 青少年期言语的发展
    一、青少年言语认知能力的发展
    二、青少年言语沟通能力的发展
第七节 成年期言语的发展
    一、成年初期和中期言语的发展
    二、成年晚期言语的发展
阅读 1. 面向婴儿的语言
       2. 聋儿的符号和姿势语言
       3. 一种语言还是两种语言

案例 5-1 "狼孩"Kamala

    1920年,在印度加尔各答东北的一个名叫米德纳波尔的小城,人们在狼窝里发现了七八岁的Kamala。她就是曾经轰动一时的"狼孩"。刚被发现时,她只懂得一般6个月婴儿所懂得的事。人们花了很大力气都不能使她很快地适应人类的生活方式,包括学习说话。她4年内只学会了6个词,听懂几句简单的话,7年后才学会了45个词并勉强地说几句话。直到1929年她离开人世时,也未能真正学会讲话。

    Kamala是一个拥有人类大脑的孩子,但是由于早年没有被人类抚育,最终没能学会说话,也没能回归人类社会。对于语言的发展,不同的学者提出了不同的观点。有些学者认为语言是先天形成的,有些则认为语言是由环境和学习的因素造就的,也有学者认为语言形成于个体和环境的相互作用之中。Kamala的案例支持了哪种观点?其他观点又有什么证据支持?人类的语言究竟是如何发展的?本章我们将对这些疑问一一作出解答。

思考题

为什么 Kamala 不能学会说话？
语言的发展是否存在关键期？

第一节 概 述

一、语言与言语

（一）语言的概念

语言（language）是人类社会中客观存在的现象，是社会上约定俗成的一种符号系统，是由词汇（包括形、音、义）按照一定的语法所构成的。语言具有以下特点：
① 语言以其物质化的语音或字形而能被人感知，它的词汇标示着一定的事物，它的语法规则反映着人类思维的逻辑规律，它是人类与动物相区别的重要标志。
② 语言是一种社会历史现象，是音义统一的人类交际工具。通过语言交际，能够把人们联系起来，语言成为人类组成社会、共同进行生产协作的必不可少的条件。作为一种特殊的符号，对于不同的社会、不同的文化，其语言也不尽相同。所以，每逢国际性活动，一些公共设施往往用象征性图形来代替某种语言。这种图形标志用简洁的图形形象地代表了某种含义，因此图形标志在国际事务中被广泛采用，它克服了交际中各国语言不通的障碍。在人类的交往过程中，能起到交流思想、表达情绪的工具不只语言一种，还有表情、手势、体态等，但语言作为人类所特有的交际工具，却有着与其他符号系统存在根本区别的特征，在人际交往中起着重要的作用。

专栏 5-1 世界上有多少种语言？

> 在 1911 年的《大英百科全书》中，记载了大约 1000 种语言。但是，从 1911 年到 20 世纪末这段时间，这个数字却在稳步攀升。数字不断变化不是因为语言的数量在增加，而是统计的方法在变化。早期开创性的工作是由传教组织进行的，因为他们热衷于翻译基督教的《圣经》。到了 1997 年，《圣经》已经被翻译成了 2197 种文字。迄今最权威的统计是由世界语料库完成的。目前，他们记录了 6809 种不同的语言。
>
> （资料来源：彭聃龄. 普通心理学[M]. 5 版. 北京：北京师范大学出版社，2019.）

1. **语言的构成** 语言是一个复杂的符号系统，它的构成以层次结构出现。任何一种语言最基本的层次是音素（音位），往上的结构依次是词素、单词、短语、句子。下层的语言结构依据一定的规则构成上层的语言结构，如音素加上语音规则就能构成一个个不同的词素,而词素依据构词法规则又可构成单词,单词再依据句法规则构成短语。在语言活动中,句子是表达思想的基本单位。因而,对语义的理解和表达的研究是心理学的重要内容(图 5-1)。

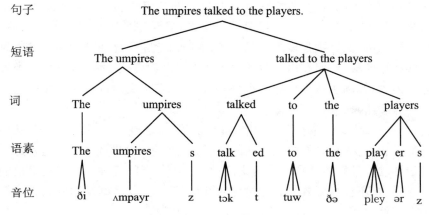

图 5-1　语言结构的层次

(资料来源:Gleitman L. The structural sourses of verb learning[J]. Language Acquisition,1990(1):1-63.)

2. **语言的特征**　语言具有以下两个方面的特征。

(1) 语言的社会性:语言是在社会长期发展过程中形成的,是人类所具有的共同特征,是人类与动物相区别的重要标志。语言具有社会性,每一个社会的语言都有自己的特色。社会成员必须掌握本社会集团的语言,才能与其他成员进行思想交流,语言就在这种交流中发挥着重要作用。

(2) 语言的生产性:语言的生产性包括两方面内容,一方面是指每一种语言都根据有限的语言规则和词汇生成无数句子;另一方面是指掌握语言的个体运用有限的语法规则和词汇生成许多句子来表达自己的思想。

3. **语言的功能**　语言是人类和人类社会形成和发展的重要标志。它的基本功能可分为下列三个方面。

(1) 语言具有保存和传授经验的功能:人类个体的活动是建立在前人实践活动的基础之上的,人类知识能够保存、积累下来,传授给后代,就是因为人掌握了语言这个工具。如果没有这个工具,前人的认识和知识就会随着个体的死亡而消失,每个个体都必须从头开始认识世界。这样,社会就不能发展了。人类知识经验的传授,有些是口头上代代相传而积累下来的,但更主要的是在文字产生以后,通过文字记载下来的。文字记载了几乎整个人类历史的知识经验,语言使个体获得丰富的间接经验成为可能。

(2) 语言具有交流思想的功能:个体掌握语言的根本目的之一就是为了交流,从而使个体之间增进了解、协调活动,为生存和发展提供一个好的社会环境。人类的语言交流与其他物种的交流手段有着本质的区别。通过语言交流,人们能传递极为丰富的、复杂的思想情感。

（3）语言是人类进行思维的武器：人们利用语言不仅能调节自己的行为,而且能指导和纠正别人的行为,从而使其依照自己的愿望活动。人类的思维也主要依据语言来进行,无论是具体思维还是抽象思维,只要在个体掌握了语言之后,都是依靠概念进行的,而词则是概念的承担者,抽象概念完全存在于词中。具体思维中虽有较多的形象成分,但在思维活动中仍然以概念为支柱。借助语言,人类发展了抽象思维能力,提高了认识世界的水平,为自己创造了更为适宜的生存环境。

（二）言语的概念

言语(speech)是个体利用某种语言(如汉语)来表述自己的思想或与其他人进行交际的过程。例如,人们相互之间的交谈、讲演、指示和写作等,都是各种形式不同的言语活动。理解语言和使用言语活动是极为复杂的心理活动。在言语的理解和表达过程中,不仅需要各种心理过程的参与,而且需要高度发达的语言中枢的控制与协调才能完成。

专栏 5-2　语言的中枢机制

语言活动具有异常复杂的脑机制,它和大脑不同部位的功能具有密切的联系。其中起主要作用的有左半球(对多数人来说)额叶的布洛卡区(Broca's area)、颞上回的威尔尼克区(Wernicke's area)和顶-枕叶的角回(angular gyrus)等。研究这些脑区病变或损毁造成的语言功能异常,在一定程度上可以说明语言的大脑机制(图 5-2)。

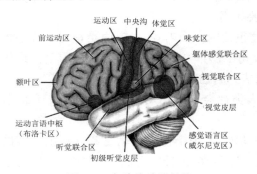

图 5-2　大脑的功能结构

1. 布洛卡区病变引起的失语症通常称为运动性失语症(motor aphasia)或表达性失语症(expressive aphasia)。患有这种失语症的病人,阅读、理解和书写不受影响。他知道自己想说什么,但发音困难,说话缓慢而费力。由于病人的发音机制完整无损,功能正常,因此,语言运动功能的障碍是由布洛卡区的损伤引起的。有人认为,布洛卡区能产生详细而协调的发音程序,这种程序被送到相邻的运动皮层的颜面区,从而激活嘴、咽、舌、唇和其他与语言动作有关的肌肉。若布洛卡区受到损伤,就会导致发音程序的破坏,进而产生语言发音的障碍。布洛卡区受损伤会表现为说话不流利、电报式语言、词语反复现象、自发性主动语言的障碍。

2. 威尔尼克区病变会引起接受性失语症,这是一种语言失认症(agnosia)。

切断或损伤将威尔尼克区与布洛卡区联系起来的神经纤维束-弓形束,也将产生同样的效果。威尔尼克区的主要作用是分辨语音,形成语义,因而和语言的接受有密切的关系。若威尔尼克区受损伤,病人说话时,语音与语法均正常,但不能分辨语音和理解语义。接受性失语症的一种较轻的形式叫词盲。这种病人可以听到声音,但不能分辨构成语言的复杂声音模式,正如一位病人所说的:"有声音,但不是单词。我可以听到声音来了,但不能把单词分离出来。"接受性失语症的另一种表现,是对词作出错误的估计。这些病人能重复对他说过的单词,说明他们能知觉到声音机制的模式,但这些声音模式失去了原有的符号价值。患有接受性失语症的病人谈吐自由、语速很快,但他们的话语没有意义,几乎不能提供任何信息。

3. 角回能实现口语和书面语言的转换。角回在威尔尼克区上方、顶枕叶交界处,这是大脑后部一个重要的联合区。角回与单词的视觉记忆有密切的关系,在这里可以实现视觉与听觉的跨通道联合。切除角回将使单词的视觉意象与听觉意象失去联系,并引起阅读障碍。这种病人能说话,能理解口语,但不能理解书面语言。切除角回还将引起听-视失语症。这种病人由于在看到的物体和听到物名的声音之间失去了联系,因而不能理解词语的意义。例如,对病人说梳子,他却拿起一串钥匙。

言语活动有如下不同于其他心理过程的特征:

1. 目的性　言语活动是受大脑中枢控制的,它总是围绕着一定的目的展开。个体使用语言与其他人交流,无非是为了表达自己的愿望和要求。没有目的的言语活动不仅对自己来说毫无意义,也可能引起其他人的不满。

2. 规则性　言语活动是受一定规则制约的。个体的言语活动只有按一定的规则进行才能被人理解,从而达到言语活动的目的。不同的语言系统有不同的规则,这些规则随着社会生产的发展也可能出现变化,但在同一时期,社会成员进行言语活动时必须遵守相同的规则。

3. 开放性　开放性是语言这种特殊的交际工具赋予言语活动的特征。由于语言具有生产性的特点,人们利用语言进行的言语活动中就有可能在掌握有限的词汇和语言规则的情况下,根据不同的语言情景生产出千差万别的句子。

4. 离散性　在言语活动过程中,我们用一连串的句子来表达我们的思想,似乎这些声音是一个连续体。其实,仔细分辨后会发现,它们是由一系列离散的单元构成的,单元之间总有一定的间隔。

5. 个体性与社会性的统一　言语活动是个体使用语言的过程,具有个体性。同时,言语活动又具有社会性,它不能离开社会和群体。言语活动是为了交流才进行的,没有社会,言语活动就没有存在的必要。所以说,言语活动是个体性与社会性的统一。

(三) 语言与言语的区别与联系

言语是与语言不同而又有着紧密联系的概念。它们的区别主要表现在以下两个方面：

1. **语言是一种社会现象，言语是个人的心理现象** 语言是社会现象，它随着人类社会的产生而产生，随着人类社会的发展而发展。因此，语言是人类社会历史发展的产物。而言语是心理现象，是人运用语言材料（词）和语言规则（语法）进行思维和交际的心理过程。因此，言语是人脑的功能。个体一旦死亡就失去了言语活动，但是，他生前进行言语活动时使用的那种语言，是不会因此而受什么影响的。

2. **语言是交际工具，言语是交际过程** 一方面，语言对社会成员来说是共同的东西，同一民族的不同成员可以使用同一种语言作为工具，进行不同方式的言语活动，交流不同的思想。另一方面，掌握几种语言的人，可以使用不同的语言工具，进行言语交际，即进行同一的交流活动。这就是说，同一种语言可以服务于不同的人进行言语活动，而同一个人又可以利用不同的语言进行言语活动。

然而，语言和言语又是密不可分的。一方面，语言的形成和发展是在人类演化的过程中逐渐实现和完善的，因此它不能脱离人的具体的言语交流活动。只有通过人的言语活动，才能发挥它的交际工具的作用。另一方面，言语活动又受个人对语言掌握的制约。言语活动是依靠语言材料和语言规则来进行的，个人的言语能力受到其对语言掌握程度的制约。因此，言语活动也离不开语言。

语言和言语不可截然分开，因此，在语言学和心理学之间产生了联系和交叉的现象，形成了心理语言学（psycholinguistics）这门新的交叉学科。

专栏 5-3 心理语言学

心理语言学（psycholinguistics）是研究语言活动中的心理过程的学科，它探讨人类个体如何掌握和运用语言系统，如何在实际交往中使语言系统发挥作用，以及为了掌握和运用这个系统应具有什么知识和能力。它从心理过程和心理机制的角度来研究人类的语言活动特点。

目前，心理语言学有两个主要的研究方向：行为主义的研究方向和认知心理学的研究方向。行为主义心理学家认为言语行为和人的一切其他行为一样，也是对刺激的反应，是联想的形成、实现和改变，是借强化而获得的。这样，心理语言学的理论基本上是行为主义学习理论在言语活动中的具体表现。

在 Chomsky 的转换生成语法产生和盛行之后，心理学界对行为主义的语言学习理论的抨击增多，认为行为主义不能解释言语活动中的许多现象。以 Miller 为代表的心理学家把转换生成语法运用到心理语言的研究中，认为人们掌握的不是语言的个别成分，如音素、词和句子，而是一套规则系统，因此，言语活动不是对刺激的反应，而是由规则产生和控制的行为，它具有创造性。他们还认为心理语言学研究的重点不是人类各种语言的不同结构，而是存在于各种语言底层的普遍规则,研究这些普遍规则如何转化为某一种特殊的语言。心理语言学的研究在美国开展得比较广泛。苏联、英国、法国、德国、荷兰等欧洲国家也都有心理学家从事这方面的工作,其特点是力图把心理语言学的研究与该国的心理学传统结合起来。在中国,心理语言学的研究工作主要是在儿童的语言获得方面。

心理语言学的研究对学习理论、思维理论、儿童心理发展理论的研究都会起很大的作用。它对工程心理、语言教学、言语缺陷的诊断和治疗、电子计算机的语言识别等人工智能的研究也都有应用价值。

二、言语的分类

言语通常分为外部言语和内部言语两类。根据人类语言表达方式的不同,外部言语可分为口头言语和书面言语两类。

(一) 口头言语

口头言语是人类言语活动的基本形式,也称有声言语或出声言语,是指个体凭借自己的发音器官发出某种语言声音,来表达自己的思想情感的言语活动。

从个体的发展角度来看,儿童首先发展的是口头言语,随着年龄的增长,书面言语才得到发展。书面言语的发展以后也对口头言语的发展和完善起到促进作用,两者有一种相互影响的关系。口头言语按言语活动中是否有支持者,又可分为对话言语和独白言语。

1. 对话言语　是指两个或两个以上的个体直接进行交际时的言语活动,如聊天、论辩、座谈、质疑等。对话言语是被对话者积极支持的言语活动,每一个参与者都以对方的质疑、陈述和回答为刺激。对话言语以谈话双方互为听众、互为发言者,这就要求谈话双方必须根据其特点有效地掌握这种言语过程。一般来说,对话言语具有以下特征:

(1) 情景性。对话言语都是在一定的对话环境中发生的,总是与一定的环境相联系。环境可以赋予同一句话不同的含义。如"做得不错"这句话,一般来说都是表扬某人的,但假如是在某人做错事以后说这句话,它的含义就是"做得很糟糕",具有了讽刺、挖苦的意味。

(2) 简单化。对话言语由于有一定的环境和对话者作为支持,对话者往往只采用最简单的语言来表达自己的意思。这时候的语言,即使从语法和逻辑关系来看是不完善和不严谨的,听话者也能明白。

(3) 直接性。对话言语是一种面对面的交谈,参与者都能直接接收,也能及时发出自己的信息,以便会谈能够顺利进行下去。

(4) 反应性。对话言语是在某种情境下进行的,交谈者都以对方的言语活动为支撑,是对对方言语的一种反应。

2. 独白言语　是个体在没有言语支持者的情景下独自进行的言语活动,它表现为讲演、报告、讲课等形式。独白言语是一种较高水平的言语活动,它一般是一种叙述思想情感的、长而连贯的言语形式。

（二）书面言语

书面言语的出现比口头言语要晚得多,它是随着文字的出现而出现的。书面言语是指个体凭借语言的文字来表达自己思想的言语活动,也就是写作过程。从个体发展上看,书面言语一般是在儿童形成了口头语言的基础上,经过专门教学而掌握的。书面言语具有独白言语的一切特性,同时又有一些不同之处。

1. 书面言语有着较大的随意性　相对口头言语,书面言语则提供了最大限度的随意性。在书面言语活动中,一系列的词或句子就呈现在我们面前,解除了从记忆中提取信息的局限。作为阅读者,对不懂的地方可以反复阅读理解,直到弄懂为止。这就为人的言语活动提供了表达和理解的随意活动,有利于我们把思想剖析得更清晰或理解得更透彻。

2. 书面言语具有最大的开展性　在三种外部言语活动中,对话言语最简约,独白言语有较大开展性,而书面言语具有最大的开展性。在书面言语的活动中,言语的表达者往往远离自己的交际对象,这就要求他用准确的词语、正确的语法和严密的逻辑来陈述自己的思想。在陈述中,要求他尽可能细致地描述,以完整、准确地表达自己的意思或感情。

3. 书面言语有着较强的计划性　和独白言语一样,书面言语活动中,表达者必须对所表达的思想及如何表达周密地安排一番。为了能准确地表达自己的思想,言语表达者往往以提纲或腹稿的形式计划自己的言语活动内容。

（三）内部言语

1. 内部言语的一般概念　内部言语是一种自问自答或不出声的言语活动。人类在交际时,不只是自己发音,同时也要听别人讲话。在听别人讲话时,总是要伴随着复述所听到的言语,开始时是出声的复述,然后是无声的复述。这可能是内部言语的萌芽。这在个体言语的发生过程中比较明显。个体在产生内部言语的过程中,会出现一种说出声的自言自语的过渡形态。它既有外部言语的交际功能的特点,又有内部言语的自我调节的功能特点。这种自我调节的功能,随着个体年龄的增长逐渐变为由内部言语来实现。从个体发展来看,内部言语是在外部言语的基础上产生的。个体总是先发展自己的外部言语,逐渐学会与人交际,然后随着言语功能的成熟才由外部言语内化为内部言语。

2. 内部言语的特点

（1）虽然无法发出可以听到的声音,但内部言语却可以向大脑皮质发送动觉刺激,维持着人的思想活动的进行。

在一项实验中,实验者先把电极装在被试者的下唇或舌尖上,然后给他布置两项任务:一是出声地数数或计算简单的算术题,二是默默地数数或计算简单的算术题。结果发现,在两项任务中电极记录到的动作电流的节律是相同的。这说明在内部言语活动中,发音器官进行着同样的活动,只是没有表现出语音的形式罢了。进一步的研究发现,这些动觉刺激的强度随着思维活动的复杂性而有很大的变化。在较长时间的积极思维过程中,动觉刺激加强;而在重复的思维过程中,动觉刺激减弱。对于正常人来说,微弱的动觉刺激就能维持其思想的进行,而对于脑损伤患者来说则需要较强的刺激,有时甚至出声的言语活动才能使他的思维活动正常进行。

当然,我们不能把内部言语和思维活动等同。因为有一些实验也证明了没有言语活动的动觉刺激思维仍照常进行。20 世纪 40 年代,Smith 以自己为实验对象,用药物麻痹所有的骨骼肌,使言语器官失去活动,仅用人工呼吸维持生命,让头脑保持清醒。结果发现,被试虽不能说话,但仍能思维,且能把思维的结果保存下来。

(2) 内部言语具有片断性和简约性。内部言语不以交际为目的,也不存在是否为别人理解的问题,故十分简略。不遵循语法规则,常只使用片断的语句,省略了句子的大量成分,往往只剩下一个谓语,更不讲究遣词造句的精当。因此,内部言语往往只需一个片段或一两个词就能代表在外部言语中的整个句子,保证了思维活动的迅速与灵活。同时,内部言语不同于内部说话,内部说话有比较开展的结构。比如,一个人心中自言自语,或者演员在心中默诵台词,都是内部说话,不是内部言语。内部说话有时可以成为内部言语和外部言语之间的过渡形态。

> 内部言语、外部言语和书面言语之间有什么联系和区别?

第二节　言语获得理论

人类自出生不久即开始有语言反映的现象,探究人类的语言行为无疑是心理学上一道巨大的难题。语言是否为人类所独有? 个体为什么能在出生后短短几年内不经正式训练便基本具有听、说母语的能力? 个体获得语言的内在机制是什么? 这些已成为发展心理学家和心理语言学家热烈讨论的问题,由于学者们对这些问题所作的解释不同,形成了各种关于语言获得的观点和理论。

一、环境和学习因素学说

(一) 模仿说

这种观点是由 Gordon W. Allport 于 1924 年首先提出的,在 20 世纪 20 年代到 50 年代之间一直流行。他认为儿童学习语言是对成人语言的临摹,儿童的语言只是成人语言的简单翻版。但早期的语言模仿研究往往将结果和过程混淆起来,他们看到成长着的儿童的语言与成人的语言越来越相似,就把这种结果归因于模仿。后来社会学习理论也继承了这一观点，如 Bandura 认为，儿童主要是通过对各种社会语言范型的观察学习而获得言语能力的，其中大都是在没有强化的条件下进行的。这种理论忽略了个体在语言获得过程中的主动性和创造性。许多事实证明，如果要求儿童模仿的某种语法结构和儿童已有的语法水平距离较大时，儿童则不能模仿，他总是用自己已有的句法形式去改变示范句的句型，或顽固地坚持自己原有的句型。

同时，儿童经常在没有模仿范型的情况下产生和理解许多新句子，具有创造性。而且按语言能力的发展顺序，句子的理解总是先于句子的产生，即儿童在能说出某类句子之前，已能理解该句子，也就是说，理解是产生的基础。还有一些儿童因特殊原因从小就不能说话，却能正常地理解别人的语言。这些事实都无法用传统的模仿来说明。当然在个体言语的发展过程中，确实有模仿的成分。

近年来，不少研究者虽不赞成传统的机械临摹说，但并非根本否定模仿在语言获得过程中的作用，而是认为主要在于对语言模仿的性质应有正确的理解。1975年，Grover J. Whitehurst 对传统的模仿概念加以改造，提出了"选择性模仿"的新概念。选择性模仿说认为，儿童学习语言并非是对成人语言的机械模仿，而是有选择性的模仿。儿童能够把范句的句法结构应用于新的情境以表达新的内容，或将模仿到的结构重新组合成新的结构。和传统的模仿说相比，选择性模仿具有两个特点：① 示范者的行为和模仿者的反应之间具有功能关系，即两者不仅在形式上，更重要的还在功能上相似。因此模仿者对示范者的行为不必是一对一的临摹。② 选择性模仿不是在强化和训练的情况下发生的，而是在正常的自然情境中发生的语言获得模式。模仿者行为和示范行为的关系，在时间上既不是即时的，在形式上又非一对一的。这样得到的语言既有新颖性，又有学习和模仿的基础。选择性模仿说给"模仿"一词增加了新的内容，它所提出的语言获得模式是比较符合实际情况下获得过程的模式，但也不是唯一的模式。

(二) 强化说

强化说是以 Pavlov 的经典条件反射说和 Skinner 的操作性条件反射学说为基础的，这种以行为主义为基础的理论认为语言的发展是一系列刺激反应的连锁和结合，个体言语的获得主要依靠后天的学习。行为主义不承认人的内部意识，只承认人的行为，而这些行为是根据"刺激-反应"公式产生的。Pavlov 学派认为，个体言语活动的发生可以划分为四个阶段：① 直接刺激物-直接反应阶段（0～7、8 个月）；② 词的刺激物-直接反应阶段（7～10、11 个月）；③ 直接刺激物-词的反应阶段（1 岁以后）；④ 词的刺激物-词的反应阶段（约 1.5 岁）。学习强化说把人的言语活动看成一种行为，原则上和老鼠按压杠杆一样，也是由外部强化获得的，只不过比较复杂而已。当婴儿作不规则的咿呀学语时，他的双亲强化着其中某些接近于正确语音的声音，不被强化的声音则逐渐消失。儿童的语词行为常常是在儿童想要得到某物的时候产生的。当他发出祈求式言语而又得到了所要之物时，这种言语便得到强化。如果他使用"请"字(如"请给我几块饼干")比较容易达到目的(得到强化),那么儿童以后就经常在祈求的话语中包含这个"请"字。儿童学习句子也通过同样的途径。由于母亲发出词的声音常与对他的哺乳或爱抚相联系,儿童发出类似的声音就使自己得到愉快的回忆。由于声音曾和作为主要强化条件的哺乳结合起来,这些词的声音也就获得一种次要的强化性质,即声音本身具有了强化作用。儿童最初发出的词并没有意义,以后当词和实物相联系,才进而领会词的意义。如儿童说出"娃娃"一词,母亲就给他娃娃,那么词和实物之间就发生了联系。

> 语言的模仿和强化理论对我们学习语言有何启示?
> 以语言的模仿和强化理论为指导,我们该如何帮助儿童发展他们的语言?

强化学习理论对语言学界和心理学界都发生过很大的影响。但该理论在某些方面仍有很大的缺陷,在西方社会受到不少学者的责难。这些学者认为强化学说不能解释个体获得言语过程中的许多事实。首先,言语的掌握是一个渐进的、积累的过程,儿童约在 1.5 岁时开始咿呀学语,到 3.5 岁左右就大体掌握了母语的基本语法结构,会自由地说出形形色色的句子。学会这些基本的语言知识,一个有知识的成年人要几年工夫才能做到,而一个幼小的、连自身基本需要都无法料理的儿童,竟能在短短 24 个月中完成,这是难以单用强化学说来说明的。其次,大多数学者都承认儿童学习言语有一个"关键期",即在 2～4、5 岁期间。在 12 岁以前学习言语尚比较容易,而超过这个年龄,情形就大不相同。为什么在"关键期"之后,学习和强化的效果就有大幅度地降低呢?第三,有人经过专门观察发现,母亲在和儿童的早期言语交往中,并不常对儿童言语的语法错误作出反应,而是对儿童言语的内容作出反应。也就是说,强化并不能促使儿童了解句子为什么正确,为什么不正确,但儿童言语的掌握却照例发展得十分顺利。所有这些现象,都促使一些学者去寻找言语掌握途径的新解释。强化学说虽有它的合理性,却忽视了个体在语言获得过程中的积极主动性。

二、先天性因素学说

(一) 先天语言能力说

先天语言能力说又称转换-生成学说,是由语言学家 Noam Chomsky 于 20 世纪 50 年代提出的一种语言学理论。这种理论认为,尽管语言的环境存在很大的差异,词义和语法也很复杂,但儿童天生具有一种加工言语符号的装置,叫作"语言获得装置"(language acquisition device,简称 LAD)。

他认为,每个句子都有两个层次结构,即表层结构(surface structure)和深层结构(deep structure)。表层结构是我们能直接知道的句子的外部结构,同一句话在不同的语言系统中具有不同的表层结构。深层结构则是理解句子意义的结构,同一句话在不同的语言系统中具有相同的深层结构。在言语活动中,个体必须利用 LAD 在表层结构和深层结构之间进行转换,才能获得言语的表达和理解。Chomsky 说:"语言获得装置以讲话的形式从其他人那里接受最初的语言资料,然后通过复杂且几乎还未探明的智力工具,由 LAD 构成了输入语言的语法。语法肯定不是在输入时给予的,也不能容易地通过任何想象的办法从输出中产生。显然,儿童单独地具有充分的天赋去解决这种智力任务。"正因为有这个 LAD 的存在,才能说明为什么儿童虽只听到少量的句子,却能创造出大量未曾听到过的句子,并且能够理解一些从未听到过的新句子。对于人的 LAD 究竟是什么,以及它们是怎样工作的,Chomsky 本人并没有作出明确的说明。但他断定这种装置一定是存在的,只是目前的神经生理学水平尚不能把它揭示出来。他把这种装置归结为儿童智力组织的某种"内在特性",并且认定,儿童不是主要由于学习和经验才具有这些特性的,它有赖于一种"先天的观念和原则"。他明白地说:"这些语言的普遍特性,似乎可以被假设为内在的智力才能,而不是学习的结果。"

转换-生成学说关于个体言语获得的观点带有很大的假设性,并且缺乏充分的论证。但它强调儿童言语获得过程中个体神经系统特性的意义是积极的,因为脱离儿童神经系统内在的结构功能特点,就无法全面地揭示言语获得过程的奥秘。不过,转换-生成学说把人的言语能力归结为先天预成的东西,忽视后天社会生活条件对言语获得的决定性影响,反映了唯心主义的倾向。语言是一种社会现象,个体对语言的掌握是人在社会生活中的反映活动的结果。虽然这一掌握过程需要人脑这个特殊的器官来实现,但随着科学的发展,人类将会透彻地揭示出人脑形成言语的独特机制,但这种机制的形成极有可能是个体同后天的生活环境相互作用的产物。

先天语言能力说于 20 世纪 60 年代诞生后,在学术界引起了强烈的反响,学者对此展开了热烈的争论。其最大的贡献是掀起了研究儿童语言获得的热潮,从根本上改变了儿童被动模仿的看法,注意了儿童本身的特点,强调了语言获得是一个主动创造的过程。但其所谓的 LAD 只是一种推测,我们不能找到它的生理基础,也无法明了它的工作机制。此外,Chomsky 过分夸大 LAD 的作用,强调语言获得的天赋性,低估了环境和教育的作用,忽视了语言的社会性,尤其忽视了儿童在后天实践性动作中形成的数理逻辑经验对个体言语发展的推动作用。

(二) 自然成熟说

自然成熟说由 Eric H. Lenneberg 提出,与先天决定论不同的是,它是以生物学和神经生理学为理论基础的。其主要观点如下:

1. 生物的遗传素质是人类获得语言的决定因素 人脑具有其他动物所没有的专门管理语言的区域,故语言为人类所独有。语言是人脑功能成熟的产物,当大脑功能的成熟达到一种语言准备状态时,只要受到适当外在条件的激活,就能使潜在的语言结构状态转变成现实的语言结构,语言能力就能显露。

2. 语言以大脑的基本认识功能为基础 人类大脑的基本功能是对相似的事

物进行分类和抽取。语言的理解和产生在各种水平上都能归结为分类和抽取。

3. 语言是大脑功能成熟的产物　语言的获得必然有关键期,约从 2 岁开始到青春期前(11、12 岁)为止。过了关键期,即使给予训练,也难以获得语言。同样,大脑的单侧化也是在关键期内出现的。

Lenneberg 的自然成熟说和 Chomsky 的先天能力说有许多相似之处——都否定环境和语言交往在语言发展中的重要作用。他的潜在语言结构和现实语言结构与 Chomsky 的普遍语法和个别语法亦颇相似,这种理论也无法解释本身听力正常而父母是聋哑的儿童为什么不能学会正常人的口语而只能使用聋哑人的手势语的现象。

三、环境和个体相互作用学说

(一) 认知学说

该理论认为,言语的发展以认知发展为基础和前提。言语之所以以一种特定的规则、方式出场,是因为儿童通过言语来表达他们对世界的认识和理解。在主客体相互作用的过程中,由于动作的发展和协调,才产生了逻辑,由此导致语言的产生。Piaget 是该理论的代表人物。他认为,"语言依赖于思维""某种字词与短语出现于言语中,必须是在儿童掌握了相应的认知规则之后"。认知结构是语言发展的基础,语言结构随着认知结构的发展而发展。对此,Piaget 等人从以下几方面进行了论证:① 从个体的发展来看,语言出现于 1.5 岁左右,而研究表明在此之前就有了感知运动智慧,这是一种建立在感知觉之上的"动作化思维",并不需要语言的帮助。② 仅仅通过语言的训练掌握一定的表达方法,并不能保证逻辑运算结构的获得与发展,是智力促进了语言,而非语言促进了智力。一项关于 3 岁儿童的言语与认知能力发展的研究结果支持了 Piaget 的观点。该研究表明,儿童只有在他们达到能寻找藏匿起来的东西的水平时,才能谈论目前不在眼前的东西。言语学习的认知加工说对儿童言语的发展有十分重大的意义,因为儿童的言语反映了儿童对周围环境的理解和认识。

认知学说从主客体之间的相互作用来说明儿童认知能力和语言能力的发展,有其合理的方面,但也没能完全清楚地解释言语发生、发展的复杂过程。

(二) 社会相互作用学说

该理论产生于 20 世纪 70 年代后,认为儿童和成人的语言交流是个体语言获得的决定性因素。在语言获得的过程中,儿童和他的语言环境是一个动态系统,是一个统一的整体。儿童在这个整体系统中不是一个被动的接受者,而是一个主动的参加者。同时强调语言环境对儿童的语言输入的作用。研究者发现,一名听力正常而父母聋哑的儿童,父母希望他学会正常人的语言,但由于身体不好,不能让他外出,就只能让他整天在家里通过看电视学习正常人的语言。由于只能单向的听,没有语言交流实践,缺乏应有的信息反馈,这名儿童最终没有学会口语,而只能使用从父母那里学来的手势语。至于我们在本章开头提到的狼孩 Kamala,更是众所周知的绝对剥夺人类社会交往的结果。研究发现,母亲和其他成人使用特殊的语言形式向不同年龄的儿童提供适合儿童水平的语言材料,能促使儿童语言的发展。但另一方面,儿童的反馈又决定成人对儿童说话的复杂程度,成人的言语部分取决于儿童本身。

我们认为,语言的获得的确是在先天的基础上,通过后天的锻炼即个体与环境的相互作用,尤其是在与人们的语言交流中发展起来的。该理论对个体言语获得的解释较为辩证,具有很大的合理性,但也存在不少疑问,如语言输入在儿童语言获得中究竟起多少作用、起什么作用等。一些学者认为社会相互作用论还不能说明儿童是如何在交往中、在语言输入的基础上形成和发展语言能力的。

综上所述,关于儿童言语获得的各派理论均有一定的合理性,但也都存在着不同程度的缺陷。在研究过程中,我们要本着辩证唯物的观点,客观、全面地解释其过程及运行机制。但从目前的研究水平看,所有的理论还不能把个体语言获得过程及其机制阐述到完善的地步,形成结论性的意见还为时过早。

专栏 5-4　Genie 的故事——语言发展研究个案

作为最严重的儿童虐待案之一的主角,小女孩 Genie(图 5-3)的故事在 20 世纪轰动一时,震惊了美国整个社会。这个故事的主人公 Genie 也成了众多学科研究的对象,特别是得到了心理学和语言学等学科的关注。

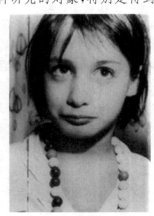

图 5-3　Genie(1957～)

1970 年,人们在加利福尼亚州发现了一个女孩。这个年仅 13 岁的女孩自襁褓以来就一直被关在一个昏暗的小房间里,家人在父亲的威胁下从不对她说话,除了喂食也不能接近她。每当她试图发出声音的时候,父亲就会对她咆哮,并用大木棒狠狠打她。在 Genie 刚被发现时,她不能站立,也不会说话,只会呜咽。

Genie 在获得自由后头七个月里学会了许多词。1971 年 7 月,研究者之一的 Crutiss 在开始系统调查她的语言和知识时发现,她能认出约一百个单词,并开始学会说话。一次,Crutiss 带她去访问一个治疗学家,Genie 渴望地探究着每一个房间,然后拿起一个绣花枕头。当问她"这是什么?"她迅速回答道:"枕头。"问她:"你想看猫吗?"她回答说"不、不、猫",同时剧烈地摇头。但多数时间她都不说话。

像刚会走路、学说话的婴儿一样,Genie 开始只能说一个词表达意思。后来到了 1971 年 7 月,她不仅能够模仿别人的话,而且开始能够自己将两个单词连接起来。她说"大牙""小弹球""两只手",之后又会说一些动词,如"Crutiss 来""要牛奶"。到了同年 10 月,她进步到偶然能串联三个词,如"两个小茶杯 (small two cup)""洁白的盒子(white clear box)"。尽管研究者尽了最大的努力去训练她,但她仍不能像正常儿童那样发展。她从来不提任何问题,也不懂任何语法。她的语言发展异常地慢。一般在儿童达到串联两个字的水平后的几个星期,他们的语言通常发展得如此迅速并呈爆发态势,以致无法记录和描写。但是这种爆发式的发展在 Genie 身上没有出现。四年后,她才开始组词。她讲的话大部分像摘要的电报。

尽管 Genie 的语言没有得到正常发展,但在她被发现之后还是获得了一些语言。这一现象反驳了哈佛大学语言学家 Lenneberg 提出的理论。这一理论认为语言只能在两岁到青春期之间这段关键期学会。儿童的大脑在两岁前还没有发育成熟到足以接受语言;但到青春期后,大脑的构成已完全完成,失去可塑性,不能再获得第一语言。Genie 证明他在这点上错了。Florkin 说:"这个儿童在关键期后,学会了一定数量的语言。"虽然对 Genie 早期历史的细节不清楚,而且她母亲的描述又自相矛盾,但是 Genie 不是先天不足,看起来是一个正常的孩子。在被与外界完全隔离之前,即出生的头一年里,她也许已经咿呀学语了。她的母亲说,在刚被锁起来时,她还听到 Genie 说过一些词。

第三节 婴儿期言语的发展

言语是婴儿心理发展过程中最重要的内容之一。这不仅因为言语是人类心理交流的重要工具和手段,而且因为言语在婴儿的认知和社会性发生发展过程中起着重要作用,对其以后的心理发展有着深远而重大的影响。

一、婴儿的"前言语行为"

在婴儿掌握语言之前,有一个较长的言语发生的准备阶段,称为"前言语阶段"(prespeech stage)。在这一阶段,婴儿的言语知觉能力、发音能力和对语言的理解能力逐步发生发展起来,出现了咿呀学语(6~10 个月)和非语言性的声音与姿态交流等现象。这些发生在前言语阶段的、与言语发生有密切关系的行为统称为婴儿的"前言语现象"或"前言语行为"。

一般我们把从婴儿出生到第一个有真正意义上的词产生之前的这一时期划为前言语阶段。研究表明,婴儿的第一个词语大约产生于 10~14 个月。由于个体之间的差异较大,心理学家们一般取中间值,即 12 个月作为前言语阶段的下限。在这一阶段(0~12 个月),婴儿语言的发生发展主要表现为如下几个方面:

1. 言语知觉能力的发生和发展 言语知觉(speech perception)主要是指对口

头言语的语音知觉。婴儿言语知觉能力的发展由低到高可以划分为三个阶段：① 听觉阶段。这是言语知觉最初发生的时期，婴儿只能对一个个语音进行初步的听觉分析，把输入的言语信号分析为各种声学特征，并储存于听觉记忆中。② 语言阶段。这时婴儿能把前一阶段所掌握的一些声学特征结合起来，从而辨认出语音并确定各个音的次序。③ 音位阶段。这时婴儿能把听到的各个音转换为音素，并认识到这些音是某一种语言的有意义的语音。

自1972年以来，对婴儿言语知觉的大量研究表明，婴儿在最初的几周内就已经听完了人类语言所拥有的绝大部分的语音差别。婴儿在出生后一周内就已能区分出人的语音和其他声音，而且这种区分还是类别性的。有研究表明，3～4个月时，婴儿能对辅音进行范畴性知觉，区别出清浊辅音的不同。12个月时，婴儿区分、辨别各种语音的能力已基本成熟，能够辨别出母语中的各种音素，并认识到它所代表的意义。根据大量研究成果，我国学者庞丽娟、李晖将人类早期言语知觉能力的发展划分为五个阶段：

第一阶段：妊娠中、后期5～8个月。这时期胎儿已有了初步的听觉反应，有了原始的听觉记忆能力，能大致区分出乐音、噪声和语音，并表现出对语言的辨别和记忆能力。

第二阶段：新生儿期（0～1个月）。婴儿刚出生就能对声音进行空间定位，能根据声音的频率、强度、持续时间和速度来辨别各种声音的细微差别，表现出对语音，特别是母亲语音的明显偏爱，并能在出生后一周内经学习记住自己的"名字"，且大多只对母亲的唤名行为作出反应。

第三阶段：2～3、4个月。2个月左右的婴儿开始理解言语活动中的某些交往信息，如他们听到愤怒的讲话声时往往会躲开，对友善的语声则往往报之以微笑，咿咿呀呀"说"个不停。到了3～4个月时，婴儿就能和成人进行"互相模仿"式的"发音游戏"，能够鉴别、区分并模仿成人所发出的语音，并能够辨别清、浊辅音，获得语言范畴性知觉能力。

第四阶段：5～8、9个月。5～6个月时，婴儿便已学会了辨别几种不同的言语方面的信息。他们已能鉴别言语的节奏和语调特征，并开始根据其周围的言语环境改造、修正自己的语音体系，那些母语中没有的语音在这一阶段逐渐被"丢失"。

第五阶段：9～12个月。这时的婴儿进入了言语知觉的第三水平，即音位水平阶段。他们已能辨别出其母语中的各种音素，能把听到的各个语音转换为音素，并认识到这些语音所代表的意义，已能听懂成人的一些话，并作出相应的反应。这使得他们能够经常、系统地模仿和学习新的语音，为语言的发生作好准备。

专栏 5-5　新生儿母语偏好实验

> 加拿大英属哥伦比亚大学 Janet Werker 实验室将出生 12 小时的新生儿作为研究对象，试图了解婴儿对母语的偏好。实验者将奶嘴放进新生儿的嘴里，再将奶嘴连接到电脑上，以记录婴儿吸奶嘴的频率和强度，研究者想知道婴儿在出生数小时后是否会表现出对母语的偏爱胜过其他语言。
>
> 研究者将一位以英语为母语的新生儿作为研究对象，向她播放英语和菲律宾语，播放的录音中实际的字已被去掉，因此她只能以节奏分辨这两种语言。当播放她从未听过的菲律宾语的时候，她的反应十分微弱。当她听到英语（即她父母所说的语言）时，她的反应完全不同，她吸奶嘴的强度和频率陡升。当再次播放菲律宾语时，她的反应减弱。这个实验表明，胎儿在子宫中就在学习语言，且出生后的婴儿表现出了对母语的偏爱。

2. 婴儿语音的前言语发展　语音发展是语言发展的前提。婴儿的语音发展大致可分为两个阶段，即前言语阶段和言语阶段。对于前言语阶段语音的发展，不同的研究者又将其划分为不同的阶段。如我国吴天敏和许政援根据自己的观察记录，将婴儿语言前期的发展分为三个阶段；Kaplan 则将前言语阶段的语言发展划分为四个阶段；还有研究者将其分为七个阶段。尽管划分方式不同，但由于人类婴儿发音器官的生理发展是相同的，所以全世界婴儿语音发展具有相同的普遍规律，即都存在单音节（0~4 个月）、多音节（4~10 个月）和学话萌芽（11~13 个月）三个阶段。发音过程是从新生儿的第一次哭声开始的，这种最初的哭声只是婴儿独立呼吸和发声的开始，零乱而不具实际信号意义。由于此时舌、唇不发达，又无牙齿，所以齿音、卷舌音都没有出现。4~6 个月婴儿已能将辅音和元音相结合，连续发出类似"妈妈""爸爸"等单音节语声，而且发音频率的多样性也急骤增加，重音、音高、音调和韵律也有更多变化，发音系统完全形成，这时婴儿已能够正确地模仿成人的语音。这种模仿不仅在音色上极为相近，而且在声调上也极为相似，同时这种模仿还能被保持相当长的一段时间，并能被适当迁移和正确运用。

3. 婴儿前言语交流能力的发展　前言语阶段的婴儿有无交流能力呢？答案是肯定的。大量研究表明，在他们能够用语言进行交流之前的这一段时间里，一些特定的声音和姿态成了他们用来进行信息交流的重要手段。这些声音和姿态同样具有语言的三大基本特征，即目的性、约定性和指代性。即便在言语产生以后的漫长时间里，它们仍然在某些特定的情景下发挥着语言替代物的作用，而不是简单地消失。

二、婴儿言语的发生和语法的获得

婴儿期言语发生的过程，一直是发展心理学和心理语言学重点研究的对象，目前仍存在着不同的看法。我国心理学家认为，婴儿最早说出的具有最初概括性意义的"真正的词",才是言语发生的标志,时间在 11～13 个月。在综合多种研究材料后,庞丽娟、李晖等提出,由于个体之间有着较大的差异,婴儿言语发生的时间基本在 10～14 个月。

在婴儿能说出第一个词语之后,10～15 个月的婴儿一般能以每月平均增加 1～3 个新词的速度发展。这样到 15 个月左右,婴儿就能以其所掌握的词汇说出一些单词句。随后婴儿掌握新词的速度显著加快,到 19 个月时已能说出约 50 个单词。Nelson 发现,19 个月后的婴儿掌握新词的速度又突然进一步加快,平均每个月竟能学会 25 个新词。这种 19～21 个月时,婴儿掌握新词速度猛然加快的现象,被称为"词汇激增"或"词语爆炸"现象。在此后的 2 个月内,婴儿说出第一批有一定声调的"双词句",从而结束了"单词句"阶段,进入了词的联合和语法生成时期。故一般称 15～19、20 个月这段时期为单词句阶段。

在单词句阶段的末期(18～20 个月),婴儿已初步获得"主语加谓语"和"谓语加主语"的句法结构,并开始向双词语阶段过渡。到 19～20 个月时,婴儿终于可以说出第一批双词句而进入双词句阶段。当然,此时单词句并没有消失,而是继续发展,直到 24 个月以后,才逐步让位于双词句。英国 Julia C. Berryman 等也认为,2～3 岁儿童所说的句子逐渐加长,并能出现三四个词的句子,句子的结构也复杂了。

双词句的产生使婴儿的言语发展进入一个崭新阶段,开始了词的联合、句子生成和"语法化"进程。此时,不同性质或种类的词之间的联结逐渐增多,双词句的"产量"呈加速增长的趋势。到 2 岁时又出现了"突然"增多的现象,这一切都促进了婴儿学习和掌握语法规则的进程。研究表明,20～30 个月是婴儿基本掌握语法和句法的关键期。Brown 认为,婴儿获得语法的过程,也即"语法化进程",开始于单词句阶段末期。到 36 个月时,婴儿已基本掌握了母语的语法规则系统,成为一个颇具表达能力的"谈话者"。

专栏 5-6 言语获得的个别差异与促进

1. 言语获得的个别差异

儿童言语的获得是遗传和环境因素共同作用的结果,其发展存在着个别差异。

(1) 性别差异。从婴儿期到青春前期,女孩的言语发展一直优于男孩。在早期词汇发展中,女孩稍强于男孩,女孩说话要比男孩早 1 个月,且学词快、词汇多,达到发音完全清晰的年龄比男孩早,开始灵活运用句子的年龄、会使用较长较复杂句子的年龄也比男孩早。

(2) 早晚差异。有些儿童言语发育较早,言语技能较好;有些儿童则相反。当发现一个儿童比同龄孩子言语发育慢,而智力及其他方面均发育正常,这就属于个体差异。只要及时加强言语训练,随着年龄增长儿童也会逐渐获得言语能力。但如果是疾病引起的言语发展缓慢,应在医生指导下进行治疗。

(3) 风格差异。婴儿的言语发展表现出不同的言语风格。一种为"指称风格",即婴儿说出的词主要是物品的名称。这是由于婴儿对这些物品非常感兴趣,想探究这些物体,家长就告诉他们这些物品的名称,因而婴儿就认为言语的用途就是指称各种物品。另一种言语风格为"表现风格",婴儿用言语表达自己或别人的需要或感受,因此说一些表达愿望和情绪的词,如"我要""真喜欢"等。其实言语兼有指称和表达需要这两种功能。随着年龄的增长,儿童将认识到言语的两种功能。

2. 言语获得的促进

婴儿言语的获得是一个不断发展完善的过程。虽然婴儿与生俱来拥有获得言语的惊人能力和生物学准备,但言语的发展离不开环境的支持。因此若要促进婴儿言语的发展,抚养者就要提供充分的语言环境,利用一切机会与婴儿进行言语交流。

(1) 抚养者在照料婴儿时,通常会用言语把行动内容表述出来,即边做边说,使婴儿易于将语言与具体行为联系起来。

(2) 在婴儿咿呀学语时,抚养者也要对其作出回应,这样可以鼓励婴儿的发音练习。同时,这种回应也为婴儿提供了言语交流和相互对话的经验。

(3) 在1岁前,婴儿经常通过动作来表达自己的愿望,如婴儿想吃苹果,就用手指一下或看一下苹果。若抚养者立即把苹果送到婴儿手上,婴儿就失去了用语言表达的练习机会。因此,抚养者可以鼓励婴儿说"苹果",或等婴儿说出"苹果"一词后,再把苹果递给他。

(4) 抚养者要和婴儿经常参加"共同注意"活动,并告诉婴儿当时注意的事物的名称。有研究表明,经常参加"共同注意"活动的婴儿,词汇掌握得较多,说话较早。

生活中,由于各种原因,如抚养者缺乏科学育儿知识、不注重言语交流,或抚养者个性内向、很少与婴儿进行言语交流,都会使婴儿失去语言学习的机会。

第四节 幼儿期言语的发展

幼儿期是儿童言语不断丰富的时期,是熟练掌握口头言语的关键时期,也是从外部言语逐步向内部言语过渡并初步掌握书面言语的时期。到幼儿末期,儿童已基本上掌握了本民族的口头语言。幼儿语言的发展主要表现在语音、词汇、语法、口语表达能力等方面。

幼儿言语发展的主要表现是:① 语音发展迅速。学龄前儿童的发音能力发展很快,特别是3~4岁期间发展最为迅速。一般来说,这个时期儿童已能掌握本民族、本地区语言的全部语音,而且3、4岁后发音渐趋方言化。② 词汇的数量不断增加。3~4岁儿童的词汇量为1200个,到幼儿末期已能掌握3000~4000个词,为初期的3倍多。其语言中的自我中心的成分越来越少,社会化的成分越来越多。③ 从言语实践中逐步掌握语法结构和一些句子。儿童的言语从简单句发展到复合句,从陈述句发展到多种形式的句子,从不完整句到完整句,从短句到长句,从外部有声言语逐步向内部无声言语过渡,并且儿童初步掌握了书面言语。④ 自我中心言语,包括为了好玩而重复的单词和音节。这种自言自语不考虑对方的看法,所以不具有交流性质。此时的重复单词和词组正是为了练习说话而开展的,这也是孩子活动的一部分。自言自语的另一个目的是满足愿望,如果达不到目的,儿童说话的口气也像能达到似的。幼儿的年龄越小,自我中心言语的成分就越多。⑤ 社会化言语。这种比较高级一点的学龄前儿童的语言是用于交流的,包括适应性告知、批评与嘲笑、命令、要求和威胁、提问和回答。第一级社会化言语在3岁左右出现,包括自我吹嘘,如"看看我的大房子!"另外包括主要对其他儿童说的言语模式,包括:有关一起参加活动的话,如"让我们一起跳绳吧!"有关合作性的话,如"我们把这块石头抬走吧!"第二级社会化言语在4~5岁时得到发展。此阶段自我区别的程度越来越高。此时的言语包括许多解释、辩护、讲道理、合理说明及表示不同意等内容。在这一阶段儿童越来越表现出能够考虑听话者看法的能力。Berger认为,7岁前是儿童词汇增长最快的时期。

一、幼儿语音的发展

1. **发音的正确率随年龄的增长而不断提高**　幼儿的发音正确率随着年龄的增长而不断提高,错误率随着年龄的增长而不断降低。幼儿发音错误的音素大多是辅音中的翘舌音和齿音。

2. **3~4岁为语音发展的飞跃期**　幼儿学习语音的过程先后有两种不同的趋势。3~4岁之间的幼儿处于语音的扩展阶段,易于学会各民族语音;在此之后,幼儿学习语音逐渐趋向收缩。儿童掌握母语(包括方言)的语音后,再学习新的语音时,可能会出现困难,年龄越大,这种困难越大。4岁以后幼儿的言语发音机制按本族或本地方语言习惯已经开始趋于稳定,已局限于掌握本族或本地语音,他们逐渐能掌握自己的发音器官,区别差异微小的语音。

3. **幼儿对韵母的发音较易掌握,正确率高于声母**　大部分幼儿,特别是4岁以后的幼儿,都能正确掌握韵母,而对声母的发音正确率稍低。

4. **逐渐出现对语音的意识**　对语音的意识主要在幼儿4岁以后,表现在幼儿对成人的发音感兴趣,喜欢纠正、评价别人的发音,并且对自己的发音也很注意,会主动发出一些特别的语音,引起别人的注意,对他人批评或纠正自己语音的情形会生气。

二、幼儿词汇的发展

1. 词汇数量的增加　幼儿期是一生中词汇数量增加最快的时期。历史上,关于幼儿词汇量发展的研究有许多。不同国家的研究结果稍不一致,但个体词汇发展数量总趋势是相同的。一般来说幼儿的词汇量是呈直线上升的趋势（表 5-1）,3～4 岁幼儿词汇量的年增长率最高。7 岁幼儿的词汇量大约是 3 岁幼儿的 4 倍。

表 5-1　幼儿词汇量发展的比较

年龄（岁）	德国		美国		日本		中国	
	词汇量	年增长率（%）	词汇量	年增长率（%）	词汇量	年增长率（%）	词汇量	年增长率（%）
3	1000～1100		896		886		1000	
4	1600	52.4	1540	71.9	1675	89	1730	73
5	2200	37.5	2070	34.4	2050	22.4	2583	49.3
6	2500～3000	15.9	2562	23.8	2289	11.7	3562	37.9

（资料来源：马莹.发展心理学[M].北京：人民卫生出版社,2013.）

2. 词汇内容丰富化,词汇抽象水平逐渐发生和形成　国内外有关研究表明,幼儿词汇的内容涉及其日常生活的各个方面。幼儿的常用名词包括人物称呼、身体、生活用品、交通工具、自然常识、社交、个性、时间、空间概念等。幼儿使用的形容词包括对物体特征的描述、动作的描述,表情、情感的描述,个性品质的描述,事件、情境的描述等。

幼儿经常使用的词汇是与他们日常生活关系最密切的,描述能够直接感受或观察到的事物、现象的词汇。从幼儿掌握词汇以后,自 3 岁起,幼儿的词汇抽象水平开始发生并形成,词的抽象性和概括性的增加使幼儿有了形成初步抽象思维的可能性。

3. 词类范围的扩大　词汇有实词与虚词之分,按词性可分为 11 类（表 5-2）。幼儿先掌握的是实词,其中最先掌握的是名词,其次是动词,再次是形容词;虚词如连词、介词、助词、语气词等,幼儿掌握得较晚,数量也较少,没有明显增加。

表 5-2　学龄儿童各类词汇量一览表

类别	3～4 岁		4～5 岁		5～6 岁	
	词汇量	百分比（%）	词汇量	百分比（%）	词汇量	百分比（%）
名词	935	54.1	1446	56.0	2049	57.5
动词	431	24.96	579	22.4	725	20.4

续表

类别	3~4岁		4~5岁		5~6岁	
	数量	百分比(%)	数量	百分比(%)	数量	百分比(%)
形容词	204	11.8	308	11.92	382	10.7
代词	18	1.0	22	0.89	25	0.7
量词	28	1.7	46	1.78	70	1.96
数词	53	3.1	114	4.4	225	6.34
副词	24	1.3	28	1.1	40	1.1
助词	14	0.8	14	0.5	14	0.4
介词	10	0.5	12	0.47	16	0.45
连词	6	0.34	7	0.27	9	0.24
叹词	7	0.4	7	0.27	7	0.21
合计	1730	100.00	2583	100.00	3562	100.00

(资料来源:史慧中.3~6岁儿童语言发展与教育[M]//朱智贤.中国儿童青少年心理发展与教育.北京:中国卓越出版有限公司,1990.)

幼儿的思维水平决定着幼儿语言的发展水平,同时语言水平的提高也促进了幼儿思维水平的提高。名词、动词、形容词反映事物及其属性,幼儿较易掌握。副词比较抽象,幼儿掌握较难。虚词反映事物之间的关系,因此,幼儿掌握起来就更困难。不过幼儿已经可以掌握各种最基本的词类。

4. 积极词汇的增长　积极词汇(active vocabulary)指儿童既能理解又能正确使用的词汇;消极词汇(passive vocabulary)指儿童不能理解,或者有些理解却不能正确使用的词汇。

儿童对词义的理解水平有限,会出现许多"很好笑"的错误语句。在幼儿阶段,当儿童词汇贫乏或词义掌握不确切时,还有一种"造词现象"。

幼儿对词义的理解或失之过宽,比如将许多小动物都称为"小狗狗";或失之过窄,例如把"粗"说成"胖",把"水果"与"桃子"当作同级概念等。这是当儿童词汇贫乏、词义掌握不确切时出现的暂时现象。当幼儿确切地掌握了有关的词义时,这种现象就会逐渐消失。随着幼儿年龄的增长,对词义的理解逐渐准确和加深,他们不仅能掌握词的一种意义,而且能掌握词的多种意义,不仅能掌握词的表面意义,而且能掌握词的转义。久而久之,幼儿运用词汇的错误就越来越少了。

> 请结合幼儿的思维发展说说,为什么幼儿对词义的理解常有失之过宽或失之过窄的现象?

三、幼儿语法的掌握

在婴幼儿期,个体通过内隐学习轻松地掌握本民族的语法。按 Chomsky 语言生成理论,这是遗传的结果。幼儿语法结构的发展有如下趋势:

1. 从简单句到复合句　幼儿主要使用简单句。随着年龄的增长,幼儿使用复合句的比例逐渐增加。从数量上看,5 岁时复合句数量有显著的增长,而简单句变化不大。

2. 从陈述句到多种形式的句子　儿童最初掌握的句子形式是陈述句,到幼儿期,对疑问句、祈使句、感叹句等形式的掌握也逐渐增加。但对某些较复杂的句子尚不能完全理解,如双重否定句和被动句。

3. 从无修饰句到修饰句　儿童最初的简单句话语中是没有修饰语的,以后便出现了简单修饰语和复杂修饰语。朱曼殊等的研究表明,2 岁儿童句子中有修饰语的仅占 20% 左右,3~5 岁儿童已达 50% 以上,到 6 岁时上升到 91.3%。

四、幼儿口语表达能力的发展

幼儿是一个积极的谈话者。在幼儿期,口语发展迅速,从独白到对话言语形式,儿童都表现出强烈的表达欲望(图 5-4)。

1. 从对话言语逐渐过渡到独白言语　3 岁前儿童与成人的言语交际,往往仅限于回答成人提出的问题,有时也向成人提出一些问题或要求,所以主要是对话言语。到了幼儿期,随着儿童活动的发展,儿童的独立性大大增强,在与成人的交际中,他们渴望把自己经历过的各种体验、印象等告诉成人,这样就促进了幼儿独白言语的发展。一般到幼儿晚期,儿童就能较清楚地、系统地、绘声绘色地讲述一件他曾看过或听过的事件或故事了。

在游戏过程中,2~3.5 岁的幼儿之间的对话言语基本上是"双方独白",有对话的形式,但是幼儿之间的对话内容没有关联,类似于俗语"鸡同鸭讲",不关心对方说什么。

Nading 和 Sedivy 的研究发现,在幼儿期,幼儿会试着校准对话信息,以配合听者和背景。幼儿会针对没有抓住对话重点的听者,提供较为详细的信息。说明幼儿已经敏感地意识到听者是否把握清晰的信息是非常重要的。

2. 从情境性言语过渡到连贯性言语　3 岁以前的幼儿言语表达具有情境性特点,往往想到什么说什么,缺乏条理性、连贯性,言语过程夹着丰富的表情和手势,听话人要边听边猜才明白。随着年龄增长,情境言语的比重逐渐下降,连贯言语的比重逐渐上升。有研究表明,4 岁儿童情境言语占 66.5%,6 岁儿童占 51%;4 岁儿童连贯言语占 33%,6 岁儿童占 49%。连贯言语的发展使幼儿能够独立、完整、清楚地表达自己的思想和感受,也为独白言语打下了基础。

连贯言语和独白言语的发展是儿童口语表达能力发展的重要标志。口语表达能力的发展既有利于内部言语的产生,也有助于儿童思维能力的提高。

因此,这一阶段中家长和教师应创设良好环境,通过游戏、聚会等促进幼儿与其他人进行社会交往,以提高幼儿的口语表达水平。

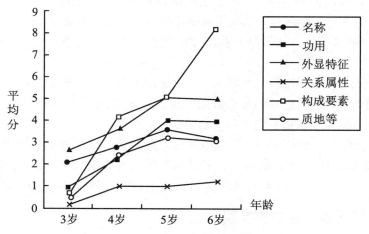

图 5-4 3~6 岁幼儿口语表达内容的发展

(资料来源:李甦,李文馥,周小彬,等.3~6 岁幼儿言语表达能力发展特点研究[J].心理科学,2002(3):283-285.)

第五节 儿童期言语的发展

一、小学生口头言语的发展

儿童进入小学以后,口头言语的水平无论是在质还是在量的方面都逐步得到了发展和提高。一年级新生以对话言语占主导地位,二三年级学生独白言语开始发展起来,四五年级学生口头言语表达能力初步完善,此时儿童已能初步学会说完整的话,并合乎一定的语法规则,使听话人能听明白他们所表达的意思。

二、小学生书面言语的发展

一般来说,学龄前儿童只能运用口头言语,还没有掌握书面言语。儿童真正掌握书面言语,是从入校学习以后才开始的。最初,书面言语的发展远远落后于口头言语,但在正确、良好的教育下,书面言语很快便会得到发展与加强。在小学一年级学生的书面叙述中,词的数量只有口头叙述的词的数量的一半(20:40);二年级这一比例为 42:46;三年级是 73:75;至四年级,书面言语和口头叙述的词的比例是 106:76。显然,儿童进入小学以后,书面言语已占了优势,并显示出充分的优越性。

1. 识字 识字的目的在于阅读和写作,是学习和掌握书面语言的基础。因此，让学生从小学开始掌握本民族的适量文字，对其一生的发展具有重要的意义。据统计，一般成人的常用字量为 3000～5000 字。小学生的识字量也可以定在这个范围内。根据斯霞老师等多年的教学经验，低年级小学生认识 1000 字左右，中年级小学生认识 1300 字左右，小学生在小学毕业时认识 3500 字左右。

儿童对汉字的感知经历三个发展阶段：一是图形化加工阶段，学龄前儿童把每一个字当作一个整体图形来记忆，像照相机一样记住汉字的整体特征。二是分析性加工阶段，小学低年级儿童通过对汉字笔画的分析来认识汉字；而对于使用字母文字的儿童，则表现为开始利用拼读规则来识记单词。三是自动化加工阶段，由于大量经验积累，小学中高年级儿童对汉字的加工变得越来越容易，激活速度像成人一样快，达到自动化水平，不需要精细的分析就可以识别汉字，这时儿童的阅读速度会大大提高。

2. 阅读 阅读是学习掌握书面文字言语的重要一环，阅读可分为朗读和默读两种方式。朗读进一步强化了儿童的口头言语，默读则使儿童逐渐学会另一种语言方式——内部言语。一般而言，小学生的默读能力是随年级的增高而发展的。小学生在小学低年级没有默读能力，至小学三年级这一能力开始萌芽，以后就迅速发展，到了小学毕业时，可达及格线水平。小学高年级以后，默读中"动嘴现象"逐步消失，而且每分钟可读 250～300 字。

3. 写作 阅读是从别人已写出的文字去探究所表达的思想内容，而写作是用书面语言表达自己的思想，让别人阅读。小学生的书面言语是随着作文能力的提高而逐步发展起来的。一年级新生还没有学会按语言的规则说话，也谈不上写作。入学后，小学生们通过严格的书面言语的训练，逐步学会按语言规则说话。他们从看图说话到看书写话，从写一句话到写一段话，从模仿写作直至独立写作，由易到难，逐步发展。

> 想一想，如何根据小学生语言发展的规律制订教学计划？

三、小学生内部言语的发展

小学生入学以后，学习任务需要他们独立思考，学会先想后说、先想后写、先想后做。在教学与生活实践过程中，内部言语逐渐发展起来。在整个小学阶段，内部言语的发展大体经过三个过程：① 出声思维时期；② 过渡时期；③ 无声思维时期。初入学的小学生，不论在读语文课本时还是在演算时，往往是"唱读"或边自言自语边演算，而且出声的言语内容、演算内容、书写内容和眼看字、词、句的内容基本同步。通过老师的培养与训练，低年级学生开始学会在运算中保持短时间的无声言语。三、四年级以后，随着学习能力的发展，学生在演算时或在阅读课文时无声言语逐步开始占主导地位，但是阅读或演算遇到困难时，仍会用有声言语来"帮忙"，即使在高年级也是如此。

内部言语的发展不是在小学时期就全部完善了的，在以后各个发展时期，以致人的终生,都在不断发展和完善中。

总之,小学生言语发展的全过程,不论是口头言语、书面言语的发展,还是内部言语的发展,都普遍存在着年龄(年级)差异、个别差异和城乡差异,而性别差异则不明显。口头言语、书面言语、内部言语是言语发展的统一过程的各个侧面,虽然不是同步发展的,但是不能将它们相互割裂开来。

第六节 青少年期言语的发展

相较于儿童,青少年的言语能力逐渐成熟,他们能够根据情境选取适合的语句,使得沟通更有效率。青少年热情开朗,思想活跃,易于接受新事物。这也使得他们的言语知识、言语技巧和言语能力呈现出新的特点。

一、青少年言语认知能力的发展

青少年的词汇量、句子长度、语法的复杂度、口语及书面语的理解程度、言语流畅度持续增加,并在成年期呈现稳定状态。

青少年能够定义和讨论诸如"爱、公正和自由"等一些抽象概念。他们也会更经常地使用例如"然而、否则、无论如何、因此、确实、可能"等一些词汇来表达短语或句子之间的逻辑关系。此外,他们还越来越清晰地意识到,词汇作为一种符号,可以有多种意思,因而他们喜欢运用反语、双关或隐喻等修辞手法。

二、青少年言语沟通能力的发展

对于青少年来说,交谈对于同伴的接受以及自我价值的体现日益重要。社会观点采择(social perspective-taking)指个体根据他人所持的观点和所具有的知识水平来调整自己的谈话能力。青少年能够越来越熟练地进行社会观点采择,这一能力对于说服别人或进行交谈而言都是必不可少的。青少年能够意识到自己所面对的听众不同,从而选择使用不同的语言风格进行交谈。青少年在交谈时常注意对方,尤其是在倾听的时候,他们也会点头或展现中性或正向的表情,给予反馈并给予相关的回应。

青少年俚语是青少年脱离父母和成人世界来确立独立身份过程的一部分。他们追求语言的创新和变异,在创造如"佛系""杠精""锦鲤""C位""怼""很淑女"等诸多网络热词的过程中,青少年使用他们新获得的能力操纵文字,来定义他们这一代人所独有的价值观、兴趣爱好和偏爱的事物。至于新词是否规范有序、是否科学准确、是否意义明确,他们却不去深究。

第七节　成年期言语的发展

成年人是敏捷的语言使用者,他们的言语更加变通和富有技巧,叙事的主题和细节更加完善。巨量词汇的组织使得成人可以更有效率地提取概念,他们能够根据情境选取适当的词汇及语法结构,并能快速地改变说话的风格与交谈的话题。随着年龄的增长,成年人的口语及书面语的理解、句子中复杂语法的理解以及推论等都会呈现缓慢的衰退现象。

一、成年初期和中期言语的发展

1. 言语风格　言语风格是由社会制约的。言语风格的转换,一定程度上是由社会亲疏、情境以及听者的反馈而决定的。例如,一个人年纪较大并向对方表明理解有困难时,对话者会转换至一个比较慢且清楚的言语风格。成人言语风格的转换是快速且不自觉的。

2. 话题转换　成人在交谈中需要转换话题时,话题间通常会有些微相关性。成人能有效使用淡出的方式或修改话题焦点的方式,来作为逐渐由一个话题转向另一个话题的策略,但同时也维持着交谈话题间的连续性。用于淡出话题的语句通常会包含先前语句的部分内容,继而再转换话题的焦点,以引导对方切入到要转换的话题。同时,成年人对沟通过程是否顺畅有较高的敏感性,言语的异样几乎马上就会被侦测出来。

二、成年晚期言语的发展

1. 言语理解能力　语言和记忆能力密切相关。在言语理解(理解口头言语或书面文字的意义)过程中,人们会无意识地回忆起听过、看过的东西。对老年人来说,只要对方说话不是太快,或者他们有足够时间对书面文本进行加工,那么,老年人的言语理解能力就会像内隐记忆一样,在晚年没有明显的变化。一项追踪研究表明,55~70岁的人在六年时间里对文字故事的回忆成绩略有上升,80~90岁时,老年人能充分利用故事结构帮助自己回忆中心思想和细节。

2. 言语生成能力　与言语理解能力相反,言语生成能力在两个方面随年龄增长而下降。第一个方面是从长时记忆中提取单词较为困难。几乎所有人都有过这样的瞬间,曾经记住的单词在多年后却怎么也想不起来,到了老年期这种现象更加普遍。在一项测试中,要求给单词下定义,老年人表现得和年轻人一样好;但是当要求根据给定的意义写出特定单词时,老年人表现出更多的困难。这种"舌尖现象"的经历可能和记忆能力有关。老年人在说出图片上物体的名称时表现出更多的错误,在口语中出现更多模棱两可的引用和舌尖现象,表现出更多"嗯"或"啊"的停顿。这些问题的产生原因并不是词汇知识的丧失,而是言语提取的失败。第二个方面是在老年期,打算要说什么和怎么说出来都更困难,例如,老年人往往说话显得迟疑不决、张口说错话、重复说话、说出的句子不完整等,他们的陈述也不如过去那样有条理。

3. 补偿策略　对于言语生成能力的下降,老年人会采取办法来补偿言语表达的不足。例如,他们简化语法结构,把更多的努力用于提取词汇,对思维加以组织。为了表达得更清楚,他们降低效率,用更多的句子来传递信息。老年人较多使用不确定的词语,例如以"东西"或"那个"来取代精确的名称。另外,老年人还采用多说要点、少说细节的方式来表达他们想与别人交流的信息。

(杨玉祥　奚　敏)

阅读1　面向婴儿的语言

除了对婴儿多说话之外,父母语言的质量也非常有助于儿童学习语言。发展心理学家特别指出,成人往往以一种特殊的、简单的语言跟儿童说话,这种说话方式最初被语言学家称为"儿语",现在的专业术语是"面向婴儿的语言"(Infant-Directed Speech,简称IDS)。成人以这种简单的方式说话时,音调比较高,语速比较慢,句子更简短,语法也更简单,所用的词汇非常具体。当跟儿童说话时,父母重复的次数非常多,重复的时候也会发生细小的改变(如"球在哪儿啊?""你看到球了吗?""球在哪儿啊?""哦,在这儿啊!")。父母也会重复儿童自己的语句,但是会把句子变得长一些,语法更正确一些——这种模式称为扩展或修正。例如,如果儿童说:"妈妈袜子。"妈妈可能会这样重复:"是的,这是妈妈的袜子。"如果儿童说:"狗狗不吃。"父母可能回答:"狗狗不吃东西啊。"

发展心理学家认为,刚出生几天的婴儿就能够区分儿语和成人语言,不管听到的是男性的声音还是女性的声音,他们表现出更喜欢听到儿语。即使是用一种儿童不熟悉的语言来说话,婴儿也会表现得更偏爱儿语。例如,有研究发现,不管是英语家庭的婴儿还是汉语家庭的婴儿,他们都更喜欢听到儿语;不管听到的是英语还是广东话,婴儿对儿语的偏好都是如此。儿语通过强调某些发音来帮助婴儿识别他们正在学习的语言的特色发声。最终,儿语可能起到的作用是获得婴儿的注意力,从而帮助他们学习语言。

能抓住婴儿注意力的儿语的特点是高音调。一旦特殊的音调吸引了婴儿的注意力,父母所说的简单的和重复的语言就能够帮助婴儿识别重复的语法形式。此外,儿童的注意力也会被修正的句子吸引。例如,有研究发现,2岁的儿童在听到妈妈修正了自己所说的句子后,他模仿正确语法的可能性要提高2~3倍,实验研究证实了修正的有效性。儿童如果被有意暴露于被修正可能性高的环境中,就能更快地学到正确的语法。

妈妈和其他成人的对话对儿童语言的发育也有重要的作用。然而,这些对话一开始吸引不了儿童的注意力,除非他已经到了18~24个月,已经开始能够用语言来交流。听成人们对话能够帮助婴儿学习非名词的词汇,如那些和颜色及数量有关的词汇。

阅读2 聋儿的符号语言和姿势语言

姿势语言在1岁前的婴儿生活中起到非常重要的交流作用。很多聋儿的父母在与他们交流时用的是符号语言,人们可能会认为学会了符号语言的儿童很难再学会姿势语言,但是实际情况并非如此。

聋儿口头语言和非口头语言的发育的里程碑和听力正常的儿童相差无几。聋儿在5~7个月时会发出咿呀学语的声音,拥有正常听力儿童也是在这个年龄段开始咿呀学语的。有趣的是,聋儿发出的声音也跟正常听力儿童发出的咿呀学语声非常相像,这说明咿呀学语的过程受到成熟过程本身的影响较大,而不是环境影响的结果。故而,在出生后的最初几年,聋儿可能会羞怯退缩,但是聋儿开始使用简单手势,如用手指指示的时间和听力正常儿童也是相仿的。在12个月大时,聋儿表现出最初的符号语言,类似于正常听力儿童最初的词语表达。但是有趣的是,这些符号语言并不会取代稍早出现的姿势语言。实际上,正常听力的儿童在学语和沟通时也是将符号语言和姿势语言联合运用的。

有学者认为不管是聋儿还是正常听力儿童,姿势语言的交流一开始出现,就是结构性语言的一种亚类。所以,在1岁时,聋儿使用两种语言交流:结构性符号语言和姿势语言,这两种语言弥补了信号语言无法表达的符号信息和交流的信息。同样,正常听力儿童开始发展结构性语言表达时,也会使用姿势语言作为交流过程中的补充。这同婴儿早期语言发育的次序和里程碑出现的时间非常相似,也强有力地支持了以下观点:人类婴儿在某种程度上是具备学习语言的内在条件的。

阅读3 一种语言还是两种语言

陈是一名华裔,路易莎是一名墨西哥裔,他们两夫妻有一名3个月大的女儿。陈的汉语普通话和英语非常流利,路易莎则会西班牙语和英语。他们自身的经历充分表明,掌握双语是一笔宝贵的财富。他们想要给女儿一笔更大的财富——流利地使用三种语言。然而,对于在多语言家庭里如何抚养孩子,他们还是感到有点焦虑。

懂得两门或两门以上语言可以给成人带来社会和经济益处。然而,研究显示,儿童在双语家庭里长大的益处和坏处是共存的。从积极的方面说,双语儿童的元语言功能(对语言进行思考的能力)有明显的优势。而且,相比单一语种的儿童来说,大多数双语儿童表现出在语言任务上能更好地执行加工技能。这两个优势使得双语儿童在开始学习阅读的时候能够更容易掌握语音和字形之间的联系。然而,从消极方面来说,双语家庭的婴儿达到发育里程碑要晚于单一语种家庭的婴儿。例如,双语婴儿理解和表达的词语的总量要大于单一语种婴儿,其掌握的词语是两种语言加起来的总和。而且,双语家庭中两种语言的书写方式差异较大时,如英文和中文,儿童掌握两种语言的阅读技能则要晚于单一语种家庭的儿童。

研究显示,双语儿童掌握的两种语言如果同等流畅的话,会较少在学业上碰到问题。如果其中一种语言他们掌握得不那么流利,而这门语言恰好是学校学习要借助的语言,那么他们就极有可能产生学习问题。所以,选择双语教育的父母应该考虑到他们是否有能力全力支持儿童流利地掌握两门语言。

第五章习题及答案

第六章 智力的发展

第一节 概述
　一、智力的概念
　二、智力相关理论
　三、智力测量
　四、智力发展的差异性及影响因素
第二节 智力发展的规律
　一、智力发展的一般特点
　二、智力发展曲线
第三节 人生各期智力的发展
　一、婴幼儿期智力发展的特点
　二、儿童期智力发展的特点
　三、青少年期智力发展的特点
　四、成年期智力发展的特点
第四节 智力发育障碍
　一、智力发育障碍的概念
　二、智力发育障碍的等级与表现
　三、评估与治疗
第五节 社会适应能力的发展
　一、社会适应能力的概念
　二、社会适应能力发展的影响因素
　三、社会适应能力的评定
阅读　智力发育障碍与犯罪

案例 6-1　William Sidis——一个未实现潜能的例子

　　没有哪个失败的天才像 William Sidis 那样众所周知。根据 Amy Wallace 的传记《神童》，William Sidis 是哈佛大学一位有才华的心理学家的儿子，并且是心理学先驱 William James 的教子。从婴儿期起，William Sidis 就是他父亲的实验被试，以此研究突出才能是否可以在任何儿童身上发展起来。接受了最丰富的早期环境（并且可能也包括一些好的基因）的熏陶，在 18 个月时 William Sidis 能阅读报纸，并且在达到上学的年龄时他已经掌握了 8 门语言。他上学的时间很短，11 岁时就进入哈佛大学，17 岁时开始在莱斯大学教授数学。

　　不幸的是，父母投入了过多的精力来发展他的智力，却严重忽略了他的社交行为和情绪发展。他对于社交的不适应以及古怪的习惯同他的智力成就一样被广泛流传，最后 William Sidis 显然对这一切都无法承受。他结束了学术生涯，从事了许多类似仆人的工作，像一个隐士那样生活。他写晦涩主题的文字，并且一有机会就跳着向儿童显示他收藏的大量有轨电车和地铁的车票。William Sidis 似乎满意于他隐匿的生活，但他肯定达不到预期的那种伟大了。他在 46 岁时死于中风，去世时一贫如洗，留下"神童"小时了得、大未必佳的例子，他的智商估计达 250～300，是有史以来最聪明的人。

> William Sidis 是所有我们知道的关于天才儿童的一个例外。他的故事提醒我们，早萌芽将来不一定盛开。并且这个故事也从另一个角度引申出：后开花也能在成年期表现出众。我们只需引用 Albert Einstein 的例子，他的名字和天才几乎是同义词。但 Albert Einstein 直到 4 岁才说话，7 岁才能阅读，并且被他的老师评价为没有前途的家伙！

思考题

智力的发展在个体之间有什么样的差异？

智力的发展有什么样的规律？

第一节　概　　述

浩瀚无垠的宇宙世界，奥秘无穷；精巧无比的人脑系统，神奇无比。人之所以被誉为"万物之灵"，非谓有爪牙之利、筋骨之强，而主要是因为有聪明的大脑和高度发达的智力。看了上面的例子，你一定会为 William Sidis 感到惋惜，一位高智商的才子为什么没有达到预期的成就？为深入探寻人类智力的神奇奥妙，本章将阐述"智力是什么""如何测量智力""智力为什么有差异"等基本理论问题以及人生各期智力发展的特点。

专栏 6-1　人的智能从哪里来？

> 大约五百万年前，我们的祖先走出森林，旷野生活对他们产生了深刻的影响。一两百万年以后，原始的人类出现了，他们的智能也有了一定的发展，例如：生成语言、集体狩猎、制造和使用工具。原始人类一开始就依靠大脑的智能生存，他们成了生活的强者。
>
> 人类的智能到底是怎样产生的，至今仍是个谜。19 世纪，Darwin 认为这是战争的结果，他认为智能高的部落在战争中取胜并消灭对手，从而他们的高智能的基因也容易保留遗传下来。
>
> 生物学家认为，大脑结构的改变对智能的进化更为重要，可是化石资料无法反映这一点，这是研究智能进化的一大困难。
>
> 但科学家们认为，如果要弄清智能怎样产生、怎样进化，就必须首先了解大脑的秘密，随着对大脑研究的不断发展，关于智能起源的猜想成分将日益减少。

一、智力的概念

智力(intelligence)可能是现代社会中最引人注目的概念之一了。早在我国先秦和古希腊时期,就有学者开始对智力的概念及其测量进行了一些讨论,并初步予以应用。然而,关于这一问题的科学研究却不过百余年的历史。

(一) 国外心理学家的智力观点

1. 智力是抽象思维的能力　主张此说法者认为智力是一种抽象思维的能力,如理解能力、判断能力、推理能力、创造能力。其代表人物有法国的 A. Binet、美国的 L. M. Terman。

2. 智力是适应环境的能力　主张此说法者认为智力是一种适应环境的能力。如果个体的智力越高,那么他适应环境的能力也就越强。其代表人物有德国的 W. Stern、美国的 E. L. Thorndike、瑞士的 J. Piaget。

3. 智力是学习的能力　主张此说法者认为智力是一种学习知识和技能的能力。智力与学习之间存在着高度正相关,智力较高的个体能够顺利学习难度较大的内容,不仅学习速度较快,而且学习成绩也较好。否则,则反之。其代表人物有 V. A. C. Hermon、W. F. Dearborn、A. L. Gates。

4. 智力是一种综合的能力　David Wechsler 认为:"智力是个体有目的地行动、合理地思维和有效地处理环境的汇合的或整体的能力。"

(二) 国内心理学家的智力观点

国内心理学家对智力的看法,主要可分为如下几种:

1. 智力就是能力　该观点的代表人物是林传鼎。他认为,智力是一种多维的连续系统,它包含着六种能力:对各种模式进行分类的能力;学习的能力;归纳推理的能力;演绎推理的能力;形成并使用概念模型的能力;理解的能力。

2. 智力是一种先天素质,特别是脑神经活动的结果　该观点由吴天敏提出,她认为,智力是脑神经活动的针对性、广阔性、深入性、灵活性在任何一项神经活动和由它引起并与它相互作用的意识性的心理活动中的协调反映。

3. 智力是一种偏重于认识方面的能力　朱智贤认为智力是一种综合的认识方面的心理特性,它主要包括:感知记忆能力,特别是观察力;抽象概括能力,即逻辑思维能力(包括想象能力),它是智力的核心成分;创造力,则是智力的高级表现。

4. 智力是一种顺应或适应能力　陈孝禅认为,智力(智能)是一个抽象名词,它用来叙述个人对于环境的顺应程度。

纵观以上国内外心理学家的看法,我们可以把智力定义为:智力是多种认识能力的综合,主要包括观察力、注意力、记忆力、想象力和思维力,其核心是抽象思维能力。

> 如果让你给智力下一个定义,你将怎样描述它?

二、智力相关理论

所谓智力理论,就是分析智力的构成因素及其结构。众多的智力理论可以分为两大类型:一种是经典智力理论(或者称为智力测量理论),另一种是当代智力理论(或者称为智力认知理论)。

(一) 智力理论的心理测量学取向

1. 智力的因素论　　智力的二因素论是在1904年由英国心理学家、因素分析之父C. E. Spearman在对心理测验材料进行统计分析的基础上首次提出的。该理论认为人的能力由一般因素(G因素)和特殊因素(S因素)构成:一般因素是指个人的基本能力,是一切智力活动的共同基础;特殊因素是指个人完成各种特殊活动所必需的能力。

1938年,美国心理学家L. L. Thurstone根据因素分析的研究结果提出了智力的群因素论,并在多种智力活动中总结出七种基本因素:言语理解、词的流畅、计数、空间关系、联想记忆、知觉速度和推理。

20世纪60年代,J. L. Horn和R. B. Cattell对Thurstone的七个主要因素进行第二级因素分析,结果表明对智力产生影响的有两个主要因素,称之为流体智力(fluid intelligence, g_1)和晶体智力(crystallized intelligence, g_2)。Cattell认为,流体智力是一个人生来就能进行智力活动的能力,以神经生理为基础,随着神经系统的成熟而提高,不受教育文化等因素影响;晶体智力主要是后天获得的,更多地受文化因素影响,与知识经验的积累有关,是流体智力运用在不同文化环境中的产物。这两种智力包含在每一种智力活动之中,很难将它们截然分开。

2. 智力的结构论　　1961年,英国心理学家P. E. Vernon提出了智力层次结构理论(Hierarchical Structure Theory of Intelligence)。该理论继承和发展了Spearman的二因素论,以一般因素为基础,设想出因素间的层次结构,把智力分成四个层次,并认为其结构是按层次排列的:智力的最高层次是一般因素(G);第二个层次分为两大群,即言语和教育方面的因素(V:E)及机械和操作方面的因素(K:M),又称大因素群;第三层次为小因素群,包括言语、数量、机械信息、空间信息、用手操作等;第四层次为特殊因素,包括各种各样的特殊能力。

(二) 智力理论的认知心理学取向

1. 多元智力理论　　Gardner于1983年提出了关于智力及其性质和机构的多元智力理论,主张智力并非一元的结构,而是由多重智力构成的,具体有九种成分或模块,例如:语言、逻辑数理、音乐、空间、身体-运动、人际交往、认识自我、自然主义、精神性/存在主义。Gardner强调,这九种成分是各自独立的、不同类型的智力,不是同一种智力的不同成分,每一种智力代表了以大脑为基础的一种能力的模块,有着不同的发展规律并使用不同的符号系统。

2. 三元智力理论和成功智力理论　Robert J. Sternberg 在研究传统智力理论的基础上，采用信息加工的方法，对人的复杂而多层面的智力结构进行了相对完整的描述。他在 1985 年出版的《超越 IQ》一书中提出了智力的三元理论，试图以主体的内部世界、现实的外部世界以及联系内外世界的主体的经验世界这三个维度来描述智力，形成了以情境亚理论、经验亚理论和成分亚理论为维度的智力三元理论。后来，Sternberg 认为三元智力还不足以解释现实社会中的人类智力，于是，1996 年他又提出更具实用和现实取向的"成功智力理论"，力图从智慧行为的机能本质上更深入地把握智力的精髓，将智力理论研究推上新的高度。

专栏 6-2　Sternberg 和成功智力

Robert J. Sternberg(1949～)，美国心理学家，曾担任美国心理学会主席、IBM 公司客座心理学教授，美国科学与艺术学院、美国科学促进会主席、美国心理学会会员，并同时担任美国心理学分会主席。

Sternberg 最大的贡献是提出了人类智力的三元理论。此外，他还致力于人类的创造性、思维方式和学习方式等领域的研究，提出了大量富有创造性的理论与概念。

他传奇的求学经历也被人们津津乐道。小学和初中阶段，Sternberg 的智商测试都不及格。在高中阶段，不知哪位"快嘴"暴露了 Sternberg 智商偏低的事实，在同学中传播："我们跟白痴在一起学习。"Sternberg 非常气愤，但正是这种压力增强了他好好学习、将来要有出息的动力。这就是一种创造性品质的体现。他问老师："哪门学问研讨智商？"老师告诉他："心理学。"Sternberg 就立誓要学好心理学，他说这辈子假若成功了，他就把自己将来有关智力的理论命名为"成功智力"。

图 6-1　Robert J. Sternberg (1949～)

高中毕业，他以优异成绩考上了耶鲁大学。耶鲁大学太美了！他想："假若能在耶鲁大学工作该有多好！"可惜，美国的学制不提倡"近亲繁殖"，提倡的是"插花"式的发展，任何一个学校的博士研究生都很难留校，除非被评为正教授再回来，或者成为美国著名的专家再回来。Sternberg 又问老师："在美国，心理学排名第一的是哪所学校？"老师告诉他："斯坦福大学。"于是 Sternberg 决定报考斯坦福大学的研究生。果然，他考上了，师从元认知的提出者 John Hurley Flavell。在斯坦福大学，他只用了 3 年就拿下了硕士和博士学位，而在美国拿一个硕士和博士学位一般得要 5～6 年或 5～8 年。拿到博士学位后，他回到耶鲁大学，成为了一名心理学教师。一般从博士学位获得者到助理教授、到副教授、再到教授需要 15 年,可是 Sternberg 仅用了 5 年时间就成为了正教授。

如今,他成为世界著名的心理学家,也是当代美国认知或智力心理学的权威人物,他果真把自己的智力理论称为"成功智力"。

3. 智力的 PASS 模型　20 世纪 90 年代,加拿大心理学家 Das、Naglieri 和 Kirby 于 1994 年提出了"认知过程的评估-PASS 模型"。所谓 PASS 模型,指的是"计划-注意-同时性加工-继时性加工"(Planning-Attention-Simultaneous-Successive Processing)模型。其中,同时性加工和继时性加工是功能并列的两个认知过程,共同构成一个系统。注意系统有时又称为注意-唤醒(Arousal)系统。这三个机能系统是按层级排列的。注意系统是位于底层的基础,同时性加工-继时性加工系统处于中间,计划系统则位于最高的层次。正是这三个系统的协调合作才促成并保证了一切智能活动的运行。

(三)智力理论的新兴研究方向

1. 智力研究的生态学取向　美国心理学家 S. J. Ceci 于 1994 年提出生物生态学智力模型主张,认为智力是天生潜能、背景以及内部动机的函数,其中背景是中心,它影响了能力的获得、获得的类型以及能力的表达,对智力的发展具有关键性作用。

2. 智力研究的认知神经科学取向　心理学研究者在认知科学兴起后从脑机制的角度对智力进行了大量研究,这些研究主要围绕三个问题展开:一是运用脑成像技术,研究大脑结构与功能的差异所导致的智力的个体差异;二是从脑机制层面分析智力究竟是"单一结构"还是"多成分结构";三是通过大脑这个中介,进一步揭示遗传、环境与智力的关系。

> 不同智力理论的区别与联系是什么?

专栏 6-3　情绪智力

1990 年,D. J. Mayer 和 P. Salovey 首次正式使用"情绪智力"来描述对成功至关重要的情绪特征。这一理论几经修改于 1997 年基本定型。它把情绪智力称为个体准确、有效地加工情绪信息的能力集合,认为"情绪智力是直觉和表达情绪,情绪促进思维、理解和分析情绪及调控自己与他人情绪的能力"。他们概括出情绪智力的四级能力,即情绪的知觉鉴赏和表达能力、情绪对思维的促进能力、对情绪的理解和分析能力、对情绪的成熟调控能力。

1995 年,J. Coleman 正式出版《情绪智力》一书,系统地论述了情绪智力的内涵、生理机制、对成功的影响及培养等问题。他将情绪智力定义为五个方面,即认识自己情绪的能力、妥善管理自己情绪的能力、自我激励的能力、理解他人情绪的能力和管理人际关系的能力。

三、智力测量

1905 年,法国心理学家 Binet 和 Simon 应法国教育部的要求,为甄别落后儿童的学习能力而合作编制了世界上第一个心理测验——比内-西蒙智力量表(Binet-Simon Intelligence Scale)。至今,智力测验已历经了一百多年的沧桑。在这一百多年中,智力测验传遍了整个世界,研究者也开发了多种多样的智力测验。

(一) 比内-西蒙量表

比内-西蒙智力量表包括 30 个测量一般智力的项目,既有对较低级别的感知觉方面的测量,也有对较高级别的判断、推理、理解等方面的测量。量表中的项目按照难度由小到大排列,以通过题数的多少作为鉴别智力高低的标准。该测验于 1908 年进行首次修订,增为 59 个项目,并按年龄分组,适用于 3~13 岁的儿童。比内-西蒙智力量表首创了"智力年龄"(mental age,MA)的概念,它是以儿童能通过哪一年龄组的测验项目来计算的。

(二) 斯坦福-比内量表

比内-西蒙量表发表后,引起了研究者的极大兴趣,许多国家的研究者都纷纷引入并尝试进行修改,其中最成功的当属美国斯坦福大学的 L. M. Terman 教授于 1916 年发表的斯坦福-比内量表(Stanford-Binet Intelligence Scale)。该测验有 90 个项目,其最大特点是引入"智力商数"(intelligence quotient,IQ)的概念,它是心理年龄(mental age,MA)与实足年龄(chronological age,CA)之比,也称比率智商。

(三) 韦克斯勒智力量表

美国心理学家 D. Wechsler 编制了四个广泛应用的智力量表,包括:① 韦克斯勒-贝勒维智力量表(Wechsler-Bellevue Scale,W-B),这是 1939 年 Wechsler 在贝勒维精神病医院工作期间编制的个人智力量表,适用于 16~60 岁的被试。② 韦克斯勒儿童智力量表(Wechsler Intelligence Scale for Children,WISC),1949 年编制。③ 韦克斯勒成人智力表(Wechsler Adult Intelligence Seale,WAIS),1955 年编制。④ 韦克斯勒学前和学龄初期儿童智力量表(Wechsler Preschool and Primary scale of Intelligence,WPPSI),1967 年编制。1974 年,韦克斯勒儿童智力量表修订版(WISC-R)发表。1991 年,韦克斯勒又对该量表进行修订,并发表该量表的第三版(WISC-Ⅲ)。韦克斯勒儿童智力量表第四版(WISC-IV)2003 年起在北美正式发行和使用,声誉卓著,是目前国际上最著名、最权威、最有效的智力测量工具之一。

> 你认为 Binet、Terman、Wechsler 等人设计的智商测验,有什么价值? 会产生哪些问题?

专栏 6-4 韦氏智力测试创始人-Wechsler

David Wechsler(1896~1981),美国心理学家,韦氏智力测验的编制者。

1896 年,Wechsler 出生于罗马尼亚,6 岁随全家移居美国。1916 年毕业于纽约市立大学,后考入哥伦比亚大学,成为当时著名心理学家 Woodworth 的学生。1917 年,他以其有关实验病理心理学方面的研究论文获硕士学位。Wechsler 在研究及应用中发现斯坦福-比纳智力测验虽然适合于儿童,但不足以预测成人能力、军人素质的优劣,这是 Wechsler 决心编制成人智力测验的缘由。

图 6-2 David Wechsler (1896~1981)

1919 年,他被派往英国伦敦大学,师从 Spearman 和 Pearson,深受他们有关一般智力概念和相关方法的影响。1919 年,他从军队退役后,于 1920 年入法国巴黎大学学习,并在索博尼心理实验室工作。在此期间,他结识了 Simon 和精神病学家 Janet,还搜集了有关心理电流反应和情绪研究的数据,为其完成博士论文奠定基础。1922 年,他再回美国哥伦比亚大学深造,再次接受 Woodworth 的指导,于 1925 年获博士学位。他在完成博士论文的同时还承担了纽约市新创立的儿童指导所心理学工作。

1925 年,Wechsler 任美国心理学协会代理干事。1932 年,成为贝尔维精神病院首席心理学家,翌年起又兼任纽约大学医学院教授,期间,一直致力于智力测验的创造与发展。1979 年,Wechsler 获耶路撒冷希伯来大学授予的名誉博士学位证书和"荣誉事业"奖状。

Wechsler 是继法国 Binet 之后对智力测验研究贡献最大的人,其所编的多种智力量表,是当今世界最具权威的智力测验。

四、智力发展的差异性及影响因素

(一) 智力发展的差异性

智力与一个人的先天因素有关,但每个人在有利的环境下都可能使自己的潜能发展得更好,因此从先天和后天的因素来讲,智力的差异性是不可避免的。从分类上看,智力的差异可以分为个体差异和群体差异。个体差异是不同个体间表现出来的智力水平、类型、结构等方面的差异;群体差异是指不同群体之间的智力差异。

1. 智力的个体差异 个体差异是指在成长过程中,因受遗传和环境的交互影响,不同的个体在身心特征上所显示的差别。智力的个体差异主要表现为智力发展水平和智力结构上的差异。

第一,在智力发展水平上,不同个体所达到的水平明显不同。心理学研究表明,人群的智力水平呈两头小、中间大的正态分布形式。美国纽约大学 Wechsler 由此将智力分为七个等级(表 6-1)。

在同龄群体中,按智力发展的水平,可以将儿童划分为智力超常、智力中等和智力低下三类。由表 6-1 可知,95% 以上的儿童智商分数都在 70~129,属于智力中等水平;另有不足 5% 的儿童处于两端,即智商在 130 以上的超常儿童和智力在 69 以下的智力低下儿童。

第二,不同个体的智力结构也不同。智力不是单一的心理品质,而是由多种基本成分组成的,如有的人擅长音乐,但缺乏逻辑能力;有的人数学能力突出,却五音不全。

表 6-1 Wechsler 对智力的分类

IQ	类别	百分比	
		理论正态曲线	实际样组
130 及以上	极优秀	2.2	2.3
120~129	优秀	6.7	7.4
110~119	中上(聪颖)	16.1	16.5
90~109	中等(一般)	50.0	49.4
80~89	中下(迟钝)	16.1	16.2
70~79	智力发育障碍边缘	6.7	6.0
69 及以下	智力发育障碍	2.2	2.2

2. 智力的群体差异　男性和女性哪个群体更聪明?很多人对此感兴趣,并为此争论不休。众多研究表明,男女之间总体智力水平没有差异,但这并不是否认智力的性别差异,这种差异并不是笼统地说男性比女性聪明,或者女性智力水平高于男性,而是两个群体在智力的不同特征上存在差异。

第一是智力结构上的差异。总体上说,男性在图形知觉、逻辑演绎、数学推理、机械操作、视觉反应等方面表现得更好,而女性则在语言表达、机械记忆、听觉反应等方面显示出优势。

第二是智力表现早晚上的差异。一般来说,女性智力表现较早,男性表现较晚;女孩早期的智商分数通常高于男孩,这种现象在学生的学习方面比较明显。比如,小学阶段女生成绩通常比男生好,但到了中学和大学,甚至以后的整个生活阶段中,男性的总体表现要好于女性,男性和女性的智力发展是不同步的。

第三是智力分布上的差异。男性智商分布的离散性比女生大,在智商分布的两端,男性要多于女性,而女性智力居中等水平的比率较大。这也可以在一定程度上解释为什么男生的学习成绩两极分化的现象更严重。

专栏 6-5　弗林效应

智力在个体生命历程中会发展变化。那么,随着历史的前进,人类的智力会不会变化呢？比如,20世纪40年代的年龄群体与90年代的同龄群体或将来,如2020年的同龄群体之间在智力上存在差异吗？这一问题深深吸引着心理学家们。Flynn是研究这一问题的先行者。他收集了历史上大量的智力测验数据资料,经过系统研究发现,自智力测验发端以来,智力测验的平均成绩不断上升,这种现象被称为弗林效应(the Flynn effect)。Flynn一系列研究的结论是,从1940年开始,智力测验的平均成绩(智商的平均数)在以每10年3个百分点的速度递增,这意味着现在智力测验成绩为100,其智力水平大约相当于20年前的106,并且,群体智力测验平均水平上升的速度有加快趋势。

弗林效应受到以美国心理协会(American Psychological Association)下辖的科学事务委员会为首发引起而组成的一个智力研究特别工作小组的关注,并将其列为智力心理学会今后应着力解决的一个问题。他们认为,弗林效应的存在可能与人们经验的不断丰富、营养状况的不断提高和对智力定义的变化等有关。

(二) 智力发展的影响因素

在智力发展的研究中,智力主要是先天遗传的结果还是后天教养的产物？血缘关系如何影响智力？早期的环境及家庭因素在智力发展中到底起什么样的作用？这些问题引起了人们激烈的讨论。

1. 遗传及成熟因素的作用　研究者通过家谱分析法、双生子研究和收养研究,证明在某种程度上遗传是智力发展的影响因素之一。在智力的发展过程中,离不开脑的发育和生理的成熟,也离不开生理机制或物质基础。个体的生理变化的规律性,例如,脑重量的变化、脑电波逐步发育、脑中所建立的联系程度的程序和过程,就是智力发展年龄特征的生理基础。

2. 后天环境与学习因素的作用　早期环境刺激对智力发展产生影响。国内外的研究已经发现,早期的家庭刺激质量对智力的影响在儿童半岁左右表现出来。Gottfried等发现,提供适当玩具对1岁儿童的智力发展有利,而提供刺激多元化的机会对2岁儿童的智力发展更为重要。万国斌对211名6～8个月的婴儿进行了研究,发现家庭环境刺激质量对儿童智力发展的影响在婴儿期就已经存在。寄养的方式不同,对儿童智力发展会产生不同的作用。如在幼儿园和学校,由于能够接受更多信息,学习更多知识,因而对儿童的智力发展是十分重要的。有关这方面的研究都显示出,早期环境刺激越丰富,对儿童的智力发展越有利,反之则越不利。

家庭因素对智力发展同样产生影响。具体包括：① 家庭环境的作用。和谐融洽的家庭环境可使儿童获得安全感,心理活动较为稳定；不良的家庭氛围则不利于儿童智力的发展。② 父母的受教育程度和职业对儿童智力发展的影响。父亲的文化程度对儿童的语言智商具有最重要的影响,其次为母亲的文化程度;对儿童的操作智商发展最重要的是母亲的文化程度。③ 家庭教养方式。家庭教养方式按类型可分为专制型、放任型、溺爱型和民主型。采用专制型教养方式的父母崇尚服从,不允许孩子对行为标准的正确性有所怀疑,这不利于智力的发展。放任型的父母对子女采取不闻不问、放任自流的态度,在这种教养方式指导下的孩子缺乏探索行为和完成任务的想法。在溺爱型的家庭中,父母常对孩子偏爱,不能正确地看待孩子的优缺点,只看到孩子的优点,而不见缺点。民主型家庭教养方式的父母对子女是温和的、关心的,亲子之间的关系是和谐的、平等的。

专栏 6-6　教师期望与智力发展

1966年,哈佛大学Rosenthal和Jacobson首次研究了教师期望对学生智力发展的影响。研究在加州一所小学进行,学校有6个年级,每个年级有3个班级,每个班配备1名班主任,共计18人。

首先Rosenthal给学校里的全体学生进行IQ测验(实际测验名称是一般能力测验,The Test of General Ability,TOGA),对教师隐瞒真相,告诉他们,学生所施测的是"哈佛应变能力测验",测验成绩可以预测学生未来的学术成就。换句话说,Rosenthal要让教师相信,测验获得高分的学生,在未来一个学年中,学习成绩将有所提高。而TOGA测验本身并不具备这种预测功用。

每位班主任都得到一份名单,上面记录着本班在哈佛测验上得分最高的10名学生。实际情况是,名单上的10名学生完全是随机抽取的,并不是真正得分高的学生,这些学生组成实验组,其他学生则组成对照组。

一个学年结束之际,Rosenthal再次使用TOGA测验来测量全体学生,计算每个学生IQ的变化情况,并比较实验组和对照组的IQ的变化差异。结果发现,实验组IQ平均提高12.2%,而对照组IQ平均提高8.2%,两者差异非常显著($P<0.01$)。Rosenthal也发现,这种差异主要是由一年级和二年级两个低年级组的悬殊差异使然。

Rosenthal研究证实,教师对学生行为的期望可以转化成学生的自我实现预言。教师期望某个学生会较大程度提高智力时,这名学生果真如此。研究报告还得出,年级越低,实验组学生的IQ比对照组学生的提高越明显。这可能是因为对于低年级学生,当研究人员告诉教师学生的IQ水平时,由于教师对学生不熟悉,所以教师的期望效应在学生身上发挥的作用比较明显。到了中高年级后,教师对学生的了解比较多,教师对每位学生有比较深的了解,所以教师对学生的期望效应并不随研究人员而转移,导致教师的期望效应不明显。

第二节 智力发展的规律

智力发展主要指从出生到成熟阶段，主体在活动中整个反应结构不断改造、日趋完善和复杂化的过程，是积极的心理变化过程。但智力发展不是杂乱无章的，而是遵循一定规律的。同时智力发展会受到年龄、环境和教育等因素的影响。那么，智力发展的特点和趋势如何？什么时候智力发展到顶峰？这些都是心理学家关注的问题。

一、智力发展的一般特点

智力的发展是一个循序渐进的过程，并呈现一些与其他能力发展共同的特点：

1. 从简单到复杂　智力的发展顺序是先发展感知觉，再发展记忆、想象和思维能力等；而思维活动则是先发展具体形象思维，最后才有抽象逻辑思维的发展。

2. 由一般到特殊、由泛化到特殊　儿童对外界的认识都是从宏观和常见事物开始的，然后逐渐对微观事物进行认知，如对颜色的知觉，先认识一般的红、黄、蓝、绿，再分化为淡红、深黄、浅蓝、墨绿等。

3. 存在智力发展的最佳时期　智力发展的最佳时期是指个体出生至5岁的阶段，这个时期智力发展的特点是发展速度最为迅速。在这个时期，个体对外界刺激的变化特别敏感，极易接受特定影响而获得某种能力，这就是所谓的智力发展的"关键期"。其中，出生后4~5个月是婴儿辨别生人和熟人的关键期；2~3岁是儿童口头语言发展的关键期，这时儿童学习口语最快、最巩固，容易获得口头语言的能力；3~4岁是儿童求知欲发展最旺盛的时期；4~5岁是儿童书面语言发展的最佳时期；5岁左右是儿童抽象概括能力发展的敏感期。

二、智力发展曲线

在研究智力发展中，经常采用坐标图，以年龄为横坐标，以智力分数为纵坐标，在坐标图上描绘出不同年龄点所测得的对应的智力分数，连接这些点，则形成一条曲线，即为智力发展曲线，它能较为形象地显示智力随着年龄增长而发生的变化。

（一）智力发展的研究

1. Pinterer 的研究　早在20世纪20年代，Pinterer就研究了智力发展速度的课题。他认为，儿童出生至5岁，智力发展速度最快；5岁至10岁，智力发展速度仍然较快；10岁至15岁，智力发展速度较慢，但仍未停止；从16岁起，智力达到最高水平的顶峰（图6-3）。

2. Bloom 的研究　20世纪60年代，Bloom在《人类特性的稳定与变化》一书中认为，个体从出生~5岁是智力发展最为迅速的时期，这与Pinterer的观点是相一致的。如果17岁所达到的智力顶峰水平为100%，那么，从出生~4岁，就已经获得其中 50% 的智力；4~8 岁，又获得另外 30% 的智力；8~17 岁，再获得最后 20% 的智力（图 6-4）。

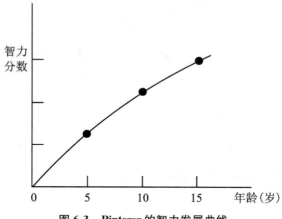

图 6-3　Pinterer 的智力发展曲线

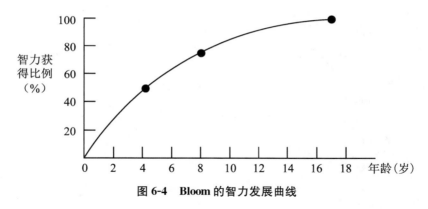

图 6-4　Bloom 的智力发展曲线

3. Bayley 的研究　1970 年，Bayley 在《心理能力的发展》一书中报告了研究智力发展的成果。他采用纵向研究方法，在从出生至 36 岁的不同年龄特点上，对相同被试反复进行智力测验，所用测验材料分别是贝利婴儿发展量表、斯坦福-比纳智力量表和韦克斯勒成人智力量表。他计算出三种量表的标准分数的平均数，绘制成智力发展曲线，如图 6-5 所示。

我们可以看到，与前面两个研究有所不同，智力一直增加到 26 岁左右才达到顶峰，此后智力发展曲线便不再上升而保持平坦。26 岁是一个总体平均数，这个年龄之后，有的被试智力继续增长，而有的被试智力则开始下降。

4. Wechsler 的研究　1955 年，Wechsler 编制成人智力量表，被试样本由 1700 人组成，年龄为 16~64 岁，分为 7 个年龄组。研究采用分层取样，每个年龄组的人数组成、人员的性别、种族、地区、职业、城乡及所受教育年限等条件都与全国人口普查的人口比例相符合。另外，由 475 名被试组成"老样本"，分为 4 个年龄组。根据两部分测验结果绘制成智力发展曲线,如图 6-6 所示。

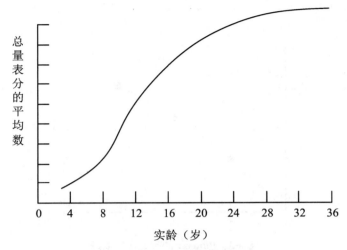

图 6-5　Bayley 的智力发展曲线

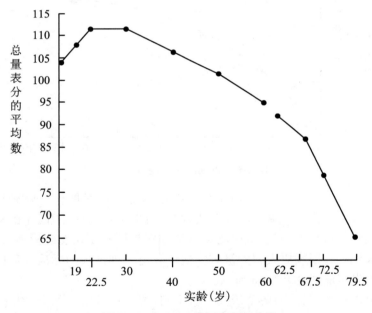

图 6-6　Wechsler 的智力发展曲线

我们可以看到,图 6-6 中有两条曲线,左边一条曲线表示 17~60 岁各个年龄组中被试总量表分的平均数,而右边一条曲线则表示 62.5~79.5 岁各个年龄组中被试总量表分的平均数。把两半部分曲线合为一体,可以看到,20~34 岁是智力发展的高峰期,此后智力开始逐渐下降,直到 60 岁。60 岁以后,智力则加速下降。

5. 中国学者的研究　龚耀先等人分别对韦克斯勒幼儿智力量表中国常模样本进行研究，发现3~6.5岁幼儿智力随着年龄增长基本上直线上升。张厚粲等对中国儿童发展量表3~6岁常模的研究，也发现了类似的趋势。

从对韦克斯勒儿童智力量表中国常模样本的研究中发现，尽管智力随着年龄的增长而不断提高，但智力发展速度呈阶段性变化，13~14岁之前快速上升，此后明显变慢。

(二) 智力水平的一般趋势

根据以上几个研究成果，我们可以得出关于智力发展的三点结论。

第一，智力随着年龄增长的发展变化，可以划分为三个时期：

(1) 上升期。在这个时期，智力随着年龄增长而上升，开始快速上升，之后缓慢上升，最后达到智力的顶峰。

(2) 高峰期。在这个时期，智力随着年龄增长而基本不发生变化，始终保持在最高水平附近。

(3) 下降期。在这个时期，智力随着年龄增长而从最高水平下降，开始缓慢下降，之后快速下降。

第二，对于三个时期起止年龄，也就是高峰期的起止年龄，研究者的观点有所不同。有人认为从16~17岁开始，也有人认为从26岁开始，还有人认为高峰期在35岁左右，但西方大多数心理学家倾向于20~34岁是智力发展的高峰期。

第三，在上升期内，智力快速上升到哪段年龄为止，研究者的观点大致相同，即到10~13岁为止。在下降期内，智力快速下降从什么年龄开始，研究者的观点也大致相同，即从60岁开始。

综合以上三点结论，我们可以指出智力发展的一般趋势是：从出生至10~13岁，智力快速上升；从10~13岁至20岁，智力缓慢上升；在20岁左右，智力达到顶峰，高峰期一直保持到34岁左右；从35~60岁，智力缓慢下降；到60岁以后，智力则急剧下降。

第三节　人生各期智力的发展

当代发展心理学最有影响的人物是J. Piaget。Piaget认为，智力是按一定阶段发展的，阶段的具体含义是：① 智力发展过程是一个内在结构连续的组织和再组织的过程，过程的进行是连续的；但由于各种因素的相互作用，智力的发展表现出明显的阶段性。② 每个阶段都有其独特的相对稳定的智力结构，它决定着该阶段的主要心理特征。由于环境、教育、文化以及主体的动机等各种因素的影响，具体到每个个体时的智力发展，则可能会提前或推迟，但阶段的先后次序不会改变。③ 各阶段的出现，从低向高有一定的次序，这个次序是不能改变的，不能逾越也不能互换。前一个阶段是后一个阶段的必要条件，前一阶段的结构是构成后一阶段的结构的基础,后一个阶段是前一个阶段质的飞跃。④ 在智力的发展过程中,两个阶段之间不能截然分开,而是有一定的交叉。Piaget 通过大量研究,提出了儿童青少年的智力发展主要经过四个阶段:感知运动阶段(0～2 岁)、前运算阶段(2～7 岁)、具体运算阶段(7～12 岁)、形式运算阶段(12～15 岁)。

一、婴幼儿期智力发展的特点

(一) 婴儿期智力发展的特点

在婴儿期,智力各方面的发展体现在感知觉、记忆等方面,这个阶段感知觉的发展速度最快,也占主导地位。

1. 感知觉方面　2～4 个月的婴儿,其颜色直觉已发展得很好;3 个月大时具有分辨简单形状的能力;4 个月以前已经具有了大小知觉的恒常性,4 个月时已表现出对某种颜色的偏爱,其颜色视觉已经接近成人水平;6 个月的婴儿表现出深度知觉,并能辨别大小;8 个月时获得形状恒常性。

2. 记忆方面　人们认为记忆发生在新生儿初期。Rovee Collier 的研究已经证实了这个观点。他利用操作性条件反射来研究婴儿的记忆能力,发现新生儿末期确实具有了长时记忆的能力。他在 6 周大婴儿的床周围挂一些玩具,这些玩具与婴儿的腿相连。实验者摇动这些玩具,婴儿听到这些玩具发出的声音、看到玩具做出有趣的动作后,也兴奋地活动自己的腿。经过几次这样的练习后,婴儿能很快学会自己动腿来使玩具发出声音。间隔两周,再将婴儿放在同样的环境中,结果发现,婴儿能立即表现出动腿的动作。显然,6 周大的婴儿已经有了记忆的能力,能够记住所学的内容。

Piaget 根据对自己孩子的追踪观察研究,把 2 岁以前儿童智力的发展划分为六个小的阶段和三个发展层次。这六个小阶段的主要发展特性是:① 反射练习阶段(0～1 个月),也称本能阶段;② 动作习惯和知觉的形成阶段(1～4.5 个月),也称初级循环反应阶段;③ 有目的的动作的形成阶段(4.5～9 个月),也称第二级循环反应阶段;④ 范型之间的协调,手段和目的之间的协调阶段(9～11、12 个月);⑤ 感知运动智力阶段(11、12～18 个月);⑥ 智力的综合阶段(18～24 个月)。这三个发展层次为:本能时期,习惯时期,智力活动萌芽时期。儿童出生第一个月,只是通过本能的遗传格式与环境发生作用。以后在此基础上将各种单一的反射加以联结整合,形成稍加复杂一些的格式,使儿童能够表现出各种简单的习惯行为。大约在 9 个月～1 岁左右,婴儿开始出现了最初的感知运动智力,其标志是出现了"永久性的客体"(儿童意识到,客体并不会因自己的注意而存在或消失),行为的手段和目的开始分化(儿童开始学会利用中介物来间接达到自己的目的)。

(二) 幼儿期智力发展的特点

幼儿的智力发展可体现在以下方面:

1. 观察力方面　观察的有意性比较低。小班儿童的观察缺乏系统性,容易发生遗漏现象;中班儿童的观察已经具有一定的系统性和精确性;大班儿童能系统地进行观察,观察也更细致,基本上不会遗漏细节问题。这说明幼儿的观察力在不断发展,有意性不断提高。

2. 记忆力方面　记忆力表现出显著的增长,如幼儿的记忆容量有了显著增加,无意识记忆和有意识记忆、记忆策略和元记忆都得到了发展。

在幼儿初期,儿童以无意识记忆为主,凡是他们喜欢、感兴趣、印象深刻的事物都容易被记住。在整个幼儿期,儿童的记忆带有很大的形象性,形象记忆占主要地位。幼儿记忆的发展还表现在记忆策略和元记忆的形成与发展上。记忆策略是人们为有效地完成记忆任务而采用的方法或手段。个体的记忆策略是不断发展的。一般说来,5岁前的儿童没有策略;5～7岁儿童处于过渡期,记忆策略在形成与发展中;10岁以后儿童的记忆策略逐步稳定发展起来。元认知就是关于记忆过程的知识或认知活动,幼儿也有一定的元认知。

3. 思维方面　幼儿思维的主要特点是具体形象性以及不随意性,进行初步抽象概括的能力和随意性都刚刚开始发展。幼儿由于知识经验贫乏,语言还不够用来表达,因而主要是凭借事物的具体性或表象来进行思维。在整个幼儿期,儿童的思维水平是不断提高的。5～6岁的儿童在直觉行动水平上解决问题,依据物体的感知特点和情景进行分类。6～7岁的儿童开始突破具体感知和情境性的限制,大多数人能依据物体的功用及其内在联系进行抽象概括,但对物体本质属性的抽象概括能力还只处于初级阶段。

此期相当于Piaget前运算阶段,是从感知运动智力向概念性智力发展的一个中间性过渡阶段,主要是因为儿童还不能进行逻辑思维。表象或形象思维萌芽于此阶段,在前一阶段发展的基础上,各种感知运动图式开始内化为表象或形象图式。特别是由于语言的出现和发展,促使儿童开始从具体动作中摆脱出来,日益频繁地用表象符号来代替外界事物,重现外部活动,这就是表象思维。该阶段儿童智力发展的主要特点是:① 直观形象性,即只能凭借感性进行思维活动。② 不可逆性,即不能动态考虑并协调好思维过程中连续转换过程的每一步,也不能从事物发展的来路再返回原出发点进行逆向思考,因而没有守恒概念。③ 绝对性,即对外界物质的认识缺乏相对性。④ 想象与外在现实相混淆。

二、儿童期智力发展的特点

儿童期智力发展主要表现在以下几个方面:

1. 思维的过渡性　即从具体形象思维过渡到抽象逻辑思维。但这种抽象逻辑思维仍然带有很大的具体性,就是说它仍然是与直接、感性的经验相联系的。这个时期儿童对事物的概括能力有所发展,初步掌握了包括一定本质特点的概念,并能掌握有关概念之间的联系与区别。他们既能够理解一些具体的材料,也能开始理解抽象的材料。

2. 观察力和观察品质方面　随着年级的增加，儿童的观察力和观察品质都得到了发展，记忆的目的性、方法和内容都在变化。在目的性方面，一年级的儿童随意性较差，三～五年级的学生已经有所改善。从记忆的方法来看，有意识记还不占优势，然而随着年龄的增长其将日益转变为主导的方法，机械记忆非常发达；在记忆内容上，原本的具体形象记忆优于抽象记忆，将逐步发展到抽象记忆优于具体形象记忆。此时儿童的想象力也迅速增长，想象中的创造成分日益增多，想象逐步以现实为基础。

此期相当于 Piaget 的具体运算阶段，特点是在前一阶段很多表象图式融合、协调的基础上形成出现了具体运算图式，儿童能进行非常灵活的、完全可逆的心理运算，并开始懂得某些逻辑规则，能进行逻辑的和量的推理。其主要特点有：① 守恒性。即事物在头脑中的动作在翻来覆去的操作过程中，事物的总量保持恒定不变。② 群集性运算。在具体运算阶段，由于出现了守恒性，因而儿童可以对逻辑结构中组合性、逆向性、结合性、同一性、重复性等群集运算结构进行分析综合，从而能正确理解逻辑概念的内涵和外延。③ 对具体事物的依赖性。这一阶段的儿童还不能离开具体事物的支持而对抽象概念、假设的命题或想象的事件进行推理。④ 运算结构的孤立性。具体运算思维仍是零散的，还不能组成一个完整的结构整体。例如，虽然具体运算具有了可逆性，但其可逆性中的逆反性和相互性却是相互独立的，还没有被同时综合到更复杂的关系系统中去。

三、青少年期智力发展的特点

青少年的智力发展表现在以下几个方面：

1. 抽象逻辑思维得到发展　抽象逻辑思维是通过一种假设进行的、形式的和反省的思维。这种思维具有五个方面的特点：一是通过假设进行思维；二是思维具有计划性；三是思维的形式化；四是思维活动中的自我意识或监控能力的明显化；五是思维能跳出旧框架，追求新颖的、独特的因素，追求个人的色彩、系统性和结构性。

2. 青少年抽象逻辑思维的发展存在关键期和成熟期　在青少年期，抽象逻辑思维已经占据主导地位。但这种抽象逻辑思维又分为两种水平：一种是直接经验的支持；另一种则是从经验上升为理论，又用理论来指导获得具体知识的过程，这是更高级的抽象逻辑思维。如果说前一种类型是经验型的逻辑思维的话，那么后一种类型就是理论性的逻辑思维。

此期相当于 Piaget 的形式运算阶段，具体运算思维经过同化、顺应和平衡的过程，逐渐发展建构，达到新的思维发展阶段——形式运算阶段。该阶段是智力发展的最高阶段。所谓形式运算，是指此时的运算在头脑中已将形式和内容分开，青少年已可以离开具体事物，单纯根据假设进行逻辑推演。在此阶段中，具体运算阶段的局限性被克服了。解决问题时，青少年能运用多种不同的认知运算和策略，触类旁通，并能从多种角度和观点看事物，思维和推理高度灵活。该阶段智力发展最突出的特点之一是思考假设的问题，即可能是什么。同时思考真实性的能力得到了发展，思考可能性和现实性的能力也得到了发展。

四、成年期智力发展的特点

（一）成年期智力发展总体趋势

20 世纪早期的一些心理学研究者确信，随着年龄的增长和生理功能的退化，个体的智力水平不可避免地会出现下降趋势。然而，这种单一强调下降趋势的智力理论随着研究的深入不断受到质疑。现代心理学认为，从出生到成年期，甚至成年以后，智力都在持续不断地成长和发展。直到 80 岁的高龄，由于感觉功能和其他基本生理结构的进一步衰退，智力下降才会明显加快，并且这种下降会涉及绝大多数能力。

美国心理学家 Schaie 认为，在成年期，成年人的主要任务就是为实现自己的理想和奋斗目标而努力工作。这个年龄段既涉及抽象的认知技能，也涉及标准化智力测验没有测量到的能力。同时在这一过程中，成年人的自我意识得到进一步发展，能够对自己的活动进行监控，评判当前的活动与设定的目标之间的距离。成年人的社会责任重大，不仅要承担家庭方面的责任，如抚养、教育子女等，更要承担社会和事业两方面的责任。

成年人的智力活动所表现出来的主要方面，不同于其他年龄段的个体，不仅有与学术相关的能力，还有与生活、社会相关的能力；同时，在智力活动的深度和广度上都达到了最高的程度，显示出了高于前几个发展阶段的特点：

1. 观察力　在观察力方面，成人具有主动性、多维性及持久性的特点。他们既能把握对象或现象的全貌，又能深入细致地观察对象的某一方面，而且在实际的观察中，观察的目的性、自觉性、持久性进一步增强，精确性和概括性明显提高。

2. 记忆力　在记忆力方面，有意记忆、理解记忆占主导地位，而且记忆容量很大，机械记忆所占比率随年龄增长而逐步下降。

3. 想象力　想象中的合理成分和创造性成分明显增加，克服了前几个发展阶段中所表现出的想象过于虚幻的弊端，使想象更具实际功用。

4. 思维方式　以辩证逻辑思维为主。成人逻辑思维中的绝对成分逐渐减少，辩证的成分增多，既能看到事物之间的区别，也能对事物之间的联系作出判断；既能反映事物的相对静止，也能反映事物的相对运动，在强调确定性和逻辑性的前提下，承认相对性和矛盾性。同时，这个时期是表现创造性思维的重要时期。有学者进行过研究，发现不同领域的创造性思维达到高峰的时间都是在成年期。虽然各个领域达到高峰的时间不相同，但相对于以后的各个年龄阶段，成人在 20 岁前后尚未进入创造性思维的高峰期。

5. 成人前期是智力发展的高峰期　成年前期是智力发展的"鼎盛"时期或者

高峰期(表6-2)。

表6-2　不同年龄组不同能力的平均发展水平

年龄	10~17岁	18~29岁	30~49岁	50~69岁	70~89岁
知觉	100	95	93	76	46
记忆	95	100	92	83	55
比较和判断	72	100	100	87	69
动作及反应速度	88	100	97	92	71

表6-2是一项横断研究,表明了普通人智力发展的一般趋势,从中可以看出人类智力在35岁左右到高峰。但是,不可否认的是,占相当比例的人,特别是科学家、政治家、思想家等在50岁以后智力水平甚至高于他们的年轻时代。不论如何,我们都可以得出这样的结论:从成人前期起,人类的智力发展进入顶峰,此后出现高峰期,直到50岁以后才开始出现局部范围的缓慢下降,成人中期在事业上的成就正是以成人前期包括智力在内的一般能力的全面发展为基础的,这也正是为何人有早慧现象,也有"大器晚成"的个例。自然科学与社会科学的创造与成就有很大的年龄区别,人与人之间也有很大的区别。不过,开始成才的年龄一般是在25~40岁,也就是说,创造与成就的最佳年龄一般出现在25~40岁,这是国内外心理学界比较一致的看法。

(二) 老年期智力发展的特点

1. 老年期智力变化的两种趋势　心理学研究表明,老年人的智力变化有两个不一致的事实,一是呈现衰退的趋势,二是呈现稳定的趋势。

(1) 老年人的智力呈现衰退的趋势。尽管人的智力发展高峰点在研究中尚未统一,但是毕竟都有一个发生、发展和衰退的过程。总体来说,老年期智力呈现衰退的趋势,各种感觉能力和记忆能力都在下降,思维灵活性更差了,想象力也不如儿童期和成年期丰富,这是研究者在50年前就获得的事实。Wechsler运用韦氏成人量表(WAIS)对成人进行两次测验,结果也表明,男子在25~32岁为智力的发展顶峰,随后便开始呈现下降的趋势,60岁后有较大幅度的下降。据此,早期横向研究者都认为,人类的个体智力至老年期已逐渐不可逆转地下降。

(2) 老年人的智力呈现稳定的趋势。20世纪60年代以后,智力发展的研究认为,老年人的智力并非全面衰退。Green于1969年研究了24~64岁不同年龄智商分数的变化,结果表明,人的智力可能持续增长到60岁,此后仍然保持稳定。Baltes和Schaie在1974年的研究支持了Green的结论,证明人的智力在60岁前一直是很稳定的,之后的衰退幅度也不大。由此可见,从整体来说,老年人智力衰退是个事实,但是并不是所有人的智力都会因年龄增长而衰退,换句换说,老年人的智力并非全部衰退。

Cattell认为,到15岁以后,流体智力与晶体智力两条曲线开始出现分歧,晶体智力曲线几乎没有什么变化或只稍许上升,而流体智力曲线则继续直线上升后急剧下降。Botwinick 针对流体智力和晶体智力在年老之后出现的变化,提出:年老以后晶体智力不随年龄的增加而下降,反而增长;流体智力则随着年龄的增加而下降。

2. 影响老年人智力的主要因素　影响老年人智力的主要因素主要包括四个。

（1）遗传。Cronbach、Schaie 和 Strother 一项长达 10 年追踪的双生老年人的智力研究表明,以智力测定成绩的相关来看,同卵双生老人比异卵双生老人的智力相关程度更高。双生老人老年痴呆症的临床研究证明,遗传因素会产生一定的作用。

（2）机体。老年人长期患有疾病,不仅影响生理功能,也会影响智力。70%～80%的老年痴呆者是由脑动脉硬化导致循环障碍引起的。脑和神经系统功能衰弱,身体健康状况下降,活动能力和感觉功能下降,社会活动范围和交往范围缩小等,均可造成智力衰退。

（3）知识。学历、知识、经验等社会因素与老年人的智力发展和保持有很大的关系。研究表明,经常从事一定脑力劳动的老年人,以及学历较高、受教育时间较长的老年人,智力衰退缓慢。

（4）职业。日本心理学家爱井上胜也对 100 岁高龄者的研究获得结论:曾从事管理职业的老年人比没有从事这类职业的老年人,呈现出有意义的较高水平的智力水平。国内也有研究表明,相较于无职业和任务的老年人以及过去一直从事体力劳动的老年人,职业老人的智力下降程度较小。

3. 临终者的智力　对临终者的智力状况,总得来说研究不多。最先开展这项研究的是 Kleemeier,他在 12 年间分四种情况对老人进行测验。通过比较测验后不久就死亡的被试和仍活着的被试智力下降的速度,发现死亡被试的智力下降更快。另一项研究测验了老龄同卵双生者,一般认为,同卵双生儿的智力分数极为相近。如果双生儿之一的智力分数显著降低,这个双生儿就会先于另一个死亡。杜克大学纵向研究的数据也证实了临终智力下降的发生。不过,这种下降大多是相对渐进的,Siegler 的研究表明,只有 20% 的被试出现了急剧下降。

> 老年人最强的认知优势和最大的局限性是什么？

第四节　智力发育障碍

一、智力发育障碍的概念

（一）智力发育障碍概念的演变

19 世纪以来,有关智力障碍的概念、术语、分类和对病因的探求上经历了很大的变革,人类对智力障碍这一疾病进行了前所未有的研究和讨论。

"白痴学者"(savant syndrome)这一术语是从希腊语中演变而来的,原意是指不参加公众活动的人。19世纪初,这个词被赋予了一定的科学意义,用来专门描述智力障碍的人。"白痴"作为一个普通使用的术语在19世纪50年代就消失了,人们继而采用伦敦皇家医学院的术语——"低能"(mental deficiency)。那时,"低能"就成了描述那些大脑有缺陷而不能正常发展的人的专用名词。"低能"这一名词比"白痴"温和一些,而且可以适用于包括各种程度和各种类型的先天性智力障碍,从稍低于正常智力的智力障碍儿童到严重智力发育迟缓的儿童。直到1959年美国智力与发展障碍协会(American Association on Intellectual and Development Disability,AAIDD)等首先提出了"mental retardation"(精神发育迟滞或智力落后)的概念以后,"mental retardation"才逐渐成为国际性的英文术语。1978年以来,我国则以"弱智""智力残疾"表示因智力低下和适应行为缺损的智力障碍儿童。

智力障碍的概念在《国际疾病分类第十一次修订本(ICD-11)》中称为智力发育障碍(disorder of intellectual development),是指在发育阶段发生的障碍,包括智力和适应功能两方面的缺陷。其中智力水平明显落后于同龄人平均智力至少两个标准差。根据疾病的严重程度,诊断分别为轻度、中度、重度、极重度、暂时的、未特指的。

《精神疾病诊断与统计手册第五版(DSM-5)》对智力发育障碍有一个总体的诊断标准,通过诊断条目ABC进行描述。A条目是指必须在逻辑推理、解决问题、计划、抽象思维等智力功能方面存在缺陷,此缺陷根据临床测评、神经心理测评来确认;B条目是指需要有适应功能的问题,导致未达到与年龄相匹配的发育程度和社会文化水平;C条目是不管智力还是适应功能,起病时间都在神经发育阶段。满足以上三条才能被诊断为智力发育障碍。

(二) 智力发育障碍的流行病学

我国对智力发育障碍流行率的报道不尽相同。2006年我国残疾人抽样调查公报显示:我国残疾人总数为8296万,智力发育障碍者人数为554万,占残疾人总数的6.68%。男性智力发育障碍儿童比女性智力发育障碍儿童多。从文化特点来看,智力发育障碍在发达国家的发生率很高。从发现的年龄看,学龄前儿童发现率低于1%,85%的智力发育障碍患者为学龄儿童,多处于9~18岁。从严重程度方面来看,约90%的智力发育障碍为轻度的智力发育障碍,仅有10%为重度以上的智力发育障碍。

(三) 智力发育障碍的病因

智力发育障碍的病因复杂,涉及范围广泛,从胎儿到18岁以前影响中枢神经系统发育的因素有很多,诸如生物学因素、社会心理因素以及其他因素等均可能导致脑功能发育阻滞或大脑组织结构的损害。世界卫生组织将造成此症的病因分为十类，例如：① 感染和中毒；② 外伤和物理因素；③ 代谢障碍或营养不良；④ 大脑疾病（出生后的）；⑤ 原因不明的出生前因素和疾病；⑥ 染色体异常；⑦ 未成熟儿；⑧ 重型精神障碍；⑨ 心理社会剥夺；⑩ 其他和非特异性的原因。

（四）智力发育障碍的表现形式

1. 在感知觉方面的表现　耳聪目明是智力高的表现之一，而智力低下与感知觉减退的程度则往往成正比。轻度智力低下者可能有视觉敏锐度的降低，不能辨别物体形状、大小和颜色的细微差别，严重者不能辨别多种颜色。其听觉的广度与精确度也比正常人差，不注意亲人召唤，不理睬口哨的招呼声与周围的响声，但听到与"吃"有关的响声会立即有反应。严重者可有嗅味觉减退或缺失，触觉、痛温觉亦不如正常人敏感。

2. 智力低下与注意力的关系　智力低下者对外界事物的注意广度和兴趣范围明显缩小，缺乏好奇心，给教育和智力训练带来困难。其注意的稳定性和分配力也相应有所减弱，严重者可完全没有主动注意与兴趣爱好。

3. 智力低下与记忆力的关系　智力低下者理解和记忆能力差，使可以回忆和应用的既往经验少。其记忆的广度也相应减弱，一次不能记住多件事情。

4. 智力低下与思维的关系　思维能力差是智力低下的一大特征。智力低下者的概念简单具体，缺乏抽象思维能力，宁愿用手势与图画表达和交流思想，而不惯于多用语言，缺乏想象力和描述能力，对于事物的异同缺乏比较分析和概括能力。

5. 智力低下与情感的关系　智力低下者情感反应较迟钝或表现出强烈的原始性情绪。轻度者可有羞惭、蔑视、厌恶、愤怒、悲哀等细致的情绪体验；中度者可有快乐、恐惧、愤怒、惊讶、仇恨以及轻度的激情、羡慕与嫉妒；重度者只有暴怒，但较少出现恐惧。

二、智力发育障碍的等级与表现

（一）智力发育障碍的等级与分类

智力发育障碍者作为一个群体，他们之间有明显的个体差异。美国精神发育不全协会（American Association on Mental Deficiency，AAMD）对智力发育障碍的分级标准见表 6-3。

表 6-3　AAMD 智力发育障碍的分类

等级	标准差范围	韦氏智力量表的 IQ 范围（$s=15$）	斯坦福-比奈智力量表 的 IQ 范围（$s=16$）
轻度	$-3.0 \sim -2.01$	69～55	67～52
中度	$-4.0 \sim -3.01$	54～40	51～36
重度	$-5.0 \sim -4.01$	39～25	35～20

等级	标准差范围	韦氏智力量表的 IQ 范围($s=15$)	斯坦福-比奈智力量表 的 IQ 范围($s=16$)
极重度	-5.0 以下	<25	<20

我国在 1987 年进行的全国残疾人抽样调查中,对智力发育障碍者的分级标准是参照了世界卫生组织的分级标准而制定的,具体见表 6-4。

表 6-4　我国智力发育障碍的分级

级别	分度	与平均水平差距(s)	IQ 值	适应能力
一级	极重度	≥5.01	20~25 或 25 及以下	极重度适应缺陷
二级	重度	4.01~5	21~35 或 26~40	重度适应缺陷
三级	中度	3.01~4	36~50 或 41~55	中度适应缺陷
四级	轻度	2.01~3	51~70 或 56~75	轻度适应缺陷

(二) 临床表现

根据疾病的严重程度,智力发育障碍的临床表现如下:

1. 轻度智力发育障碍　智力发育存在问题,与平均智力水平之间存在两到三个标准差,人群中所占比例为 0.1%~2.3%,占比明显不高。这类患者在表现复杂语言概念和学术技能的获得、使用、理解等方面存在问题。作为成人,独立的生活和工作可能需要一定的帮助。

2. 中度智力发育障碍　中度智力发育障碍是指有显著低于平均智力的功能和适应行为,在平均值的三到四个标准差以下,人群中所占比例为 0.003%~0.1%。基于这种程度的智力水平,适应功能方面有很多困难,可能会保留一些基本的自我照顾技能,但对于照顾家庭等活动,大多数患者则难以完成。作为成人,为了获得独立的生存和工作能力,需要相当程度的持续的支持。

3. 重度智力发育障碍　重度智力发育障碍个体的智能和适应行为水平显著低于平均水平,通常低于平均值的四个或更多标准差,在人群中所占比例小于 0.003%。此类患者语言能力非常有限,可能伴有感觉和运动功能的损害,通常需要每天持续的支持和充足的照顾。如果经过高强度的系统训练,也可能获得基本的自我照顾技能。

4. 极重度智力发育障碍　极重度智力发育障碍的智能和适应行为水平也是在平均值的四个或更多标准差以下,在人群中所占比例小于 0.003%。重度和极重度智力发育障碍根据适应行为差异来进行区分,因为现有的智力标准化测试无法精准地对这两种严重程度的智力障碍进行区分。极重度智力发育障碍的个体可能同时出现运动及感觉缺失,每日都需要被支持,完全需要被别人照顾。

5. 暂时性的智力发育障碍　暂时性的智力发育障碍一般针对 4 岁以下的幼儿,明显感觉幼儿智力发育可能存在问题,但暂时无法给幼儿进行测评,无法判断其是否确实存在问题,或因为存在运动和感觉的严重受损,诊断为暂时性的智力发育障碍。随着幼儿的成长,诊断结果也可能出现变化。此诊断并非说明幼儿一定有多么严重的问题,可延迟再完成智力测评。

6. 未特指的智力发育障碍　未特指的智力发育障碍是指评估个体确实有智力落后的问题,年龄也足够完成智力测试,但由于信息不足,在准备进行智力测试的过程中,暂时诊断为未特指的智力发育障碍。

三、评估与治疗

(一) 评估

1. 收集病史　全面收集母孕期及围生期的状况,出生史如产伤、窒息等;出生后生长发育情况,语言和行为发展情况;抚养情况,家庭经济状况,以及教育环境;身体健康与疾病等。

2. 体格检查和实验室检查　了解生长发育指标(身高、体重、皮肤、手掌、头围等),需要时可选择内分泌及代谢检查、脑电图、头部 MRI 等,以及染色体及脆性位点检查。

3. 智力测验　韦克斯勒儿童智力测验量表(WISC-R)是最常用的量表。对于 4 岁以下儿童,可选用 Gesell 发育诊断量表(Gesell Developmental Scales),该量表测评动作能、应物能、言语能、应人能四个方面的智能,得到婴幼儿发展商数(development quotient,DQ)。DQ 值低于 65~70 存在智力发育落后。

(二) 治疗

治疗的原则是早期发现、早期诊断、早期干预,应用医学、社会、教育和职业训练等综合措施,使患者的社会适应能力得到最大程度的发展。

智力发育障碍的治疗应以教育训练为主、药物治疗为辅。

1. 教育训练　针对智力发育障碍儿童的训练,需从教育、心理、医学和社会等方面共同开展,根据患者的身体和智力水平,采取切实可行的教育、训练及康复医疗等综合措施,制订不同的训练目标,提高其劳动技能和社会适应能力,包括独立生活能力、运动能力、职业能力、社会交往能力、自我管理能力、社区设施使用能力、闲暇时间安排能力等。除了设立特殊教育学校、幼儿园、训练中心以外,要强调积极开展家庭和社区的力量,培训父母和基层保健及幼教人员,将训练和管理的科学知识及基本的训练方法传授给他们,帮助他们制订训练方法和训练步骤,通过坚持耐心训练,其各种能力将会有不同程度的提高。

2. 药物治疗　药物治疗主要包括两个方面:

(1) 病因治疗:对查明病因者,应针对病因及时开展早期治疗。对先天性代谢病、地方性克汀病,应在早期采用饮食疗法和甲状腺素药物,以防止本病的发生。对某些有内分泌不足的性染色体畸变者,可以适时给予性激素,以改善病人的性征发育。对先天性脑积水、神经管闭合不全等颅脑畸形者,可考虑相应外科治疗。

(2) 对症治疗：智力发育障碍患儿中约 30%～60%伴有精神症状，根据需要可选用适当的药物进行短期治疗。对于伴有精神运动性兴奋、冲动攻击行为、自伤自残行为者，可选用氟哌啶醇、奋乃静、氯丙嗪等具有镇静作用的抗精神病药物。

3. 预防　预防措施主要包括：做好婚前检查，减少遗传问题；改善妊娠期和围生期环境因素；如婴儿出生后有可疑时，应进行心理行为方面的筛查。

4. 病程及预后　出生前、围生期病因所致的患者在出生以后即表现出躯体和心理各个方面不同程度的发育迟缓，智力损害程度较轻者多在入学以后才被确诊。在出生以后的心理发育过程中有害因素致病者，病前智力发育正常。

因致病因素一般都造成脑结构性或功能性不可逆损害，所以智力损害一旦发生，一般是不可能减轻或恢复成正常智力水平的。患者最终的智力水平和社会适应能力视智力发育障碍的严重程度、接受特殊教育和技能训练的情况而定。

案例 6-2　白痴学者

早在 1789 年，科学文献中就出现了有关白痴学者（savant syndrome）的描述。有一位能够闪电般快速推算日期的 Fuller 先生，当问他活了 70 年 17 天又 12 个小时的人总共活了多少秒时，Fuller 只花了一分半钟就得出了正确答案：2 210 500 800 秒；他把其中 17 个闰年都考虑进去了。但除了推算日期之外，Fuller 对复杂的数学并没有什么了解。Treffert 和 Wallace 认为，白痴学者通常在智力测验上得分很低，但他们在某一方面（如计算、绘画或音乐记忆）的能力却非常优秀，表现出一种不可思议的能力。他们中的不少人也常患有孤独症，且大多为男性。Miller 认为，白痴学者可以没有语言能力，但能够像电子计算机那样又快又准地计算数字，或者能够几乎立即确定历史上任何日期是星期几。到目前为止，已经知道白痴学者在推算日期、计算、音乐、绘画、雕塑、查阅字典、下象棋、背诵、色彩、赌博，甚至经商及其他许多专业知识上能表现出非凡的才能。有关文献提示，白痴学者们至少拥有了 300 种以上的天才。甚至一些弱智者在某些方面表现出的技能，也实在令人刮目相看。

大多数白痴学者实际上并非真正的白痴，其智商一般为 35～70，属轻度或中度弱智，真正的白痴智商低于 25；大多数白痴学者也并非地道的学者，因为所谓的突出才能只限于某一孤立的方面。从心理学的角度看，白痴学者的出现可能与缺陷补偿有关，其智能缺陷给患者带来了发展其他功能的动力；也可能与智力结构有关，智力结构是复杂而非单一的，白痴学者乃是智力结构发展不均衡的一种突出表现。

第五节　社会适应能力的发展

近年来，国内对智力的评价多集中在学习能力方面，如评估智商，而对社会适应能力的评估较少,特别是在儿童智力异常等级的诊断上,许多医生和家长只单纯以智商为依据。1973 年 AAMD 提出:"智力低下是指在发育时期,智力明显低于同龄水平且伴有社会适应能力的缺陷。"但是,人们对社会适应能力的培养还不够重视。

一、社会适应能力的概念

什么是社会适应能力(society adoption capability,SAC)? 对于社会适应能力的定义,不同的学者有不同的理解。广义地讲,社会适应能力是个体在其出生之后,由自然人转变为社会人所有经过的社会化过程中习得的能力。左启华在对"S-M 婴儿-初中学生社会生活能力量表"标准化时对社会适应能力进行了更详细地描述,认为社会适应能力是指个体适应环境的有效性,即个体处理日常生活和承担社会责任,达到其年龄和所处社会文化条件所期望程度的能力,此种能力的大小与智力并不完全成正比。有学者描述社会适应能力是人在社会中与社会环境和谐相处的能力,内容包括如何处理自我关系、自我与周围环境的关系(人、事物、环境和社会)。一个人在出生后的学习过程或者成长过程中,就是要处理好这些关系:如何认识和发展自我、自己与他人的关系、自己与社会的关系、对他人和他人的关系持何种态度,处理这些关系的能力,就是一个人的社会适应能力。综合以上各种观点,我们可以把社会适应能力定义为个人适应外界环境并赖以生存的能力,它包括两个方面:其一是个体自己独立生活和维持自身生存发展的能力;其二是对个人和社会提出的文化道德要求所能满足的程度。

AAMD 从个体发展的角度,认为适应能力主要包括三个方面:① 社会成熟度。主要指在幼儿感觉运动发展中体现的技能,如坐、爬、站、走、讲话及习惯训练等。② 学习能力。包括儿童的读、写、算、表达等技能。③ 社会能力。主要指在职业活动中表现出来的能力,如独立程度、人际交往、社会责任感和工作能力,这方面成人占突出地位。

二、社会适应能力发展的影响因素

1. 母婴依恋关系　个体在婴儿期极为重要的任务之一是发展对其所处环境的安全感和对别人的基本信赖感。一个婴儿在生命的头几个月或头几年里就能了解到他所处的世界是安全舒适的、令人满意的,还是一个会造成痛苦、不幸、挫折和忧郁的地方。通过父母的情感和对自己需要的立即满足,培养对父母的基本信任感,逐渐培养对人类社会的信任感,是非常重要的养育内容。婴儿与母亲接触的行为如微笑、亲吻、拥抱、发声和凝视被看作亲子依恋的标志。他们之间的互动关系如何是衡量亲子依恋好坏的根据。

2. 父亲在儿童早期社会适应能力发展中的作用　父亲是家庭中仅次于母亲与婴儿接触最多的人。由于父母社会职能的分工和历史文化的影响,父亲直接护理婴儿的时间和机会较少,但父亲对其的发展具有母亲不可替代的作用。父亲在家中是子女的玩伴,父亲与儿童游戏的作用不能被母亲行为替代,这种父-婴交往情境在儿童的认知、社会性和个性特征等多方面的发展中有重要的影响。有学者提出了父亲和儿童之间激活关系,用以描述父亲与儿童之间的关系,认为父亲与儿童的激活关系是儿童积极能力发展的基础。

3. 父母的教养方式　如果父母采用忽视、专制或溺爱的教养方式,其子女存在某种社会适应困难的比例比较高,容易出现情绪不稳定、独立性差、缺乏安全感以及自信心不足等适应问题。采取适当鼓励、保护的教养方式可以促进儿童以后的学校适应,过多的控制则会带来负面影响。

三、社会适应能力的评定

适应行为量表目前归类于智力功能评估,与智力测验既有共同的地方,也有不同之处。一般而言,社会适应功能的社交商(social quotient, SQ)与智力测验的智商是同步的,两者之间相关程度很高,但两者又不能相互代替。适应行为量表只评估当前已获得的行为能力,而智力测验所反映的主要是学业能力。在预测被试者的未来成就方面以智力测验为优,在综合多种社会功能方面以适应行为量表较佳。在现实生活中,有的人智商很高,才思敏捷,知识渊博,却不一定能善于处理人际关系和很好地适应社会道德规范,在独立生活和实际工作中也不一定能表现出非凡的能力。适应行为量表可作为智力测验的补充,使之较全面地评估总体的智力功能及社会适应能力。该量表除应用于发展心理学研究之外,还可广泛用于智力发育障碍和痴呆的诊断、分类及各种精神疾病患者的社会功能评估,同时为他们的特殊教育、训练治疗作出客观的描述和效果评定。

(一) 常用量表

1. 美国的《儿童适应行为量表》　全称为 America Association on Mental Deficiency-Adapive Behavior Scale, AAMD ABS,由 AAMD 于 1969 年编制,分两式,分别用于 13 岁以下和 13 岁及以上的儿童,将适应能力划分为六个水平。

2. 儿童适应行为量表　由姚树桥、龚耀先根据 AAMD 适应行为量表修订、编制,分城市和农村两个版本,包含感觉运动、生活自理、语言发展、个人取向、社会责任、时空定向、劳动技能和经济活动等八个分量表。

3. 成人智残评定量表　由龚耀先和解亚宁等于 1986 年编制,适用于 16 岁以上人群,向下可降至 13 岁少年。

还有其他一些量表,如瓦因兰社交成熟量表、多元文化适应行为量表等。如不适合测验,可以用同年龄、同文化背景下的人群为基准,判断其能达到的独立生活能力和履行社会职能的程度。

(三) 适应行为分级标准

1. B. B. Wedman 提出的标准　① 边界:有一定的潜在社会和职业的适应能力;② 轻度:可以从事非技术性或半技术性工作;③ 中度:部分生活自理;④ 重度:不能独立生活,经过训练可做一些简单工作;⑤ 极重:全部生活需人护理。

2. 美国教育、卫生、福利部提出的各年龄阶段的适应行为分级标准　该适应行为分级标准详见表 6-5。

表 6-5　美国教育、卫生、福利部提出的各年龄阶段的适应行为分级标准（1963 年）

分级	学前（0～5岁）	学龄（6～20岁）	成人（21岁及以上）
轻度（能教育）	能发展社会和交往技能，在感觉运动方面有轻微的迟滞；不到更大一些年龄时很难与正常儿童相区别	能接受六年级学校教育，可在指导下适应社会生活	有平均水平的社会和职业技能，可达到低等的自给，但如果处于非常的社会和经济压力时需要得到指导
中度（能训练）	能谈话和学会交往，在自理训练中而有所改善，能用中等监护来管理	在社会上和职业技能上训练而有所改进，不能超过二年级的教育水平；在熟悉环境中可独自行走	在有保护的情况下可从事一点非技术的工作；在有社会或经济压力时，需要有监护或指导
重度（部分自理）	运动能力发展不好；可讲一些话，通常在自理上不因训练而有所改进；很少或没有交往技能	能谈话和学会交往，能学会基本的卫生习惯；在系统的训练下有所改善	在完全的监护下生活半自理，在被控制的环境里可发展自我保护技能
极重（需要护理）	全面迟滞，感觉-运动方面的功能很差；要人护理	某些方面可能得到一点发展；对在自理训练方面可能有一点点反应	有些运动和言语有发展；在自我的照顾上可有非常有限的改进，要人护理

（黄慧兰）

阅读　智力发育障碍与犯罪

　　自从智商及智力测验发明后，智力与犯罪的关系研究便很快成为犯罪学、犯罪心理学的重要内容。早期，这种研究大多与低智商犯罪有关。心理学家、斯坦福大学教授 Lewis M. Terman 认为低能是社会败坏的根源，认为"并非所有的犯罪分子都是低能者，但是所有的低能者都至少是可能的犯罪分子"。

　　20 世纪中期以来，智力与犯罪的关系问题再次引起争论。许多研究表明，在违法青少年与正常青少年之间，智商水平没有明显的差异。据日本的一项调查，在少年院和监狱等改造机关的被收容者中，智力低下者所占比例较低：少年院的少年约为 10% 左右，监狱服刑者大约占 5% 左右。同时，从当时分析犯罪和智力关系的研究中,也弄清了智力低和智力高仅在特殊案件中或许会成为犯罪和违法行为的一个原因。

智力与犯罪的关系可以概括如下:

(1) 智力与犯罪的确有关系;

(2) 智力与犯罪的关系是有限的;

(3) 智力过高和智力过低都会对犯罪产生影响。

智力发育障碍的严重程度与犯罪的关系如下:

(1) 轻度:轻度患者不成熟,不懂世故,社会交往能力差,他们的思维仅仅是形象思维,往往不能进行抽象思维,他们难以适应新的环境,并且判断力差,不能深谋远虑。他们容易受骗,容易发生犯罪行为。但轻度患者常作为团伙的一员,参与团伙犯罪,有时为了充当团伙的头目,而犯下冲动性罪行。

(2) 中度:中度患者有明显的语言和运动发育迟缓问题,经过大量的训练和支持,轻中度智力发育障碍的成年人可以在社会中过着不同程度的独立生活,有些人通过训练重返社会,接受最低限度的支持即可生活,而一些人则需要很好的监督。

(3) 重度:重度患者接受训练的能力较中度患者差。

(4) 极重度:极重度患者一般不会走,不会说话,痴呆。

重度和极重度患者一般生活难以自立,很难与周围人发生联系,因此需要监护,也很少成为危害社会的人群。

可见在分析犯罪与智力发育障碍的关系时,重点应放在一般不易被常人判断的轻度智力发育障碍上,这是关键所在。

第六章习题及答案

第七章　人格的发展

第一节　概述
　一、人格的概念
　二、人格发展及其影响因素
　三、人格发展的一般规律
第二节　人格发展相关理论
　一、精神分析理论
　二、心理社会发展理论
　三、人格特质理论
　四、认知发展理论
　五、行为学习理论
　六、人格发展阶段理论
第三节　婴幼儿期的人格发展
　一、婴儿期的人格发展
　二、幼儿期的人格发展
第四节　儿童期的人格发展
　一、学龄前期的人格发展
　二、学龄期的人格发展
第五节　青少年期的人格发展
　一、少年期的人格发展
　二、青年期的人格发展
第六节　成年期的人格发展
　一、成年初期和中期的人格发展
　二、成年晚期的人格发展
阅读　趣谈九型人格

案例 7-1　孪生兄弟在"个性"上为何大"不同"?

> 欢欢和乐乐是一对双胞胎兄弟,5 岁前一直生活在父母身边。两人不仅长得很像,连说话、做事的方式都很像,甚至有时候连父母都很难分清。但是他们到了近 6 岁时,一场车祸让他们失去了父母。从此欢欢被姑姑家抚养,而乐乐被舅舅家抚养。两家经济条件等各方面都相差不多,而且家长都对两个孩子视如己出。但是从初中到高中,欢欢和乐乐在外人看来,性格是截然不同的。欢欢性格外向,遇事乐观,与他人交往时热情大方;而乐乐却显得很内向,比较安静,与他人交往时也非常的谨慎小心。后来,他们进入了同一所大学的不同专业,他们都非常优秀,都是学习认真、有钻研精神的好学生,虽然他们性格不太一样,但是都有比较好的人缘。

思考题

通过心理学知识,我们来思考一下欢欢和乐乐在哪些因素的影响下,出现很多个性、行为方面的差异?又因为什么保留了相似的表现?

从上面的案例中,我们看到最初各方面相似的孪生兄弟欢欢和乐乐,在环境改变以后,他们的性格、情感表达、行为方式和价值观等人格方面都发生了很大的变化,但是其中又有部分始终相似。本案例提示我们,个体的人格发展在遗传和影响因素的交互作用下,会有很多的可能性。人格发展是心理发展的核心内容,与心理过程发展共同构成了个体的心理发展。

人格(personality)是心理学研究的一项重要内容。"personality"源于拉丁文的"persona",原意是指戏剧中人物所戴的面具,后来被引申为人的外部和内部属性、特征的总和。人格是个体最为复杂、重要和有趣的心理现象,不仅受遗传、环境影响,也被每个人所处的特定社会文化环境影响。那么,人格发展在个体生命周期的各个阶段有哪些特征?有没有什么规律?本章主要介绍人格发展理论和人格发展的主要阶段特征。

第一节　概　　述

一、人格的概念

(一) 人格

不同的心理学家,从不同的研究取向对人格有不同的定义。早在1937年,Allport就罗列出了50多种有关人格的定义。最初,人格被认为是行为和经验在形式上的规律性和一致性,它不是偶然的行为,而是在同样情况和场景下可再现的行为。在此基础上,人格被视为可以根据一个人的一贯行为模式加以定义和描述的,同时人格也体现了思考、认识和感觉上的一致性。例如,Rogers认为"人格是一个人根据自己对外在世界的认识而力求自我实现的行为表现";Cattell认为"人格是对个体在特定环境中的行为预测";Eysenck认为"人格是个人的性格、气质、智力和体格的相对稳定而持久的组织,它决定着个人适应环境的独特性";Allport将人格定义为"个体内部那些决定个人特征的行为和思想的心身系统的动力结构"。

人格是指能够体现个人精神面貌的各种稳定的心理、行为特征的独特的结合。各种心理特性共同组成的一个相对稳定的组织结构,在不同的时间和地点,它都影响着一个人的思想、情感和行为,使它具有区别于他人的、独特的心理品质。这反映了个体在社会化过程中,经遗传与环境相互作用而形成的比较稳定的和独特的心理与行为模式,是个体在一般情况下表现出来的稳定而可预测的心理特征。

(二) 人格的特征

1. 整体性　人格是指人格的多种成分和特质,如能力、气质、性格、情感、意志、需要、动机、态度价值观、行为习惯等,它们在个体身上不是孤立存在而是密切联系的。人格以其完整和统一的形式来认识世界、感知世界和改造世界。精神病(schizophrenia)大多是由精神内部分裂、统一性的丧失而导致的。

2. 稳定性与可变性　人格的稳定性指个体的人格特征具有跨时间和空间的

一致性。从时间上看,个体的人格一旦形成就比较稳定,从婴幼儿期到老年期都具有一致性;从空间上看,一个人在不同的生活环境如家庭中、社交场合等,其人格也具有一致性。人格的稳定性可以让我们从个体儿童时期的人格特征来推测其成人后的人格特征。人格的可变性则是指人格不排斥发展和变化,并非是一成不变的。人格变化有三种可能的情况:一是人格特征随年龄的不同而具有不同的表现方式;二是具有决定性影响的环境因素和机体因素,如社会地位和经济地位的重大改变、丧失配偶、迁居异地等,往往会使一个人的人格发生较大的甚至彻底的改变;三是意志坚强的人通过自我教育也可能塑造自己的人格,使其向理想的方向发展。人格的稳定性和可变性都是人适应环境所必需的特征。

3. 独特性与共同性　人格的独特性指人与人之间的心理和行为是各不相同的,因为构成人格的各种因素在每个人身上的侧重点和组合方式是不同的。正如世界上没有完全相同的两片树叶,现实中也不存在具有完全相同人格的人。而人格也有共同性,其共同性与独特性是统一的。人格的共同性是指某一群体、阶级或民族在一定的社会和自然环境中形成的共同的典型心理特点,如对人、事和自己的态度和价值判断及对问题的看法、愿望的实现等方面都具有共同性。

4. 社会性和生物性　人格的社会性指人格是个体在社会化过程中形成的,是社会中的人特有的。每个人的人格都有时代的深刻烙印。"代沟"就是人格社会性的产物。人格的生物性也并非无足轻重,因为人格的形成与发展都离不开物质载体。虽然时至今日,人格形成的生理机制尚未明了,但是必然与大脑结构和功能不可分割。因此,人格是社会性和生物性统一的结构。

> 谈谈你对人格概念的理解。
> 人们生活中的哪些行为模式或心理特征与人格有着密切的联系?

(三) 与人格相关的其他概念

1. 个性(individuality)　即人格的独特性。个性与人格的区别在于:其一,个性是指人的个别差异;人格则是对一个人总的描述或本质的描述。其二,个性是相对于共性而言的,世界上所有事物都有个性,但人格仅是对人而言的,其他事物或动物显然不能用人格来描述。

2. 性格(character)　指个人的品行道德和风格。"character"一词来源于拉丁文,本意是铭刻或标记,出于识别的目的而将某一物体与其他物体区分开来。心理学引用此词,将其意义引申为所有这些标记的总和或整合而产生的一个统一的整体,它揭示出一种情境、一个事件或一个人的性格。在19世纪,性格被广泛用于描述一个人行为中的稳定不易变化的特点。当代美国心理学文献中不常用"character"一词,而欧洲心理学文献中却常常将"character"和"personality"混用。在我国心理学界,人格和性格是两个不同的概念,人格的概念比性格具有更多的内涵和外延,性格是人格结构中的一个主要成分。

3. 气质(temperament)　指个人生来具有的心理活动的动力特征。它主要表现为心理活动的强度、速度、稳定性、灵活性和指向性。气质不依赖于活动的时间、条件、目的和内容;而人格则离不开行为的内容,表现出个体与环境的关系。另外,气质是人格形成的原材料,人与生俱来的气质会影响到他与周围环境的互动,从而影响人格的形成与发展。可以说,气质让个体的人格具有了自己自然而独特的色彩。严格意义上来说,没有可以离开人格的气质,也没有缺乏气质的人格。

二、人格发展及其影响因素

(一) 人格发展

人格发展是指人格在遗传和环境因素的交互作用下,从简单到复杂、从不完善到完善的发展、变化的过程。从一般意义上来讲,发展是生长、前进,而变化则是双向的,既可能是生长,也可能是衰退。人格发展的研究主要集中在两个方面:一是研究人格发展的影响因素;二是研究人格发展的阶段及特征。影响人格发展的主要因素是什么?目前,更多的心理学家认为遗传和环境因素对人格的影响是不可分离的,两者不断交互作用或交换。又因为人不只是被动地接受影响,而是具有选择和自我指导的能力的,因而在人格发展过程中,自我的作用也不可或缺。一些理论家认为自我是人格发展的第三决定因素。

> 你认为有哪些因素影响了案例中欢欢和乐乐的人格?他们被改变的人格成分有哪些?我们可以改变自身的人格特征吗?

(二) 影响因素

影响人格发展的因素是先天遗传因素与后天环境因素的结合。人的性别、体型、神经系统和内分泌系统等因素都是由遗传决定的。没有环境基础,人格同样也不能产生。环境基础是指个体所处的外部世界,包括所有能引起行为的各种事物和情景。人格是遗传因素和环境因素交互作用的结果。

1. 遗传因素　人格的形成离不开个体的遗传基础。遗传就是指经由基因的传递,使后代获得亲代的特征的生物现象。个体的基因决定了人的各种遗传特征,如身高、体重、肤色、内脏器官的结构和功能、细胞的数目和形状以及某些酶的含量,等等。当前关于人格的遗传因素的研究主要采用行为遗传学和分子遗传学的方法。

(1) 行为遗传学(behavioral genetics)是研究支配生物的向光、向地、摄食、求偶、育儿、攻击、逃避以及学习与记忆等行为的基因和基因表达的时间、场所及作用途径等的遗传学分支学科,也就是研究遗传因素如何对行为产生影响的学问。行为遗传学经常运用的研究方法主要包括领养研究、家族史或家谱法以及双生子研究等。

双生子研究是常用于研究人格形成中遗传因素和环境因素作用的方法。这种方法由Galton首创,双生子分同卵双生子和异卵双生子两种。同卵双生子的基因表达是完全相同的,而异卵双生子在遗传表达上则不完全相同,只具有一定的相似性。目前，有关遗传生物因素对人格产生影响的观点中最有力的证据主要是来自对同卵双生子的研究（表 7-1）。

表 7-1　双生子研究的基本模式

影响因素 \ 受精卵型	同卵双生子	异卵双生子
环境	相同	相同
遗传	相同	不同

双生子研究被许多心理学家认为是研究人格遗传因素的最好方法。如果在某一人格特质上，异卵双生子与同卵双生子完全一样，则表明这一人格特质不是遗传的；相反，如果在某一人格特质上，异卵双生子与同卵双生子差异很大，则表明这一人格特质与遗传有关。双生子研究还进一步扩展到对在相同环境和不同环境中长大的同卵双生子的相似性和差异性的研究。对在不同环境中长大的同卵双生子相似性的研究可以起到鉴别基因的作用，而研究他们的差异性则可以揭示出环境因素的作用。

（2）分子遗传学利用分子生物学的技术直接研究人格相关的基因。运用分子遗传学是人格遗传学研究最激动人心的方向之一，它试图寻找影响人格的特定基因。人格基因的发现将使研究者可以直接地检测个体的"人格基因型"，从而推进对遗传学和人格更深入的分析。最终，遗传学研究将集中探讨从细胞到社会系统之间的因果关系过程，阐释基因如何影响人格的发展。

2. 生理因素　影响人格发展的生理因素主要包括大脑和神经递质两个方面。

（1）大脑与人格：人格是脑机能的产物，大脑是人格的主要物质基础。大量研究表明，大脑生理的改变有可能导致患者人格的改变。医学和神经生理学的研究发现，大脑额叶病变不仅能改变人的认知功能，也能影响人的情绪和情感。

Eysenck 在对人格的内向-外向维度的差异研究中认为，内外向之间的差异源于大脑的上行网状激活系统功能的差异。上行网状激活系统是向上贯穿于皮质的纤维网络，皮质的警觉和唤醒与上行网状激活系统功能及兴奋状态有关。内向者的皮质唤醒水平高于外向者的皮质唤醒水平。内向的人感觉阈限较低，只需要少量的刺激就会放大地传递到中枢神经，这会使得他们在行为上更加喜欢平静，甚至孤僻。而外向的人感觉阈限较高，致使他们追求各种活动以增加刺激的丰富性与强度。所以，外向的人比内向的人更加积极与人交往，经常参加聚会等社交活动。

（2）神经递质与人格：脑内神经递质分为四类，即生物原胺类、氨基酸类、肽类和其他类。心理学界对多巴胺（dopamine，DA）和 5-羟色胺（5-hydroxytryptamine，5-HT）的功能研究较多。5-HT 是至今研究最多的、与人格和人格障碍密切相关的神经递质，在人脑中 5-HT 含量过高或过低，都可能造成精神障碍，其主要生理功能与情绪以及自杀和暴力等行为有关。最早在针对非灵长类哺乳动物的研究中发现,5-HT 水平降低使动物的攻击行为增加,而 5-HT 水平升高使攻击行为减少。20 年来,通过不同研究样本评估各种 5-HT 功能的研究也较一致地发现,5-HT 与攻击行为、冲动行为甚至冲动性攻击均相关。

3. 文化环境因素　影响人格发展的文化环境因素主要包括社会文化、家庭环境和学校环境三个方面。

(1) 社会文化:人类文化是全人类创造的文化,是形成人格的决定性条件。而民族文化是一个民族世世代代积累起来的,它陶冶着一个人的民族性。各种文化为了使自己得到延续和发展,都崇尚它所需要的人格特征,都以塑造出这类人格特征为追求。因此,人格作为个体社会化过程中形成的思维、情感和行为模式,必然会受到个体生存成长的文化环境的影响。

(2) 家庭环境:家庭是个体出生后最早接触的环境,是儿童个性实现社会化的第一个主要场所。家庭中的各种因素,例如家庭结构的类型、家庭的气氛、父母的教养方式、出生的顺序等都会对人格的形成起着重要的作用(图 7-1)。儿童个性的形成、社会行为的获得等,关键的几年是在家庭中度过的,T. Parsons 把家庭看成"制造个性的工厂"。儿童出生后,长期生活在家庭中,家庭所处的经济地位和政治地位,父母的教育观点和教育水平、教育态度和教育方式,家庭成员间的相互作用,儿童在家庭中所扮演的角色和所处的地位等,对儿童个性的形成和发展都有着极大的影响。

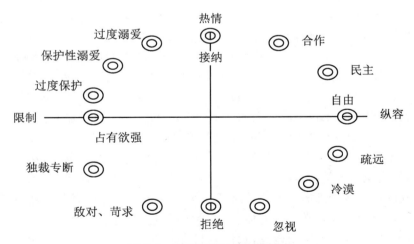

图 7-1　父母行为对儿童的影响

从图 7-1 中看到,可以将父母行为对儿童的影响的组合分为:热情与限制、热情与纵容、拒绝与纵容和拒绝与限制四个象限,以热情与限制为例,如果父母的行为表现得过度保护,会促使儿童表现出依赖、不友好、无创造性、较少攻击性和严格执行规则等。

(3) 学校环境:学校是个体社会化过程中的一个重要环节,个体一生中有相当长的时间在学校里度过,学校教育对人格的形成和发展有着深远的影响。学校不仅对学生传授文化科学知识、进行政治思想教育,还促进和指导学生人格的发展。在校期间,教学的内容和形式、教师教学的风格、同学之间以及师生的关系等都会影响个体人格的形成与发展。

三、人格发展的一般规律

虽然人格发展受遗传、环境等多种因素的共同影响,但是也如其他事物的发展一样,存在普遍的一般规律。了解人格发展的一般规律,有利于我们把握人格发展各阶段的特征,并在实践中起到指导作用。

1. 个体在生命早期对外界依赖性强 尤其是婴幼儿时期,个体最大的特点就是对成年人完全的依赖,需要有人照顾他们。如果缺乏必要的关心照顾,个体就不可能顺利发育成长。个体成长初期的十几年为塑造其适应社会所需要的人格提供了时间,并可以在这段时间为人类的社会实践及教育发挥作用。

2. 社会性行为是人格发展的行为模式主体 人类的行为以社会行为为主,而动物的行为是以本能行为为主的。动物出生以后我们很容易就可以对其未来的特征进行预测,比如温顺的绵羊长大后就会表现出温顺的特征。然而对于未出生或是刚出生不久的婴儿,我们则很难评估出其人格及行为特征,这也正是由于人格的发展还受到后天成长环境的影响,个体需要在社会化过程中学习获得人格。

3. 人格发展具有连续性和阶段性 许多人格心理学家都把人格发展的过程分为四个、五个或是八个阶段,然而,实际上人格发展并没有明确的分界线,它是一个相当连贯的过程。还有一些人格心理学流派特别重视个体的童年生活经历对人格的影响,如精神分析学派的 Freud、Erikson 等,他们认为人的早期经历对个体未来发展有着重大的影响。

4. 人格发展具有群体特征 同一群体的人格发展趋向于遵循共同的模式,人们都要经历某些共同的人格发展阶段,而在这些阶段内部都有着一些共同的人格特征。从个体角度来看,人格发展的过程又存在着极大的个体差异,这是在一般发展中的个体差异。比如,对双生子进行研究,即使同卵双生子在相同的环境下成长,他们的人格特征在长大后也会有不同程度上的差异,不仅表现在认知、价值观、运动、生活方式等方面,就算是在气质、性格、智力等方面也会表现出不同。

综合人一生的发展,人格的发展总体上遵循生长成长的基本规律,按照一定顺序,经历持续的和有阶段性的发展过程,主要包括机体成熟、自我成长和社会关系三个不可分割的过程,现代整体理论更加强调个体和人-环境系统之间是有组织的整体,彼此间以整合的总体对人格的发展发挥作用。个体的人格在内外诸多因素的相互作用的过程中不断发展,并得到丰富与增强。

第二节 人格发展相关理论

不同的心理学理论学派对人格发展所持的观点存在着较大的差异，无论是精神分析理论、人本主义理论、人格特质理论、行为学习理论等经典学派，还是近年来新兴的人格心理学假说都无法回避对人格变化发展和人格稳定性等主题及其相互关系的思考。不同的心理学理论学派从不同的角度对这些问题提出了假设和解释。有些理论认为某些人格特质是天生就具有的；另一些理论强调人格是由婴幼儿时期的早期经验决定的；还有些理论认为人格是随着个体生理成熟的过程而逐渐发展的。这些不同的人格心理学理论在发展心理学的理论中已有所介绍，本节主要介绍目前得到较多共识和实际应用较多的人格发展理论。

一、精神分析理论

精神分析理论的代表人物是 Sigmund Freud，他早期提出"二部个性结构"论，认为个性是由潜意识和意识两个层次构成的；晚年又提出了"三部个性结构"论，认为人格结构包括本我（id）、自我（ego）、超我（superego）三个部分，其中本我是个性中与生俱来的、最原始的潜意识结构部分。出生后，人格从本我中逐渐分化出自我，自我属于意识结构部分。超我即道德化了的自我，是人格结构中最高的监督和惩罚系统。人格的三个系统并不是孤立的，它们相互作用，构成人格的整体。

Freud 关于人格发展的理论主要是性心理发展阶段论，他把人格发展分为口欲期、肛欲期、性器期、潜伏期和生殖期五个阶段，把人类心理发展的重点主要放在儿童期和青春期，在解决各阶段的冲突过程中形成了心理结构及其特征，强调个体的生物性和本能的发展，认为儿童早期的经历在人格发展中起决定性作用。

二、心理社会发展理论

心理社会发展理论的代表人物主要是 Erik Homburger Erikson，该理论是对 Freud 理论的扩展与丰富。他在承认本能冲突的同时，也考虑到生理因素、心理因素和社会文化因素之间的相互作用对儿童人格发展的影响。他以自我作为人格的中心，将自我分为躯体自我、自我理想和自我同一性三个相互关联的方面。Erikson 以 Freud 理论作为其人格理论的生命周期研究的基础，他强调自我、社会和历史的影响，并将人格的发展延伸到成年及成年后时期，提出了人格终生发展的八阶段理论，认为人格的发展包括机体成熟、自我成长和社会关系三个不可分割的过程，按一定的发展顺序和成熟程度分阶段地向前发展；强调每个阶段都有一个由生物学的成熟与社会文化环境、社会期望之间的冲突和矛盾所决定的发展危机。成功解决每个阶段的危机有助于个体形成

> 请结合自身的成长谈谈人格发展的各个阶段的突出表现。

积极的人格特征,有助于发展健全的人格。

阶段	A	B	C	D	E	F	G	H
老年期								智慧 自我调整与绝望的冲突
成年期							关心 生育与自我专注的冲突	
成年早期						爱 亲密与孤独的冲突		
青春期					忠诚 自我同一性对角色混乱			
学龄期				能力 勤奋与自卑的冲突				
学龄前期			目的 主动与内疚的冲突					
儿童期		意志 自主与害羞和怀疑的冲突						
婴儿期	希望 基本信任与不信任的冲突							

图 7-2　Erikson 的人格发展阶段

(资料来源:Feist J, Feist G J. Theories of personality[M]. Jakarta:Salemba Humanika,2011.)

Erikson 将个体的人格发展分为八个阶段,成长遵循渐成原则,每一阶段的发展都是由另一个阶段发展而来的;在发展的各个阶段都存在着冲突,在冲突中产生和发展一种主要的自我品质。如在婴儿期的发展阶段,存在的主要冲突就是基于信任与不信任之间的冲突,在解决冲突的过程中,发展了希望的品质(图 7-2)。

Erikson 的心理社会发展理论有几个基本的要点:① 成长遵循渐成原则。每一阶段的发展都是由另一个阶段发展而来的,并有它自己发展的关键时期,但不能完全取代前面的构成部分。② 在发展的各个阶段都存在着冲突,在冲突中产生发展一种主要的自我品质,这就是 Erikson 所谓的基本力量。③ 在成长发展的每一个阶段都有一个相互作用的矛盾,即精神和谐因素与精神失调因素之间的冲突。④ 各个阶段基本力量的大小或导向会导致不同阶段的核心病理。⑤ 尽管 Erikson 称他的八个阶段为心理社会阶段,但其从未忽视影响人格发展的生理因素。⑥ 强调自我同一性对人格发展的影响,自我同一性的形成受多种多样的冲突和事件的影响,包括过去的、现在的和预期的事件。⑦ 在每个阶段中,特别自青春期以后,人格发展是以同一性危机为特征的。

三、人格特质理论

人格特质理论的代表人物主要是 Gordon W. Allport，Cattell，Raymond B 和 Hans J. Eysenck 等。

Gordon W. Allport 是特质论学派的创始人和代表人物。Allport 通过将人格特质假设为人格的基本单位来处理人格这一令人迷惑的复杂问题。他把特质定义为一种概括化的和聚焦的神经生理系统，它具有使许多刺激在机能上等值的能力，具有激发和引导适应性和表现性行为一致的（等同的）形式。他认为，特质不仅可以应答刺激产生行为，也能主动引导行为，使一个人的行动具有指向性。通过特质使很多刺激在功能上等值起来，从而使人在不同情况下的适应行为和表现行为具有一致性。总之，人以特质来组织经验，迎接外部世界。特质也就是每个人都具有的内在的一般行为倾向。Allport 用机能自主（functional autonomy）这个概念来表达他对人的动机的看法。所谓机能自主是指一个成人现在进行某一活动的原因，并不是原来引起他去行动的同样原因。

Cattell 是美国的心理学家，他用"人格圈"（personality sphere）这一术语指代人格特质的整个领域。他认为构成个性的各种特质彼此之间是相互联系的有机体。他用特质的阶层联系表示个性的构造：第一层次为个别特质和共同特质。个别特质是个人具有的个性特征，共同特质是某集团中各成员共同的个性特征。第二层次是表面特质和根源特质。可以直接观察到的经常发生的外部行为特点就是表面特质，与表面特质相关的并由它推出的个性特点是根源特质。第三层次是体质特质和环境特质。体质特质指由身体内部条件构成的特征，如神经质、兴奋性、多嘴多舌等，环境特质指由环境影响而习得的个性特征。第四层次是动力特质、能力特质和气质特质。动力特质指个性结构中那些使人趋向某一目标的行动动力。能力特质是表现在知觉和运动方面的特质差异，包括流体智力和晶体智力。气质特质是决定一个人情绪反应的速度和强度的特质。第五层次是内能和外能。这是由动力特质中分出的，内能包括知觉的选择性、情绪的反应等，外能包括态度、兴趣和情操等。

四、认知发展理论

认知发展理论是由著名发展心理学家 Jean Piaget 提出的。他认为认知发展是指个体自出生后在适应环境的活动中，对事物的认知及面对问题情境时的思维方式与能力表现，随年龄增长而改变的历程。Piaget 根据儿童在运算过程中的不同特征把个体从出生到成人的认知发展分为四个阶段：感知运动阶段（0～2 岁）、前运算阶段（2～7 岁）、具体运算阶段（7～11 岁）和形式运算阶段（11、12～15、16 岁）。Piaget 认为发展是一种在个体与环境相互作用的过程中实现的意义建构，并用图式、同化、顺应和平衡来解释这一过程。

Piaget 认为道德发展与认知发展有着密切的关系,认知发展和道德发展是平行的,而认知发展是道德发展的必要条件。这是因为,儿童道德判断的发展和对道德规则的学习和理解均受到认知水平的制约,并且儿童对价值的判断也是基于对事实的判断。在其理论中,Piaget 认为儿童的道德发展是一个连续的过程,具有明显的阶段性特征,从一个阶段向另一个阶段的发展,并不是简单的量的增加,而是有着质的差异;儿童的道德发展不仅取决于其对道德知识的了解,更重要的是取决于儿童的道德思维发展的程度;该过程是一个由他律逐步向自律、由客观责任感逐步向主观责任感发展的变化过程。他律指儿童的道德判断只注意行为的客观效果,不关心主观动机,是受自身以外的价值标准支配的;自律指儿童根据自己的主观价值标准进行道德判断。随着儿童年龄的增长,他们的道德认识也在不断发展,在评价某种行为的是非时,能依据自己掌握的道德标准对行为作出判断,这种道德判断具有主观的性质,是一种自律水平的道德。Piaget 认为,道德是由种种规则体系构成的,道德的实质或者说成熟的道德包括两个方面的内容:一是对社会规则的理解和认识;二是儿童对人类关系中平等、互惠的关心,这是公正的基础。

五、行为学习理论

行为学习理论更为强调后天环境对人格形成和发展的影响。早期的行为主义以 Watson 为代表,他开创了行为主义。后期,新行为主义的代表有 Skinner、Bandura、Rotter、Dollard 和 Miller 等人。

Bandura 是现代社会学习理论的奠基人之一。Bandura 创立的观察学习被认为是行为学习的三大原理之一,是对学习理论的重大的、突破性的贡献。他从社会性角度来研究人的人格形成和发展,认为人格形成是由人通过观察别人所表现的行为及其结果而习得的。也就是说,人格可以通过社会学习的方式获得,也可以通过社会学习的方式改变。观察学习者可以不必直接地作出反应,也不需要亲自体验强化,只要通过观察他人在一定环境中的行为,并观察他人接受一定的强化就能完成学习。例如,儿童有清洁的习惯、攻击行为的制止等,这些行为都是在特定的文化范围内按照父母的情绪和要求建立起来的。

社会学习理论认为,人格的变化,既不是由人的内在因素造成的,也不是由外在环境因素造成的,而是内、外两种因素互相作用的结果。

六、人格发展阶段理论

人格发展理论因各自的研究角度、侧重点不同,出现如上诸多理论。国内人格研究领域专家结合既往人格发展理论和辩证唯物主义等,根据发展心理学方法和人们日常生活、工作习惯,综合人的生理、心理、行为等各方面形成了人格发展阶段理论,即按照生理年龄划分为婴幼儿期(0~3 岁)、童年期(3~12 岁)、青少年期(12~30 岁)、成年期(30 岁以后)四个阶段。该理论认为,人格发展正如其他任何事物的发展一样,都遵循一定的规律,即人格的发展最重要、最根本的规律是:人格是遗传和环境交互作用的结果。此外,人格的发展还有一些其他的重要的规律,主要表现如下。

1. **人格发展有内在动力** 人格发展的推动力量主要是内在动力,主要包括两个方面:第一,社会向个体提出的要求引起个体新的需求和原有人格结构之间的矛盾和冲突。人的需求是不断变化的,当人格结构不能适应新的生活、工作等环境要求时,人格就会发展、变化,来达到个体与环境的平衡。第二,生理成熟与人格发展之间的矛盾。生理发育成熟的进程一般都呈常态分布曲线,而人格发展受到很多因素影响,其发展是不规律的。因此,两者之间的不同步必然会产生矛盾和冲突,例如青春期的变化、个体身体发育快速、产生成熟感、想要摆脱成人的控制和监督等。但是人格发展却落后于生理发展,在遭遇挫折、困境时,仍对父母等成人的依赖以及依恋明显。

2. **人格发展有连续性和阶段性** 人格发展是逐渐的,是先量变再质变的。逐渐的量变是人格发展连续性的基础,而质变则是人格发展阶段性的基础。当新的人格特质出现后,会在一定时期内保持相对稳定,使得在同一发展阶段内的人具有某些典型的、共同的人格特征。

第三节 婴幼儿期的人格发展

婴幼儿期是人格初步形成的时期,人格的各种成分在婴儿期已初步产生,至幼儿期开始逐步出现了兴趣、爱好和能力等方面的个体差异,初步形成了对人、对事、对己的一些比较稳定的心理倾向。虽然婴幼儿期形成的是人格的最初基础,还有巨大的可塑性,但是对人格的日后发展有着重大影响,而这正是研究婴幼儿期人格发展的重要性所在。

一、婴儿期的人格发展

婴儿期(1岁之前)是个体脑发育最快的时期,是大脑发育的关键期。婴儿对外界缺乏自我意识,行为主要是无条件反射。婴儿通过吸吮母乳,获得一种安全、舒适、愉快的感受,从而满足心理发展的需求。如果此阶段的婴儿缺少养育者的无条件关注和适宜刺激,那么这对个体将来的认知、情感和人格的形成,都会造成不利影响。

本阶段的主要任务是满足生理上的需要,相当于Freud性心理发展阶段的口欲期。Freud认为,处于口欲期的婴儿,嘴和口腔黏膜构成了满足欲望以及进行交流的最重要身体部位,婴儿通过吸吮口唇等部位的刺激来获得满足和快乐,而获得快乐和避免痛苦的体验是婴儿每天生活的中心内容。近些年的有关研究发现,婴儿有强烈的交流需要,母亲的重要任务就是识别婴儿的要求并给予满足,通过喂奶和照顾等躯体性接触和情感交流,建立起安全快乐的母子关系,形成婴儿最初的信赖感和安全感。如果此时期婴儿的口唇活动未得到足够的满足,则会在以后的发展阶段去补偿这些缺失的口唇满足,倾向于形成将来的"口欲期人格",并伴有相应的异常行为,如常常会出现咬指甲、抽烟、贪吃、唠叨和嘲讽他人等行为,这些都是口唇快感的延续;如果此时期婴儿的口唇活动过度得到满足,婴儿会固着在这个阶段,影响其进一步的人格发展;"口欲期人格"的特征包括自恋、被动、依赖、退缩、贪婪和嫉妒等。

Erikson 则认为这一阶段是婴儿发展信任感、克服不信任感、体验着希望的实现的阶段。他认为婴儿不仅通过口唇,还通过其他感觉器官"吸吮"外界刺激,口腔-感觉模式是个体基本的性心理适应模式。这个阶段的婴儿对成人依赖性最大,如果照顾者能以慈爱和持续稳定的方式来满足婴儿的需要,婴儿就会形成基本的信任感;如果照顾者经常拒绝婴儿的需要或以变化无常的方式来满足他们的需要,婴儿就会形成不信任感。该阶段最突出的特点是对成人完全的依赖,信任感发展的核心是依赖性,这种依赖性不只是停留在口唇周围,而是体现在婴儿对母亲照料的体验上。

信任与不信任都是婴儿不可避免的经验,Erikson 认为,如果能够解决这个冲突,顺利地度过危机,就有利于形成希望的品质。也就是说,如果儿童具有的基本信任超过基本不信任,就有利于形成希望的品质。这样的儿童敢于冒险,能忍受挫折和失败,不会过多地为需要是否得到满足而忧虑。

Piaget 认为,儿童的认知图式经历不断的同化、顺应、平衡过程,形成了完全不同的图式。处在婴儿期的新生儿运用最初的图式感知外部世界,逐渐开始调节感知和动作之间的活动。通过积极主动地探索而获得动作经验,获得一些低级动作图式,以适应外部环境。此阶段中,婴儿缺乏自我意识,分不清物与我,随着其成长,行为逐渐有目的性,开始出现一些简单的意识行为,出现比较完备的实际智力,即通过动作解决问题的智力,会寻找消失了的东西,这些动作图式便形成了人格发展的基础。

二、幼儿期的人格发展

幼儿期(1~3岁)的儿童自我意识处于发展的初级阶段,自我意识发展开始进入第一个飞跃期,主要的特点表现在自我评价的发展。最初听信成人的评价后,幼儿逐渐开始掌握了一定的行为标准,能够独立地评价自己的行为,而且从笼统、粗略的"好与坏",逐渐能够说出某些具体方面的好与不好。幼儿在情感方面也表现出体验层次的增加,比如对亲近程度不同的人表达不同的情感;此外,情感范围扩大,对生活充满好奇和参与的欲望,情感表达也表现出一定的控制能力。在幼儿期,儿童性格出现最初的轮廓,而且此阶段气质在社会活动中也发生着变化,兴趣爱好大多为直接兴趣,肤浅易变,之后逐渐出现个别差异和年龄差异。

此阶段相当于 Freud 性心理发展阶段的肛欲期。Freud 认为,幼儿获得满足和兴奋的身体部位在肛门,幼儿通过大便的保持及排泄获得满足、得到快感,但是这种与排便有关的快感会与父母让幼儿延迟排便、养成规律的要求相冲突,幼儿必须学会控制自己的排便行为以适应社会的要求。排便是幼儿与父母争夺权利的最合适的工具。幼儿发脾气或违拗的表现可以看作是攻击性、虐待性、驱力冲动的强烈表达。在客体关系发展的方面,在这一时期的初期幼儿已经能够区分男女差别,女孩开始表达出对母亲的攻击性。在自我价值感方面,幼儿通过与父母的斗争,发展了灵活性、独立性和自主性,形成了一些心理特点。此阶段中,如果父母对幼儿的要求过分严格或过分随意,使幼儿满足太少或过分满足,均可导致人格发展的滞留,形成所谓的"肛门性格"。肛门性格的特征包括吝啬、强迫、固执和要求过分整洁有序,对时间和金钱严格预算以及其他过分控制的行为,或是走向另一个极端,如过分慷慨大方、随意花销。肛门性格的个体内心冲突较多。

Erikson 认为此阶段是幼儿社会化迅速发展的阶段,认为肛门-尿道-括约肌模式是此期主要的性心理调节方式,幼儿的主要任务是获得自主感,避免怀疑感与羞耻感,体验着意志的实现,并形成意志品质。这个阶段的基本冲突是幼儿追求自主而父母试图利用羞怯和疑虑来控制孩子,也就是自主和害羞与怀疑的冲突。自主意味着个体按照自己的意愿行事,包括控制自己的身体和对人际环境的控制。羞怯和怀疑都是精神失调的品质,主要来自社会的期待和压力。这一时期幼儿的自我意识逐渐增强,对环境的探索活动增多,逐渐掌握了大量的技能,希望能够按自己的意愿行事,并容易与父母发生冲突。这个阶段的幼儿开始学会控制自己身体和大小便排泄,因而使幼儿介入自己意愿与父母等养育者意愿相互冲突的危机中。如果父母等养育者能够理解幼儿的行为,将引导、鼓励和适当的批评相结合,对幼儿的行为限制适当,给予幼儿一定自由,幼儿就会建立起自主性和自我控制的意识,增强自信心,促进自主危机的解决,形成意志坚强的品质;相反,如果养育者管束太多、过分限制,对其不当行为过分责备甚至惩罚,就会使幼儿感到羞怯、产生怀疑的性格,并对自己的能力产生疑虑。如果能顺利解决此危机,就有利于儿童形成"意志"的品质,成年后倾向于表现出坚强、独立、克制、自律等人格特征;如果危机没有得到很好的解决,幼儿就会形成羞怯感,成年后性格则倾向于意志薄弱、依附、随意、敷衍等消极的人格特征。

Piaget 认为,此阶段的幼儿开始由感觉运动向心理意象活动过渡,对不在眼前的事物能够产生意象,开始出现了象征行为。由于表象的形成和言语的发展,幼儿能运用语言或代码来表达不在眼前的东西,能使用符号在头脑中再现外部世界,能运用语言,并形成心理意象。这一时期幼儿处于感觉运动时期,行为多与生理本能的满足有关,行为直接受行为的结果所支配,缺乏规则意识,道德观念发展处于朦胧状态,Piaget 将幼儿从出生后到 2 岁这一阶段称为感知运动阶段。

第四节 儿童期的人格发展

根据 Erikson 的人格发展阶段,我们又可将儿童期分为学龄前期(4～6岁)和学龄期(7～12岁)。儿童在进入幼儿园和小学后,通过系统的学习和各种集体活动,人格进一步得到社会化发展。

一、学龄前期的人格发展

儿童一般在 4 岁左右才真正产生自我情绪体验,逐渐有了自我控制能力,主要表现在行为和认知的自我控制上。此期是个性初步形成的时期,儿童初步形成了对人、对事、对己和对群体的一些比较稳定的心理倾向,各种人格心理特征开始形成。

此时期相当于 Freud 的性心理发展阶段所定位的性器期,又称性蕾期、俄狄浦斯情结期。Freud 认为,儿童性生理的分化导致性心理的发展,儿童已经表现出对生殖器刺激的兴趣,学龄前期的儿童将兴奋和紧张集中于生殖器,儿童不仅通过抚摸或显露自己的生殖器获得快乐和满足,而且通过想象获得满足。相对于青春期的性冲动,称此时躯体的性冲动为"婴儿的性"。这一阶段中,男孩开始有勃起现象,这种兴奋使得儿童对生殖器的兴趣日益增加,并开始意识到男孩和女孩在生殖器上是有区别的。男孩从与母亲的权利斗争中挣脱出来,将父亲发展为第三个最强烈的客体,形成了三角性的发展关系。另外,由于男孩对母亲的爱恋而发展起来的与父亲的敌对状态——"恋母情结",使其因为害怕失去阴茎而导致出现阉割焦虑。同样的,女孩的生殖器也会出现类似的兴奋体验,并意识到自己缺少阴茎而产生阴茎妒羡,女孩因为爱恋父亲而形成与母亲的敌对状态——"恋父情结"。为了解决男孩的阉割焦虑和女孩的阴茎妒羡等冲突,即解决对同性父母的嫉恨和对异性父母的爱慕所造成的内心冲突,男孩试图认同父亲,女孩试图认同母亲,从而获得男性或女性行为风格,顺利进入下一发展阶段。如果这一时期的发展无法顺利地解决内心冲突,处理不好那些负性情结,就有可能导致各种性变态或心理失常。

Erikson 认为这个阶段儿童的主要发展任务就是获得主动感,克服内疚感,体验着目的的实现,性器官-运动模式是此阶段的主要性心理模式。此期的儿童身体活动更为灵巧,口语表达能力更为增强,富于幻想,喜欢童话故事、拟人化的游戏等事物及活动,并倾向于通过自己的想象去解释周围的世界。这个时期也被称为"游戏期",在游戏中儿童学会如何遵守规则、如何与别人相处、如何解决矛盾。更重要的是,这个阶段是儿童思维尤其是表象性思维发展最快的时期,儿童在期间开始了创造性的思维。

主动感和内疚感的冲突构成了这个阶段的心理社会危机。Erikson 认为,这一阶段儿童的自我概念进一步发展,表现出较强的自我中心倾向和独立性,开始违拗,拒绝父母的要求,不按规则行事,凭自己意愿和想象尝试不同事物。他们希望独立,愿意与人交往,希望被重视,但又害怕这些事情。如果父母肯定和鼓励儿童的主动行为和想象力,儿童就会获得积极的自主性,使其想象力和创造性充分发挥,形成追求有价值的品质——"目的";反之,如果父母对儿童的行为和想象力不能很好地理解和引导,甚至是嘲笑或挖苦他们的主动行为和想象力,儿童就会丧失主动性,变得无所适从,难以建立自信心,感到怀疑和内疚,表现出被动和倾向于循规蹈矩的生活。如果此时的危机得到顺利解决,就有利于儿童形成"方向和目的"的品质,成年后性格倾向于自动自发、计划性、目的性、果断等积极的人格特质;反之,成年后性格倾向于不思进取、无计划性、优柔寡断等消极的人格特质。

Piaget认为此阶段的儿童主要对事物的表面现象作出反应,可以从所见事物的表面特点去思考事物之间的关系,但是比较简单,只是从一个特殊情况推到另一个特殊情况,将无关的事物理解成有因果关系。自我中心思想是这一阶段的主要特点,儿童习惯于用自己的观点来看待事物,忽略他人意见,思维缺乏可逆性。他将2~8岁这一时期称为他律道德阶段。儿童主要表现为以服从成人为主要特征的他律道德。此期儿童的道德判断是以他律的、绝对的规则及对权威的绝对服从和崇拜为特征的。他们对事物的评价,时常是以表面的、实际的结果来判断行为的好坏,认为服从成人就是最好的道德观念,服从成人的意志就是公正。

二、学龄期的人格发展

学龄期的儿童进入小学后,人际交往范围变广,社会需要变得复杂。学校不断向儿童提出新的要求,儿童的认知同时不断加深,从而使得情感的倾向性、深度、稳定性和效能等各方面都在发生变化。儿童的自我意识也逐渐变得复杂,从对个人和才能的简单抽象认识,逐渐形成对身体的自我、学术的自我和社会的自我等不同层次的理解。自我评价的对象、范围、内容也进一步发展,自我评价能力得以进一步发展。尤其是在学龄初期,对于儿童获得社会自我是比较重要的时期,是角色学习的重要时期。

该阶段相当于Freud的性心理发展阶段的潜伏期。儿童的性格在7~8岁时已基本定型,对父母和家人的兴趣减弱,对动物、运动、自然界和学校的学习以及与同伴的交往的好奇心激增,这一时期是儿童对家庭中的原始客体的升华和冬眠阶段,并转向外界的社会兴趣。

Erikson认为本阶段是儿童自我成长的决定性阶段。勤奋感和自卑感的冲突构成了本阶段的心理社会危机,儿童的主要任务就是获得勤奋感,避免自卑感,体验能力的实现。这一阶段的儿童大多在学校接受教育,儿童勤奋感的形成与父母和老师的态度有极大关系。若其努力得到赞赏,行为得到强化,勤奋感便得以发展,继而进一步激发学习兴趣,使他们在今后的工作生活中充满信心;反之,就会使儿童产生自卑感和丧失信心。

Piaget 认为此期的儿童思维发展已达到具有可逆性的具体运算,有一定的逻辑性,能够从别人的角度来认识解决问题,也认识到规则是由人们根据相互之间的协作而创造的。公正感不再是以"服从"为特征,而是以"平等"的观念为主要特征,逐渐代替了前一阶段服从成人权威的支配地位。

第五节 青少年期的人格发展

一、少年期的人格发展

少年期(11、12~14、15岁)即青春期,是承上启下的阶段,承继了儿童期人格发展的特征,也将开启青年期到成人期的发展方向。青春早期,个体躯体发育的变化促使性觉醒逐渐上升到意识层面,延续发展了童年性相关的主题,为个体提供了处理童年期未解决冲突的机会,也为青年期的亲密感作好铺垫。这是一个充满矛盾的阶段,生理上的性成熟使精神结构变得不稳定。情绪方面表现出由生理和心理发展困难引发的紧张性和冲动性的特点。个体自我意识的强度和深度有了不断的增加,强烈地关心自己个性的成长,有强烈的自尊感,自我评价日趋成熟,有了成人感和独立意向的发展,有得到成人的尊重和享受成人同样权利的需要。同时,这个时期也是理想初步形成的时期,而且是与现实相联系的理想,可能会对未来的方向有较大影响。

Erikson 认为,这个阶段是个体人格发展最关键的阶段之一,主要任务是获得自我同一性,避免角色混乱,体验着忠诚的实现。Erikson 认为同一性的产生来源于:① 个体对童年身份的肯定或否定;② 个体生活的社会文化背景,即促使他们按照某一标准行事的背景。青少年期的主要任务是建立一个新的同一感或自己在别人眼中的形象,以及他在社会集体中所占的情感位置。自我同一性既是一种自我体验,也是自我认识与自我调节,是个体自我一致的心理感受。可以理解为社会与个人的统一,个体的主我与客我的统一,个体的历史性任务的认识与其主观愿望的统一。个体必须思考有关自己和社会的各种信息,确定自己的生活策略、努力方向;如果个体完成了这一点,就获得了自我同一性,反之,就会出现同一性危机。如果这一阶段的危机得到积极解决,就有利于个体形成"忠诚"的品质;否则,就会形成不确定性。同一性的形成标志着儿童期的结束和成年期的开始,标志着个体人格的成熟,只有建立了积极的同一性,才能顺利地度过青春期,也才能顺利地解决成年后的人格发展任务。

Piaget 认为,个体在这个阶段真正到了自律阶段,开始形成完整的认知结构系统,个体的思维广度、深度及灵活性都有了质的飞跃,智力发展趋于成熟,能在头脑中将形式和内容区分开来,能根据假说或命题进行逻辑演绎推理。个体对于公正的理解,不再是一种判断是或非的单纯的规则关系,而是在依据规则判断时隐含考虑到同伴的一些具体情况,从关心和同情出发去判断,是一种高级的平等关系。个体能够脱离要求单纯等基础上的法定关系,而是基于人与人之间的道德关系作出判断,他们能将规则同整个社会和人类利益联系起来,形成具有人类关心和同情心的深层次品质。

二、青年期的人格发展

青年期个体一般处于 14、15～27、28 岁,该阶段相当于 Freud 性心理发展阶段所定位的生殖期。青年期是一个更崭新、更高级、更完善、更具有人的特征的发展阶段。随着个体身心机能比重的变化,呈现出情绪的激烈动荡,既自我肯定又自我怀疑,自我中心和利他之间不断更替,追求正义和谎言违纪并存等内部冲突和矛盾的发展状况,当经历了这些内在的冲突后,个体的自我调节功能趋向整合,不仅能正视内部矛盾和冲突,还会学着积极地协调和解决这些冲突和矛盾,逐渐发展出稳定的情绪、较强的道德感和理智感,形成既有现实主义又充满浪漫主义色彩的理想。个体的自我意识也变得主动、全面、深刻起来,能够既看到自己的不足,也能多方面、整体地评价自己。自我评价能力的提高是人格高度发展的标志,是少年期远不能达到的。

Erikson 认为,这一阶段以亲密对孤独的心理社会危机为标志,个体的主要任务是获得亲密感,避免孤独感,体验着爱情的实现。亲密是将个体的同一性与他人的同一性融合在一起而不怕失去自己同一性的能力,成熟的亲密意味着能够和愿意分享彼此的信任。如果一个人不能与他人分享快乐与痛苦,不能与他人进行思想情感的交流,不相互关心与帮助,就会陷入孤独、寂寞的苦恼情境之中。Erikson 认为,发展亲密感对是否能满意地进入社会有重要的作用。如果亲密感大于孤独感,青年人就会发展出爱的品质;反之,就会回避与别人的亲密交往,甚至形成混乱的两性关系。

Erikson 将爱定义为一种成熟的投入,这种投入克服了男女间的基本差别,成熟的爱意味着承担责任、性的激情、合作、竞争和友谊。与爱相对的是排他性,也是成年早期的核心病理。适度的排他性有利于个体形成强大的同一性,但是,如果排他性影响到了人们日常的合作和交往,就会影响到个体发展亲密和爱,从而会出现异常。

第六节 成年期的人格发展

一般来说,个体进入成年期后,身心发育均已成熟,人格特征也趋于稳定。成年后的人格特征虽然是相对稳定的,但是,随着社会压力和个人价值观和态度倾向的发展,人格的发展与个体发展任务形成一定联系。正如 Erikson 的心理社会发展理论的阐述,他把人格的发展贯穿于个体的整个生命发展历程。

一、成年初期和中期的人格发展

个体步入成年期(25～60岁),开始了发展过程中持续时间最长的一个阶段。成年期的发展任务是个体人格特征产生和形成的基础。人们开始在社会中确立自己的位置,并为社会生产承担社会责任。个体对外部世界积极趋向的态度日渐成熟,主要是由于自身内部的发展,更多地表现出内倾性心理特点,老练持重,能够面对和应对挫折,对成就能联系目标进行自我评价,并能结合条件适时调整目标。

Erikson认为,这个阶段以生育为性心理模式,主要任务是获得繁殖感,避免停滞感,体验关怀的实现;此期的心理社会危机是生殖与自我专注(停滞感)的冲突。个体拥有自己的事业,开始成家立业,不仅要繁殖后代,同时还要承担社会工作,努力创造能提高下一代精神生活和物质生活水平的财富,关心和指导下一代成长,如果这一需求得到满足,就会产生繁殖感(即成就感),缺乏这种体验的人就会因过度专注自己而产生停滞感。个体关注的主要是自身内部的发展,如果人们过分关注自我、沉迷自我,生产能力和创造力就会削弱,产生停滞感,表现出人际关系的贫乏和自私。在Erikson看来,如果一个人的繁殖感高于对自我的关注,人格中就会形成关心品质;反之,则会形成自私或拒绝的品质。可见,关心不是一种职责或义务,它是生殖与自我关注之间的冲突所引发的一种自然欲望。与关心相对立的是拒绝或自私,这是成年期的核心病理。

二、成年晚期的人格发展

成年晚期又称老年期(60岁以后),这个时期个体的人格结构和特征基本趋于稳定,一般具有小心、谨慎、固执、刻板等特点,在日常生活中往往表现为比较仔细,注重准确度,不太追求速度。人们对外部世界的态度和方式,逐渐由主动转向被动,从关注外部世界转向关注内心世界。

在Erikson的理论中,性感觉泛化是此期的性心理模式,老年人变得更加注重培养和接受非性关系的快乐,从各种不同的躯体感觉刺激中获得快乐。他认为个体要解决自我调整与绝望的冲突,主要任务是获得完善感,避免失望感,体验智慧的实现。这个时期的个体会经历一系列的丧失,极易产生失落感和孤独感,出现各种心理行为问题。个体经历了前面介绍的七个阶段的发展,对自身和外部世界的认识都不断地丰富和变化。生活的经历有一些是积极的,有一些则是消极的。如果个体的成长是成功的、完整的、顺利的,那么,在老年期完整的精神与和谐品质就会占据优势,觉得这一辈子过得很有价值,生活得很有意义,有充实感和幸福感,不畏惧死亡;反之,如果个体在前七个阶段的成长中,消极成分过多,成长中充满挫折,就会产生失望感,认为有许多重要目标没有完成,不愿匆匆离开人世,产生绝望感。在老年期,个体如果能够积极处理好自我调整与绝望的冲突,就有利于形成"智慧"的品质;反之,如果危机没有很好地得到解决,就会产生绝望和毫无意义之感。

(赵方乔　张　婷)

阅读　趣谈九型人格

1. 为什么要了解九型人格论

九型人格论相当古老,能完美而精确地描述人类变化多端的人格,以及人格和每个人灵性真我之间的直接关联。现今各个学派的心理学家已经发现,它和现代的人格论述竟然不谋而合。九型人格论既简单、精确,同时又寓意深远,它联结、阐述并提出个人背景中无从比较的要素,以及个人(和他人)的人格运作方式,是众多人格理论的良好扩充。

2. 什么是九型人格论

图7-3就是九型人格论的主要模式,每个人都隶属于一种基本型,而且一般不会改变。但是,这九个点之间的连线却显示出在遭受极度压力或极度安定的状态下,每个类型的变化情形(由这点可供我们预测这九种人格类型的互动关系),而外围的圆圈则提供每个类型一项主要特色。所以,每种类型都有三个不同的变化型。此外,还要加上我们孩提时代环境的影响以及个人的自我认知,换句话说,即使是两个刚好为同一种人格类型的人,他们的表现方式都可能大相径庭。

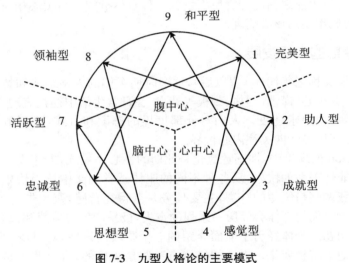

图7-3　九型人格论的主要模式

3. 九型人格的主要特征

第一型:完美型

第一型的人爱批判自己,也爱批判别人,他们内心拥有一张列满"应该"与"不应该"的清单。他们认真尽责,希望所作的每件事都绝对正确。他们很难为了自己而轻松玩乐,因为他们以超高标准来审查自己的行为,而且老是觉得做得还不够。他们有可能因为害怕无法臻于完美而耽搁了事情。第一型的人有种道德优越感，很可能厌恶那些不守规矩的人，特别是当这些人越矩得逞时。他们是优秀的组织人才，能够紧追错误和必须完成的事项，把任务完成。

第二型：助人型

第二型的人不管在时间、精力和事物三方面都表现出主动、乐于助人、普遍乐观以及慷慨大方。由于他们不容易承认自己的需要，也难以向人呼求帮助，所以总是无意识地通过人际关系来满足自己的需要，而且在自己最为人所需的时候感到最快乐。他们对别人的需要和感觉非常敏锐，能够刚好表现出能吸引别人的那部分人格。他们善于付出，更胜于接受，有时候会操控别人，为得到而付出，有时候是天生的照顾者和支持者。为了使别人成功、美满，第二型的人能运用他们天生的同理心，给出对方真正需要的事物。

第三型：成就型

第三型的人是精力超强的工作狂，他们奋力追求成功，以获得地位和赞赏。他们具有竞争性，尽管他们自认为这是一种爱的挑战，而非击败他人的欲望。无论他们处于何种竞争场合，总是把目标锁定在成功之上。他们会是成功的父母、配偶、商人、玩伴、治疗师，能够顺应身边的人们而变换形象。尽管他们和自己真实的感觉毫无接触，因为这些都会妨碍成就，可是一旦受到要求，他们却可以表现出合宜适切的感觉。第三型的人会全心全意追求一个目标，而且永不厌倦。他们会成为杰出的团队领袖，鼓舞他人相信"天下没有不可能的事"。

第四型：感觉型

第四型的人具有艺术气质，往往多情，他们寻求理想伴侣或一生的志向，活在丢失了生命中某项重要事物的感觉中。他们觉得必须找到真实的伙伴关系，自己才能完整，他们倾向于找出疏离理想化的现行事物和世俗的错误。他们受到高深的情绪性经验吸引，表达出与众不同的一面。无论在哪个领域，他们的生命都反映出对重要性和意义的追求。虽然很容易陷入自己的情绪，他们却能表现出最高度的同理心，去支持处在情绪痛苦中的人。

第五型：思想型

第五型的人带着距离来体验生命，避免牵扯任何情绪，重观察更胜于参与。他们是需要高度隐私的人，如果得不到属于自己的充分时间，会感到枯竭、焦虑，因为他们用这种方式来回顾事情，并体验在日常事物中难以感觉到的安定情绪。心智生活对他们而言相当重要，他们具有对知识和资讯的热爱，通常是某个专门领域的研究者。第五型的人把生活规划成许多区块，虽然他们不喜欢预定的例行公事，却希望事先知道在工作与休闲时他们被期望的目标是什么。他们会是杰出的决策者和具有创意的知识分子。

第六型：忠诚型

第六型的人把世界看作威胁，虽然他们可能觉察不到自己处在恐惧中。他们对威胁的来源较为敏感,为了先行武装,他们会预想最糟糕的可能结果。他们这种怀疑的心智架构会产生对做事的拖延及对他人动机的猜疑。他们不喜欢权威,也可说害怕权威,而且在权威中难以轻易自处。某些第六型的人具有退缩并保护自己免于威胁的倾向,某些人则先发制人,迎向前去克服它,且表现出极大的攻击性。一旦愿意信任时,第六型的人会是忠诚且重承诺的朋友和团队伙伴。

第七型:活跃型

第七型的人乐观、精力充沛、迷人,而且难以捉摸。他们具有小飞侠彼得·潘的特质,痛恨被束缚或控制,而且尽可能保留许多愉快的选择。在不愉快的情况下,他们会从心理上逃脱到愉快的幻想中。第七型的人是未来导向者,具有涵盖每件想要完成的事情的内在计划,而且当新的选择出现时,他们还会适时更新内容。那份想保持生命愉悦的需要,引导他们重新架构现实世界,以排除有损自我形象的负面情绪和潜在打击。他们享受新的经验、新的人群和新的点子,是富有创意的电脑网络工作者、全能型人才及理论家。

第八型:领袖型

第八型的人独断,有时具攻击性,对生命持"一不做二不休"的态度。他们通常是领袖,或极端孤立者,朋友和人们在他们的照料下相当受到保护。他们知道自己在想什么,关心正义和公平,并且乐意为此而战。第八型的人格外追求享乐,从和朋友喝酒作乐到理性的讨论都会参与。他们能觉察权力所在之处,让自己不受到他人的控制,而且具有支配力。第八型的人会忠诚地运用自己的力量,并毫无倦怠地支持有价值的事件。

第九型:和平型

第九型的人是和平使者。他们善于了解每个人的观点,却不知道自己所想、所要的是什么。他们喜欢和谐而舒适的生活,宁愿配合他人的安排,也不要制造冲突。然而,如果被人施压,他们会变得很顽固,有时甚至会动怒。他们通常非常主动,兴趣很多,但是却将自己的优先事项拖到最后一分钟才开始动手。他们还具有自我麻醉的倾向,让自己去做些优先顺位上位居次要的活动,如看书、和朋友闲晃、看录影带等。第九型的人是很好的仲裁者、磋商对象,而且能专心执行一项团体计划。

第七章习题及答案

第八章 情绪和情感的发展

第一节　概述
　一、情绪和情感的概念
　二、情绪和情感的发展
　三、情绪和情感成熟的标志
　四、情绪和情感发展的理论
第二节　婴儿期情绪和情感的发展
　一、哭
　二、笑
　三、恐惧
　四、愤怒
　五、依恋
　六、婴儿的情绪调节
第三节　幼儿期情绪和情感的发展
　一、幼儿情绪和情感发展的动因
　二、幼儿情绪和情感发展的特点
　三、幼儿情绪和情感日益丰富、深刻
第四节　儿童期情绪和情感的发展
　一、小学生情绪和情感的发展
　二、小学生对表情模式认知的发展
　三、小学生高级情感的发展
第五节　青少年期情绪和情感的发展
　一、青少年情绪和情感的两极性
　二、青少年情绪和情感的波动性
　三、青少年情绪和情感的内隐性和表现性
　四、青少年道德感、理智感和美感的发展
第六节　成年期情绪和情感的发展
　一、成年初期情绪和情感的发展
　二、成年中期情绪和情感的发展
　三、成年晚期情绪和情感的发展
阅读　1. 老年期社会心理危机
　　　2. 社会情感学习

案例 8-1　不愿上学的兰兰

兰兰现在 2 岁 8 个月,为了更好地培养孩子的独立意识,让孩子接受良好的教育,父母决定把兰兰送到幼儿园读小小班。刚开始的几天里,兰兰哭得很厉害,吵着要妈妈、要回家,不想在幼儿园上学,中午在幼儿园也不愿意午睡、不愿意吃饭;每天奶奶把她送到幼儿园的时候,兰兰都抱着奶奶的腿,不让奶奶走;奶奶离开幼儿园后,兰兰都盯着大门向外看,也不愿意听老师说话。后来在幼儿园老师的鼓励、安慰和帮助下,在父母和奶奶的配合下,兰兰慢慢地适应了幼儿园的集体生活。两周后,奶奶送兰兰到学校后,兰兰能高兴地和奶奶摇手告别了。

思考题

兰兰为什么刚开始不愿意上学?她有哪些情绪?

家长该如何让孩子面对陌生环境,离开家人的身边,接受学校的集体生活呢?假如你是兰兰的家长,你还有什么好办法让兰兰较快地适应幼儿园生活呢?

第一节 概 述

一、情绪和情感的概念

(一) 概念

我们生活在纷繁复杂、生活节奏不断加快、新生事物层出不穷的21世纪,每时每刻都在感受着、体验着周围事物的变化,并对此产生各种心理反应,如喜、怒、忧、思、悲、恐、惊等常见的情绪体验。正如俗话所讲:"人非草木,孰能无情?"那什么是情绪呢?兰兰的情绪又是哪一种呢?一般来说,情绪(emotion)涉及我们生活的方方面面,它是一个多层次的、复杂的心理过程,同时伴有一定的生理变化。而心境则是一种微弱、平静而持久的带有渲染性的情绪状态。我国心理学者彭聃龄认为"情绪和情感是人对客观事物的态度体验及相应的行为反应"。它既包括刺激情境及其解释,又包括主观体验及行为反应,应该说是较为可取的。人们对情绪和情感一般不作区分,常将这一类心理现象笼统地称为情感(affection)。《心理学大辞典》中认为:"情感是人对客观事物是否满足自己的需要而产生的态度体验。"近年来,心理学家倾向于认为,情感除表示情绪表现和情感体验外,还包含着与内驱力或生理需要直接联系的驱动力。情绪和情感有别于认识活动,它具有特殊的主观体验、显著的身体生理变化和外部表情行为。

人们常把短暂而强烈的具有情景性的感情反应看作情绪,而把稳定持久的、具有深沉体验的感情反应看作情感。实际上,强烈的情绪反应中有主观体验;而情感也可在情绪反应中表现出来。通常所说的感情既包括情感,也包括情绪。

情绪通常以表情的形式表现出来,包括面部表情、言语声调表情和身段姿态表情。面部表情是情绪表现的主要形式。情绪的身体生理反应是由中枢和外周神经系统以及内分泌系统的活动产生的。情绪和情感复杂多样,很难有准确的分类。一般认为,愉快、愤怒、恐惧和悲哀是最基本的原始情绪。

(二) 情绪状态

情绪状态有几种特殊的形式:心境是持久而微弱的情绪状态,可以形成人的心理状态的一般背景;激情是强烈、短暂、爆发式的情绪状态,通常由突然发生的对人具有重大意义的事件引起;应激是在人的生命或精神处于威胁的情境下,采取必要决定行动时或无力应付受威胁的处境时产生的情绪状态,长时期持续的应激则会引起精神创伤,危及身体健康。

按照苏联心理学界的观点,情绪是人对客观事物的态度的体验,是人与动物所具有的一种心理形式。情绪与认识活动的不同之处在于,它具有主观体验、外部表现和生理基础。比如某位同学在考试中得了 59 分,从认识活动来说,这意味着不及格,可能出现"有人欢喜有人愁"的结果。这就是情绪表现,是人的主观需要的态度体验。C. E. Izard 认为,为情绪下定义必须包括生理基础、表情行为和主观体验等三个方面。情绪影响着人的心理生活的各个方面,而且贯穿着整个人生。

就大脑的活动而言,情感(feelings)和情绪属于同一物质过程的心理形式,是同一件事情的两个侧面或两个着眼点。情感作为一个反应的范畴,着重于表明情绪过程的感受方面,也就是情绪过程的主观体验方面。K. H. Pribram 提出,人的体验和感受对正在进行着的认知过程起评价和监督的作用。因此,情感具有更大的社会性。

(三) 情绪与情感的关系

从发展的角度来看,我们可以对它们从几个方面进行区分:其一,情绪是人与动物所共同具有的、相对来说范围较大的一个概念;而情感是人类所独有的心理表现形式。其二,情绪与人的生物性需要是否得到满足相联系;而情感则与人的社会性需要是否得到满足相联系。其三,情绪产生较早(一般 3 个月大的婴儿就具有了快乐和痛苦的表现);而情感则是在后天的社会交往过程中、在人与人之间的相互作用过程中逐渐产生的。其四,情绪带有本能性、不稳定性、情境性以及易变性;而情感则是在情绪的基础上形成的,具有稳定、持久和深刻的特点,反之,情感对情绪也会产生巨大的影响。

> 请举例说明情绪和情感对个人健康的影响及意义。

二、情绪和情感的发展

(一) 一般规律

情绪和情感的发生、发展同其他的心理现象一样,也是先天与后天的统一,它受到先天本能和后天环境的交互作用。在人与社会的交互作用过程中,人不断地适应社会生活,同时人的情绪和情感也不断得以发展和完善。

纵观以往的情绪发展研究,心理学家多将注意力集中在成人身上,因为成人的情绪相对较为稳定。这样,情绪研究就忽视了人类情绪从无到有的发生、发展的演变过程。现代情绪研究已经逐渐将视野扩展到婴幼儿阶段,试图探讨人类情绪发生、发展的整个演进过程的规律。迄今为止,大量的研究总结出以下规律:

1. 从情绪和情感的发展来看　情绪和情感的发展总是从简单到复杂、从低级到高级的。简单的情绪诸如快乐、痛苦等最先出现,逐步发展出现较为复杂的情绪情感形式,比如对祖国的热爱、对事业的忠诚等。

2. 从情绪和情感的表现形式来看　情绪和情感总是从以外显为主向内隐化方向发展的。儿童的情绪和情感最初充分表现于外在的行为动作当中,伴随着具体的行为活动而产生发展,甚至随着当前的行为活动的结束而消失;后来,由于儿童的自我意识、个性与社会性的不断成熟,情绪和情感的内在体验成分逐步增多,倾向于用理智来控制自己的情绪和情感,尤其是对一些消极的情绪和情感的克制,情绪和情感的外在行为表现成分就逐步减少。

3. 从情绪和情感的引发动机来看 情绪和情感总是从由直接具体的客观事物引发向由间接抽象的客观事物引发过渡。产生情绪和情感的需要对象最初大都是具体有形的客观事物,它直接导致感官的愉悦,从而引发情绪和情感。随着儿童思维的发展及个性和社会化的成熟,一些抽象间接的客观事物诸如精神荣誉、团体归属感等也成为儿童追求和需要的对象,从而引发情绪和情感。人的社会化程度越高,精神需要就比物质需要更具有吸引力。

4. 从主体控制的强度来看 情绪和情感总是从很弱的控制向很强的控制方向发展,表现为冲动性行为逐渐减少而自制性品质逐渐增强。一开始,儿童并不能对情绪和情感进行自我控制,在一定情境下、一定的场合中,情绪、情感自然产生并流露出来;但是随着生理的成长与成熟,儿童逐渐学会控制自己的情绪和情感。现代的情绪智力理论就将控制情绪的能力作为情商的一个重要方面。

5. 从情绪和情感所体验的内容来看 情绪和情感总是先从满足生理需要的内容向满足社会性需要的内容转化,这是由人与社会的关系越来越密切决定的。从某种意义上说,情绪和情感的发展具有渐进性,不断发展的情绪和情感给人们的生活带来了丰富多彩的形式。

(二)发展目标

乔治·华盛顿大学心理和儿科临床学教授 Stanley Greenspan 博士最近设计了一套"里程碑"式的评判标准(表 8-1),可以用来了解婴幼儿在出生后各个时段所具备的社交技能和情感发育状况。参照这些具体方法,可以跟踪宝宝的情感发展历程,帮助他们达到"里程碑"目标。

专栏 8-1　婴幼儿情感发展

表 8-1　婴幼儿情绪和情感的发展

3个月	5~6个月	10个月	18个月
最初的交际:婴儿作出谨慎的反应,对别人发生平静的兴趣,不时对周围的人绽露笑容	花样翻新:随着同外界交往日益增多,婴儿流露出惊喜、欢乐、受挫和失望等情感	定睛凝视:婴儿开始跟踪父母亲的视线,以便理解让他们感兴趣的是什么	用行动表达情感:婴儿开始蹒跚学步,自我意识更强了,也能体验到复杂的情感

续表

3个月	5~6个月	10个月	18个月
注意和调节：当你发出声响或面部表情有所变化时，小宝宝转过头来对着你看	参与交往：小宝宝看到他最喜爱的人，看上去十分快乐或高兴	情感交流：小宝宝试图捕捉你的目光或主动表示友好，比如探出身子让人抱	解决问题：蹒跚学步的孩子到处找你，以满足他的需求，比如缠着你牵住他的手
既看又听：一边缓慢地向右或向左移动表情欢快的脸，一边同小宝宝随便说些什么	微笑的游戏：用话语和滑稽的面部表情，逗宝宝开怀大笑	好玩的游戏：留意小宝宝发出的声响和流露的表情，并嬉戏般地用镜子照给他看	通力合作：设想一个孩子需要你的帮助才能解决的问题，让孩子最心爱的玩具也参与进来

三、情绪和情感成熟的标志

如何衡量人情绪和情感的发展水平，一直是心理学家梦寐以求的事情。确定情绪和情感发展成熟的标志是相当不容易的。总的来说，如果能够在对自己的客观评价的基础上实现以下两个方面：一是，能够控制一时的冲动和欲求，对于欲求的不能得到满足可以忍耐，对于不能逃避的危险和恐惧也预先作了准备；二是，能够设计现实生活，具有较高的欣赏能力和表达敌意的能力，便可以认为已经达到情绪成熟的标准。

心理学家 L. S. Hollingworth 曾提出情绪成熟的三个特征：① 差异的情绪反应能力。儿童时期的情绪反应是以一种"全或无"的形式表现出来的，例如疼痛引起哭喊；而当情绪成熟时，他们对待疼痛的反应不是大声哭喊，而是能够根据不同的场合环境，控制情绪反应或者部分地控制这种情绪反应。② 具有延缓情绪反应的能力。儿童时期的情绪反应往往是不能延缓或者"不能等待"的；但是情绪成熟后，就不会因为别人的激怒而动手打人或者谩骂。这种克制自己情绪延缓发作的能力是社会化的结果。③ 自怜情绪的减弱。儿童在遇到困难或者遭受侵犯时，总是期望获得别人的同情或怜悯；而当情绪成熟时，则会以独立精神表现出一定的耐力来加以克制，不轻易求助于或者接受他人的同情。

心理学家 E. Hurlock 认为，情绪成熟的标准大致有四条：① 能够保持身体健康。对于因为身体疲劳、睡眠不足、头痛、消化不良、疾病等因素引起的情绪不稳定,个体可以控制,能够自己管理好身体健康,能够正确对待疾病。② 能够控制行动。个体能够在事先考虑行动的后果而对行动加以调控。③ 能够消除紧张情绪,使其向无害的方向转化。情绪成熟者一旦产生了紧张情绪,往往不是考虑压抑,而是要让其发展。发展的涵义是促使紧张的情绪向更加社会化的方向提高、转化。④ 能够洞察和理解社会。就是个体要对社会现实进行分析并作出正确的判断,以便谋求自己情绪的稳定。

心理学家 L. E. Cole 提出,判断情绪成熟的指标有五个方面:① 正常的情绪状态;② 对于他人情绪的态度;③ 关于爱情的接受能力;④ 较高的欣赏能力和表达敌意的能力;⑤ 对于自己情绪的态度。总之,情绪成熟发展往往取决于遗传和环境因素的交互影响作用。

情感成熟是指个人的需要得到满足或未得到满足的情况下,能够自觉地调节情感恰当表达的一种心理状态,如需要得到满足时不狂喜,需要未得到满足时也不怒不卑等。情感成熟表明人的心理是健康的。任何人要想社会化就应该使自己"情有节",陶冶情操,尽快让自己的情感成熟。总之,情感成熟就是要求心理成熟。

专栏 8-2　情绪检测量表

> 情绪稳定一般被看作一个人心理成熟的重要标志。所谓情绪稳定,主要是指一个人能积极地调节、控制自己的情绪,在短时间内没有大起大落的情绪变化。他不会时而心花怒放,转瞬又愁眉苦脸。如果您希望知道自己孩子情绪是否稳定,可以让孩子进行下面的测试:
> (1) 看到自己最近一次拍摄的照片,觉得不称心。
> (2) 你常常被同学起绰号挖苦。
> (3) 你上床睡觉后常又起来查看门窗是否关好。
> (4) 你对与自己关系最密切的人不满意。
> (5) 半夜醒来,你觉得有值得害怕的事情。
> (6) 你搞不清家长到底对你好不好。
> (7) 你早晨起来常感到忧郁。
> (8) 到了秋天,你常有枯叶遍地的感觉。
> (9) 你在高处时会觉得站不稳。
> (10) 当一件事需要你决定时,你觉得比较困难。
> (11) 你常用抛硬币、翻纸牌来测凶吉。
> (12) 你需要躺一个小时才能睡着。
> (13) 你曾看到、听到别人察觉不到的东西。
> (14) 你觉得自己有超乎常人的能力。
> (15) 你一个人走夜路时总觉得前面暗藏着危险。

> 评分标准:以上各题,答"是"记 2 分,答"不确定"记 1 分,答"否"记 0 分。将各题得分相加,算出总分。
> 0~10 分:表明情绪稳定。
> 11~20 分:办事热情有时忽高忽低,容易瞻前顾后。
> 21~25 分:情绪不稳定,经常处于紧张和矛盾之中。
> 26 分及以上:这是一种危险的信号,应该向心理医生进一步咨询。

四、情绪和情感发展的理论

(一) 维度理论

情绪的维度是指情绪固有的某些特征,主要指情绪的动力性、激动性、强度和紧张度等方面。这些特征的变化又具有两极性。Wundt 提出的三维理论认为:情绪是由三个维度组成的,即愉快-不愉快、激动-平静、紧张-松弛。每一种具体情绪分布在三个维度的两极之间不同的位置上。他的这种看法为情绪的维度理论奠定了基础。20 世纪 50 年代,Schlogerg 根据面部表情的研究提出,情绪的维度有愉快-不愉快、注意-拒绝和激活水平三个维度,并建立了一个三维模式图,其三维模式图长轴为快乐维度,短轴为注意维度,垂直于椭圆面的轴则是激活水平的强度维度,三个不同维度的整合可以得到各种情绪。20 世纪 60 年代末,Plutchik 提出情绪具有强度、相似性和两极性等三个维度,并用一个倒锥体来说明三个维度之间的关系。顶部是八种最强烈的基本情绪:悲痛、恐惧、惊奇、接受、狂喜、狂怒、警惕、憎恨,每一类情绪中都有一些性质相似、强度依次递减的情绪,如厌恶、厌烦、哀伤、忧郁。美国心理学家 Izard 提出情绪四维理论,认为情绪有愉快度、紧张度、激动度、确信度等四个维度。我国学者黄希庭认为若撇开情绪所指的具体对象,仅就情绪体验的性质来看,可从强度、紧张度、快感度、复杂度四方面进行分析。按照情绪发生的速度、强度和持续时间对情绪进行划分,可将情绪分类为心境、激情和应激三种。

(二) 早期理论

早期理论涉及情绪的产生,侧重于研究情绪的生理机制以及最基本的原始情绪形式。我们可以将其归结为情绪能力的发展理论。持这些观点的学者大都认为,儿童出生时已经具有了一定的基本情绪反应能力,情绪的产生与儿童的神经生理结构尤其是大脑的功能有很大的关系。

W. James 和 C. Lange 就把情绪的产生归因于身体外周活动的变化,认为情绪的产生是自主神经系统活动的产物。情绪刺激引起身体的生理反应,而生理反应进一步导致情绪体验的产生,像哭泣是由于悲伤、恐惧产生于颤抖等。而 W. B. Cannon 和 P. Bard 则主张情绪产生的机制在于中枢神经系统丘脑的生理过程的激活与传递。由外界刺激引起的感觉器官的神经冲动,通过传入神经传至丘脑,再由丘脑同时向上、向下传递,向上传至大脑产生情绪的主观体验,向下引起机体的生理应激状态。情绪体验和生理反应是同时发生的。

许多研究证实儿童有先天的情绪机制。行为主义心理学的创始人 Watson 指出,新生儿具有三种非习得性情绪:爱、怒和怕。但是,作为一种适应能力的情绪与情感是通过后天的学习获得的。我们不仅可以通过条件反射的建立来获得情绪,而且可以通过新的条件反射的建立来加以克服。J. B. Watson 和 R. Rayner 等心理学家于 1920 年进行了"害怕是学习获得"的经典实验。实验中的小男孩(11 个月)起初一点也不害怕白鼠。后来,在他玩小白鼠时,研究人员突然敲打钢棒,发出猛烈的响声。几次以后,只要小男孩一看见白鼠,即使没有响声,他也表现出极度的害怕。

H. F. Harlow 和 R. Stagner 认为,人类存在着先天无差别的基本情感。这些无条件的情感反应是情绪产生的根源。原始情感反应在外部环境接触中受到多种联系的奖与惩,由此学习形成了各种情绪。从孤儿院孤儿和一般家庭抚养的婴儿的情绪和情感的表现来看,尽管每个出生正常的儿童都具备了发展情感的先天基础,但由于生活环境不同,原先由生物驱力表现的情绪(如饥饿时的哭喊、舒服时的微笑)得不到周围人的社会性反馈,久而久之,他们在情感表达、发展等方面就出现了差异。

不同的社会和文化都有自己独特的民族传统,都有自己独特的文化底蕴。在长期的社会生活过程中,他们都各自形成了约定俗成的情绪和情感表达方式。据此,这些方式的掌握和运用的差异就可以视作儿童情绪、情感发展的水平。社会学习理论强调观察和模仿学习的重要性,强调要通过儿童的自我学习来促进情绪、情感品质的发展。

J. A. Gray 于 1971 年通过对先天的恐惧、早期条件反射和情绪在语言中的最初表现的分析,认为情绪是由外部事件引起的内部状态,当外部事件与内部状态之间关系变得混乱时,就产生病理反应。S. S. Tomkins 提出了一个独创性的情绪理论,他更多地使用"感情"而不是"情绪"这个词。他认为,感情系统是原始的,它具有先天决定作用,与后天形成的驱力系统相互影响、相互作用并为之提供能量。感情不受时间和强度的限制,因而具有多变的特点。感情是最基本的动机系统,它的作用是激活、唤醒或放大内驱力,成为行为的动力。Tomkins 认为感情交流主要通过面部表情来完成,对面部表情线索的分析将有助于确定个体的感情状态。

专栏 8-3　恐惧是如何形成的——Little Albert 实验

1920 年,早期行为主义心理学的代表人物 Watson 及其助手 Rayner 进行了心理学史上一次著名的实验。该实验揭示了在一个婴儿身上是如何形成对恐惧的条件反应的,但也引起了很大的争议。

实验对象是一位名叫 Albert 的小男孩,当他还只有 9 个月大的时候,研究者把一只白色的老鼠放在他身边,起初他一点都不害怕;可是,当用一把锤子在他脑后敲响一根钢轨,发出一声巨响时,他猛地一打颤,躲闪着要离开,表现出害怕的神态。研究者给他两个月的时间淡忘这次经历,然后,研究者又开始实验。当一只白鼠放在 Albert 的面前,他好像看到了一个特别新奇有趣

图 8-1　Little Albert 实验

的玩具,想伸出手去抓它;就在孩子的手碰到白鼠时,他的脑后又响起了钢轨敲响的声音,他猛地一跳,向前扑倒,把脸埋在床垫里面。第二次尝试的时候,Albert 又想用手去抓,当他快要抓住的时候,敲击钢轨的声音又在身后响起。这时,Albert 跳起来,向前扑倒,开始啜泣。此后,又进行了几次这样的实验,把老鼠放在 Albert 身边,钢轨在他脑后震响,Albert 对老鼠形成了完全的恐惧条件反应,Watson 后来在实验报告中写道:"老鼠一出现,婴儿就开始哭。他几乎立即向左侧猛地一转身,倒塌在左侧,用四肢撑起身体快速地爬动,在他到达实验台的边缘前,用了相当大的力气才抱住他。"更进一步的实验显示,Albert 对其他毛乎乎的东西也产生了恐惧,比如兔子、狗、皮大衣、绒毛玩具娃娃,还有圣诞老人戴的面罩。

观察停止一个多月以后,再次对 Albert 进行实验,正如研究者所预测的,他哭了起来,对老鼠和一切展现在他面前的毛乎乎的刺激都感到害怕,这时候,并没有任何钢轨敲击的声音。

(三) 认知理论

认知理论强调情绪的发展以认知能力的提高为前提,情绪的产生受到环境事件、生理状态和认知过程三种因素的影响,其中认知过程是决定情绪性质的关键因素。认知协调产生愉快肯定的情绪体验;认知不协调则产生痛苦、否定的情绪体验。在认知理论中,社会认知理论研究的重点是儿童对客观世界的认识和理解,强调儿童的社会认知能力会影响其情绪和情感的发展。只有他们的认知能力发展了,阅读和欣赏水平提高了,才能丰富和发展自己的情绪和情感的表达形式和感受他人情绪、情感的能力。认知理论的主要人物有以下三位:

S. Schachter 和 J. Singer 从情绪产生的角度来分析,强调生理唤醒与认知评价之间的密切联系和相互作用决定着情绪。他们认为,如果一个人在生理上被唤

醒但不能解释它的原因,他将按照他易于获得的认识来称呼这个状态并对它进行反应。如果一个人在生理上被唤醒并对此有一个完全合理的解释,他将不接受任何其他的认知解释。如果一个人对同一种生理唤醒状态常体验到同一种认识,他将把这种感觉描述为情绪。M. B. Aronld 对于认知的重视在于她提出了著名的情绪认知评价理论。通过认知分析,发现评价对于情绪情感的重要性。她认为,情绪刺激必须通过认知评价才能引起一定的情绪,评价补充着知觉并产生去做某件事情的倾向。虽然所有的评价都有情感体验的成分,但只有当这种倾向很强烈时,它才被称为情绪。因此,我们可以从 Arnold 的观点里更多地获知大脑在情绪中所起的作用。R. S. Lazarus 进一步发展了 Arnold 的认知评价学说,将评价扩展为评价、再评价的过程。他描述了情绪产生的认知评价过程,并认为这个过程由筛选信息、评价、应付冲动、交替活动、身体反应的反馈以及对活动后果的知觉等环节组成。他认为我们对于寻求、反应或对具体刺激的注意都是有倾向的,这种倾向决定了我们与外界的相互作用。人们对这些刺激的认知评价引起了情绪反应。刺激本身不断地变化着,人们不断地"应付"它们,因而人们的认知在变化着,所引起的情绪反应也随之变化。

(四)分化理论

动机分化情绪理论的提出最早可以追溯到加拿大心理学家 K. M. B. Bridges 的观点,她提出了较为完整的情绪分化理论。她认为情绪是原始的、未分化的反应。从出生到 3 个月之间,原始情绪(可以视为"一般性的激动")逐渐分化和发展为痛苦和快乐。这两种一般性的积极的和消极的情绪反应,在 1 岁之内又进一步分化。美国的 Izard 从进化的观点出发,提出大脑新皮质体积的增加和功能的分化同面部骨骼肌肉系统的分化以及情绪的分化是平行的、同步的。前者是人类物种长期进化的结果;多种情绪的分化同样也是不断进化的产物,经历了一个漫长的过程。正因为如此,情绪才具有灵活多样的社会适应功能和意义,从而导致情绪在有机体的适应和生存上起着核心的重要作用,即情绪是人格系统的组成部分,它组织并驱动认知与行为,为认知和行为提供活动线索。

Izard 认为,情绪包含着神经生理、神经肌肉的表情行为、情感体验等三个子系统。它们相互作用、联结,并与情绪系统以外的认知、行为等人格子系统相互作用,不断发展。认知是情绪产生的一个重要因素,但认知不等于情绪,也不是产生情绪的唯一原因,而只是参与情绪激活与调节过程。Izard 关于婴儿情绪分化的研究结果及他对新生儿情绪的出现种类和有关情绪分化理论的论述,在当今婴儿情绪的研究领域,有着十分重要的影响。

> 请比较有关情绪和情感不同理论的观点,谈谈你个人的看法。

第二节　婴儿期情绪和情感的发展

从出生时起,婴儿就是一个社会人。婴儿在社会这个大环境的影响下形成和发展着人的情绪和情感、社会行为和社会关系等。许多观察和研究都表明,新生儿出生后会随着外界刺激因素的不同表现出不同的情绪,详见表 8-2。他们或哭、或静、或四肢蹬动等行为都是一种原始的情绪反应。情绪心理学家 Izard 通过录像技术和两套面部肌肉运动和表情模式测查系统,精细深入地分析后提出,人类婴儿在出生时,就展示出了五种不同的情绪,它们是惊奇、伤心、厌恶、最初步的微笑和兴趣。我国心理学者孟昭兰基于自己和他人的一系列研究也指出,新生儿有兴趣、痛苦、厌恶和微笑等四种表情。可见婴儿出生后有情绪,而且已初步分化。其分化的表现至少有两种,即积极、愉快的情绪和消极、不愉快的情绪,前者如笑,后者如哭。现在人们还普遍认为,新生儿的原始情绪反应绝大多数是由生理需求引起的,是天生的、不学就会的遗传本能。随着婴儿的成长、认识能力的增强和情感过程的社会性需要的日益复杂,其情绪也就不断地分化、发展。婴儿期的基本情绪主要有哭、笑、恐惧、愤怒、依恋等几种。

表 8-2　婴儿情绪发生的时间、诱因和表现

时间	诱因	情绪表现
出生	痛-异味-新异光、声、运动	痛苦-厌恶-感兴趣和微笑
3～6 周	看到人脸或听到高频语声	社会性微笑
2 个月	接受药物注射	愤怒
3～4 个月	痛	悲伤
7 个月	与熟人分离	悲伤、惧怕
1 岁	新异刺激突然出现	惊奇
1～1.5 岁	在熟悉的环境遇到陌生人做了不对的事	害羞、内疚、不安

一、哭

哭(cry)是婴儿最初的原始情绪反应之一。人生第一次哭为落地哭,其后婴儿的哭逐渐分化为因饥饿、寒冷、疼痛、恐惧成人离开、焦虑等不同原因引起的哭。这一系列的哭,最初代表的是否定的情绪体验,是一种不愉快的情绪。这种情绪是由于婴儿基本的生理需求未得到满足,比如肚子饿了或者躺得不舒服时就会哭,但这种哭也有重要的实用价值,它可以呼唤母亲或其他人过来对他照顾,解除他的痛苦和不适来满足他的生理需求,保持与他的亲近。因此,哭也就成了婴儿与成人交

流、沟通信息、寻求保护的重要方式。

随着年龄的增长,引起哭的情绪反应的社会因素出现并逐渐增加,同时,婴儿哭的表情和动作也进一步分化。有研究表明,对于中断喂奶引起的哭,婴儿哭的时候闭着眼睛,双脚紧蹬;发怒的啼哭有点失真,有点夸张;疼痛的啼哭是突然高声大哭,连哭数秒,接着是一连串的哭叫声;恐惧或惊吓啼哭是突然发作的,强烈而刺耳,伴有短暂的嚎叫声;伤心的啼哭模式是持续不断、悲悲切切的;还有招引别人的啼哭,开始是吭吭吱吱、断断续续的,在没人理睬的情况下就大哭起来。这就从一个侧面反映了婴儿情绪与情感的发展越来越复杂,层次越来越高。

在良好的护理下,婴儿对外界环境和对成人的适应能力逐渐增强,并且逐渐学会用动作、语言来表示自己的需要和不愉快。所以,随着年龄的增长,哭的现象逐渐减少。

二、笑

我们知道,婴儿一出生就会笑(laugh),笑是积极情绪的反应,也是婴儿与人交往的重要手段。通过笑可以引起其他人特别是父母对婴儿的积极反应,它的发生和发展可分为两个阶段:自发性微笑和社会性微笑。最初的自发性的微笑完全是一种生理表现,多出现在0~5周,它与中枢神经系统活动不稳定有关,与下丘脑、边缘系统的兴奋状态变化有直接联系。笑的时候,婴儿眼睛周围的肌肉并未收缩,脸的其余部分仍保持松弛状态,有人称之为"嘴的微笑"或内源性的笑。这种内源性的笑主要发生于睡眠中,在困倦时也可能出现。因它常常是在没有外部刺激的情况下发生的,是由于广泛的刺激引起的,也称之为"反射性微笑"。如抚摸新生儿的面颊或腹部发出各种声音,都可以诱发婴儿的微笑。不管是内源性的还是诱发性的微笑,都是反射性的微笑而不是社会性微笑。婴儿的社会性微笑大约开始于出生后的第5周,这时婴儿不再因广泛的刺激而微笑,引起微笑的刺激范围缩小了,主要是人脸和柔和的声音等社会性因素。其中又可分为无选择的社会微笑和有选择的社会微笑两种。前者发生在5周~3.5个月阶段。这种微笑是无差别的,而且不分对象,婴儿对任何人脸都笑,如对面具笑,对父母亲的脸笑,对发怒的人脸也笑。大约从3.5个月开始,婴儿会对一张不移动的脸发出持久的微笑,人们认为这标志着有选择性的社会性微笑的开始。但对陌生人和熟悉者的微笑没有多少区别。到了第4个月左右,婴儿能笑出声来,随着年龄的增长,儿童这种有选择的社会性微笑逐渐分化。6~7个月时,婴儿开始怕生,即对熟悉人和陌生人反应不同,对前者会无拘无束地微笑,对后者则有一种警惕心理或害怕心理,甚至一抱就哭,说明婴儿社会性微笑的选择性更强了。照顾者应注意对婴儿的微笑予以诱导,并尽量给他们提供认识环境、认识事物的机会,这都将促进婴儿微笑的发展,进而促进婴儿情感过程的发展。

三、恐惧

婴儿最初的恐惧是由内部生物学因素引起的,出生就有本能的恐惧(fear),如从高处突然落下、强烈震动其身体、刺耳的尖叫和巨大的声响等,都会引起婴儿的恐惧。随着年龄的增长,婴儿逐渐出现了另一种类型的恐惧即社会性恐惧,这是与认知相联系的恐惧。与认知相联系的恐惧又可分为三种,即与知觉和经验相联系的恐惧、与记忆和知觉相联系的恐惧、与想象相联系的恐惧。与对待熟人不同,4个月左右的婴儿对待陌生人的突出表现是会来回注视、比较陌生人的脸。6个月左右,婴儿开始出现怕生的情绪反应,这时见到陌生人会表现出一种严肃的焦虑表情。8个月左右的婴儿,当有陌生人靠近时,就会皱起脸,在陌生人和母亲之间来回观看,几秒钟后开始哭叫。1岁内婴儿恐惧情绪的表现详见表8-3。许多人把这种情况解释为,婴儿把熟人面孔的图式同他们对陌生人的知觉加以比较,如果理解为不一致,则会苦恼。出生6个月以后的婴儿,不仅害怕陌生人,还害怕其他东西,这多数都和其知觉相联系。比如"视崖"研究实验中发现,5~9个月的婴儿都害怕视觉悬崖,5个月左右的儿童表现为密切注视客体,心率减慢,9个月的婴儿则想避开客体,心率加速,其中,前者是因为好奇去注视,后者则是因为有了深度知觉,相应地产生害怕的情绪。7~12个月的婴儿开始出现了分离恐惧。把婴儿留在一个不熟悉的房间或者不熟悉的人面前时,婴儿由于暂时和熟悉者分离而产生恐惧的表情最为明显。如母亲告诉正在高兴玩耍的1岁婴儿,她要离开一会儿,很快就回来;婴儿会很认真地注视最后看着母亲的地方(门),几秒钟后开始大哭,另外,当听到母亲离开房门时也会哭叫,这说明母亲离开后,在婴儿记忆中产生了从前母亲在场的图式,并把前后情境加以比较,如不能解释这种不一致,就会哭叫,这是与知觉及记忆相联系的恐惧。上面的例子中,还有一些婴儿会出现另一种情况,即母亲向门口走出去就开始哭。研究者认为,这时婴儿出现了一种预期将来的能力,可能会考虑"现在会发生什么事?""她会回来吗?"等,他不能解决这样的问题时则会忧伤并哭叫起来。研究还发现,儿童从2~5岁时对噪声、陌生的人或物体、痛、坠落以及突然移动的物体等刺激的恐惧降低了,而对想象中的生物、黑暗、嘲笑、威胁等的害怕增加了,如怕一个人在家,怕在黑暗的房内独睡等。因为儿童可以预见潜在的危险,这就是预测性恐惧或称为与想象相联系的恐惧。

表8-3　1岁内婴儿恐惧情绪的表现

时间	情绪表现
刚出生	本能的恐惧
4个月	来回注视、比较陌生人的脸

时间	情绪表现
6个月左右	婴儿开始出现怕生的情绪反应,这时见到陌生人会表现出一种严肃的焦虑表情
8个月	当有陌生人靠近时,就会皱起脸,在陌生人和母亲之间来回观看,几秒钟后开始哭叫

四、愤怒

愤怒(anger)是指为了达到目的的行为受挫或愿望不能实现时引起的一种紧张而不愉快的情绪体验。新生儿出生不久就有愤怒的表现,婴幼儿在强烈的愿望受到限制时就会产生愤怒反应,身体的活动受限也会产生愤怒,由于愿望不能达到或与同伴争吵,也常引起愤怒情绪。

F. L. Goodenough研究了幼儿愤怒的表现方式,发现最早愤怒情绪的表现形式有哭、手足舞动等,3岁以下的儿童,特别是1.5～3岁左右的儿童在愤怒时有75%的儿童出现上述行为;而3岁的幼儿常有在床上或地板上发脾气、来回打滚等行为。随着年龄的增长,用言语反抗的情况会增加。特别需要注意的是,强烈的愤怒会引起攻击行为,甚至会影响认知和智力活动。但有时愤怒中也包含自信成分,进而以认真的态度和良好的操作,使活动更为有效。

五、依恋

依恋(attachment)是婴儿与主要抚养者(通常是母亲)间的最初的社会性联结,也是情感社会化的重要标志,通常表现为:婴儿将其多种行为,如微笑、啼哭、吸吮、叫喊、抓握、咿呀学语、依偎、跟随、拥抱等都指向母亲;最喜欢同母亲在一起;与母亲在一起的时候能感到最大的舒适、愉快、安慰;同母亲分离或遇到陌生人和陌生环境则使他痛苦、焦虑、恐惧等。

研究表明,依恋是婴儿在同母亲较长期的相互作用中逐渐建立的,其发展过程可分为三个阶段:无差别的社会反应阶段(出生～2个月左右)、有差别的社会反应阶段(3～6个月时期)、特殊的情感联结阶段(6个月～2、3岁)。其后,随着年龄的增长和社交能力的不断提高,婴儿开始能够理解依恋对象的目的、情感和特点,并据以调整自己的行为,进入更为成熟的目标调整参与期。Ainsworth等通过"陌生情境"研究法,根据婴儿在陌生情境中的不同反应,认为婴儿依恋的类型有两种:安全依恋和不安全依恋。安全依恋的儿童在母亲离开后会明显表现出苦恼、不安,想寻找母亲回来,当母亲回来时,立即寻求与母亲接触,情绪很快会平静下来,很容易受母亲安慰,这类婴儿占65%～70%。不安全依恋又分为回避的和反抗的依恋。约20%的儿童对母亲在不在场都无所谓,称之为"回避依恋婴儿"或"无依恋婴儿"。另外占10%～15%的婴儿属于反抗型依恋,当母亲离开时表现得非常苦恼、极度反抗,甚至愤怒地大哭大叫,但当母亲回来时,其对母亲的态度又是矛盾的,即寻求与母亲的接触,同时又反抗与母亲的接触,比如生气地拒绝、推开拥抱。但是要他重新回去做游戏似乎又不太容易,不时地朝母亲这边看。所以,这种类型又常被称为"矛盾型依恋"。

专栏 8-4　习性学的依恋理论

　　以英国精神病学家 J. Bowlby 为代表的习性学理论认为依恋是一套本能反应的结果,这些本能反应对于种系的保护和生存有着极为重要的意义。
　　Bowlby 指出,依恋行为系统的生物功能具有保护作用,其中最为主要的作用是保护婴儿不受进化环境中有害因素的伤害,因为客观上弱小的婴儿需要与抚养者保持一种特定的亲近以保证自身的安全感。有关动物的现场研究表明,不与其母亲保持亲近的幼子可能成为侵害的牺牲品。他认为,即使在现代社会,如果一个儿童独处而不是由一个敏感的成人伴随,儿童也更加容易受到伤害(如因意外事故而伤亡)。因此,他顺理成章地把这种保护作用视为依恋行为及相关母性行为的生物功能的自然延续。而父母对婴儿诸如哭泣、依附、跟随之类的依恋行为予以回应,则由此建立起亲子间相互寻求亲近的情感联系。
　　由此可见,依恋的生物功能在于保护幼小的后代,而心理功能在于提供某种安全感,有助于良好情感的建立。

专栏 8-5　依恋关系的评定——陌生情境法

　　陌生情境是由美国心理学家 Ainsworth 等人设计的一种心理实验,用来研究婴儿在陌生环境中并与母亲分离后的行为和情绪表现。
　　实验过程中,由母亲带婴儿进入实验场所(陌生环境),实验者作为陌生人出现在实验场所里,但不干涉母子的活动,片刻后母亲独自离开,由婴儿单独与实验者相处,由实验者观察婴儿的表现,再片刻后母亲返回。实验者记录这个过程中婴儿从始至终的行为和情绪表现情况。这个测验给婴儿提供了三种潜在的难以适应的情景:陌生环境(实验场所)、与

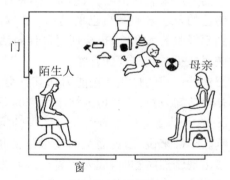

图 8-2　陌生情境法

亲人分离和与陌生人相处,通过测验来研究婴儿在这几种不同的情境下表现出的探索行为、分离焦虑反应和依恋行为等。
　　陌生情境大体包含八个片段(episode),具体见表 8-4。

表 8-4　陌生情境的八个片段

片段	现有的人	持续时间	情境变化
1	母亲、婴儿和实验者	30秒	实验者向母亲和婴儿作简单介绍
2	母亲、婴儿	3分钟	母亲和婴儿进入房间
3	母亲、婴儿、陌生人	3分钟	陌生人进入房间
4	婴儿、陌生人	3分钟以下	母亲离去
5	母亲、婴儿	3分钟以上	母亲回来、陌生人离去
6	婴儿	3分钟以下	母亲再离去
7	婴儿、陌生人	3分钟以下	陌生人再进入房间
8	母亲、婴儿	3分钟	母亲再回来、陌生人再离去

六、婴儿的情绪调节

1. 婴儿情绪的自我调节(emotion self-regulation)　情绪自我调节是指利用一定的策略调整自身情绪状态，从而达到个体所追求的目标。情绪自我调节的发展是从依赖他人帮助的外部调节逐渐转化为内部自我调节的过程。新生儿尚不能进行情绪的自我调节，当感觉到不舒服的时候，就会大声哭闹，直到需求得到满足或被安抚为止。当婴儿会爬或行走时，就会主动远离那些引起他们不愉快的刺激，从而调节自己的情绪。1岁左右时，婴儿开始使用嘴咬东西和避开引起不愉快的人或事物的方法来表达情绪。1岁后，随着言语能力的发展，婴儿可以听懂成人通过语言传达的要求来控制自己的情绪。2岁后，婴幼儿开始有意识地控制那些让他们感到不舒服的人和物，也会通过同伴对话、玩玩具或躲避让他们感受不愉快的事物去应对挫折，控制自己的情绪。

婴幼儿情感的自我调控能力随其社会认知能力的提高而发展，与他们对刺激源的社会认知、对自己和他人情绪反应的理解或推测能力有关。

2. 成人对婴儿情绪的调节　父母的情绪表达对婴儿的情绪调节同样有重要的影响。一般来说，乐观豁达的父母是婴儿学会控制愤怒情绪的最好榜样。当婴儿情绪出现剧烈波动时，成人沉着、冷静、理性的态度能够帮助婴儿学会控制自己的愤怒情绪。成人也可以通过和婴儿一起看儿童图画书或游戏等形式，帮助婴儿学习情绪表达的社会规则。例如，父母可以通过卡通形象、图画或故事的形式，让婴儿明白爸爸妈妈为什么会生气、为什么会很开心等。

2岁以后的婴儿，对情绪的关注已从自己延伸、拓展到他人。当发现他人情绪不愉快时，婴儿会试图去安慰、去关注，抑或自己单独去玩玩具，不去影响他人或给他人添乱等。

第三节 幼儿期情绪和情感的发展

自我情绪体验在3岁儿童中还不明显,其发生转折的年龄在4~5、6岁时,此时幼儿大多数已表现有自我情绪体验。

一、幼儿情绪和情感发展的动因

婴儿的情绪反应主要是和他们的基本生理需要是否得到满足相联系的。到了幼儿早期,由于活动范围扩大,能更多地接触到与社会性需要有关的人和物,幼儿自我情绪体验的社会性就增强了。一方面与生理需要相联系的情绪和情感产生,另一方面又随着社会性情感体验(委屈、自尊、羞愧感等)不断深化、发展,特别是成人对幼儿的评价在幼儿个性和情绪情感的发展中起着重要作用。

在幼儿自我情绪体验中最值得重视的是自尊感。自尊需要得到满足,将会使人自信,体验到自我价值,从而产生积极的自我肯定。幼儿在3岁左右产生自尊感的萌芽,如犯了错误感到羞愧,怕别人讥笑,不愿被人当众训斥等。随着幼儿身体、智力、认知、思维和自我评价能力的发展,幼儿的自尊感也得到了发展。如在韩进之等人的研究中,幼儿体验到自尊感的分别为:3~3.5岁约占10%,4~4.5岁约占63.33%,5~5.5岁约占83.33%,6~6.5岁约占93.33%,自尊感稳定于学龄初期。

二、幼儿情绪和情感发展的特点

1. 情绪的冲动性逐渐减少　幼儿的自我控制能力较差,往往由于某些外来因素而产生情绪冲动,有的大喊大叫,有的大哭大闹,很难平静下来。随着大脑不断成熟发育,言语、认识、思维的不断发展,加之游戏、集体活动增多,要求他们遵守规则,幼儿对情绪的控制能力增强了,情绪的冲动性也减少了。

2. 情绪和情感以外显性为主,内隐性逐渐增强　婴儿期和幼儿初期的儿童,对情绪和情感的表现丝毫不加控制和掩饰,随着言语和认知随意性初步发展,幼儿逐渐能调节自己情感的外部表现,这是由外显性向内隐性过渡的表现。比如,在幼儿园遇到和别的小朋友不一样的待遇,也只有妈妈在面前才哭;看到邻居小朋友有许多玩具时想要,如果妈妈不给买也不会大哭大闹。这说明他们能够调节自己的情绪,只是幼儿期情绪和情感的内隐性发展并不是太好。

3. 情绪和情感以易变性为主,稳定性逐渐发展　婴儿期和幼儿初期的儿童情绪很不稳定,善变、易受暗示,也易受外界事物的影响和调节支配。当儿童哭得很伤心时,拿一个新玩具或者大人的一些新动作都会把他逗乐;他们也会因别人突然抢走玩具或对他板起脸而又大哭起来,这说明儿童自身调节能力很差。另外婴幼儿还会因同伴喊而喊、因同伴哭而不高兴,这是移情作用。随着年龄增长,情绪和情感的稳定性会逐渐提高。

三、幼儿情绪和情感日益丰富、深刻

1. **情绪的表现形式多样化,情感涉及范围不断扩大,情感不断丰富**　新生儿喜欢母亲抚摸身体、轻拍或轻摇,他的情感只有愉快和不愉快之分。随着认识能力的增强,幼儿的情感体验的层次不断提升,比如对母亲、父亲、小朋友、老师、亲戚等会有不同的爱的情感。这种爱可以分成依恋、喜爱、友爱、尊敬等层次。

2. **情感所指向的事物从表面向更内在的特点发展,情感日益深刻**　比如幼小儿童喜欢妈妈是因为妈妈给他买好吃的、好玩的。大一点的儿童喜欢妈妈是因为妈妈爱他、照顾他,认为妈妈的劳动很辛苦,会觉得妈妈很伟大。另外,与思维、自我意识相联系的情绪和情感在游戏中也表现出来了,能辨别出美丑,比如幼儿因为理解警察叔叔很勇敢、有正义感,他会在游戏中因扮演警察而自豪,同时也觉得自己比别人强而产生骄傲情绪。

第四节　儿童期情绪和情感的发展

经过婴幼儿阶段的发展,儿童情绪已基本具有人类所具有的各种情绪表现形式。进入小学后,儿童的主要活动形式从游戏转入学习,开始需要承担一定的义务。因此,儿童在学习活动中也经常产生出种种情绪体验,如考试获得好分数会因成功而感到喜悦;学习不好,则可能因此产生挫折感,体会到痛苦、悔恨、羞愧等种种情绪。此外,通过集体活动和学校教育,小学生的各种高级情感迅速开始发展,并在情绪生活中明显表现出来,如与同伴产生了友谊感,对班级和学校形成了集体荣誉感,以及在掌握一定道德原则、形成一定道德行为习惯的基础上开始产生了道德感,通过学习活动发展了理智感等。

一、小学生情绪和情感的发展

1. **情绪和情感的内容不断丰富**　因为小学生以学习活动为主要生活内容,所以其大量的情绪和情感都与学习活动和学校生活有关。同时,小学生的各种社会性情感也在不断发展之中。

2. **情绪和情感的深刻性不断增加**　一般来说,小学生的情感表现还是比较外露、易激动的,但其情绪体验逐步深刻。例如,关于儿童恐惧的研究发现,幼儿的恐惧主要涉及个人安全和对动物的恐惧。小学生虽然也同样害怕黑暗、怪物、生病、怕被车撞倒、怕被狗咬伤等,但更多的是对学校的恐惧,如怕学业不佳、考试成绩不好,怕受到家长和老师的批评,怕遭到同学的讥笑等。幼儿常用哭泣等直接的方式来表示自己的不满,而小学生则逐渐学会以言语来表达自己的心情。

3. **情绪和情感更富有稳定性**　虽然小学生的情绪仍然具有很大的冲动性,他们不善于掩饰,不善于控制自己的情绪,但与幼儿相比,他们的情感已逐渐内化,小

学高年级学生已逐渐能意识到自己的情感表现以及随之可能产生的后果,并且控制和调节自己情感的能力也逐步加强。

二、小学生对表情模式认知的发展

表情是情绪和情感的外部表现,是指可以直接观察的某些行为特征,如面部可动部位的变化、身体的姿态、手势以及言语器官的活动等。心理学中常把这些与情绪有关的行为特征称为表情动作。其中,面部表情尤为重要,它是人类适应自然、适应社会的产物。现代认知心理学家认为,面部表情是传递信息、交流信息的重要工具之一。小学生对脸部表情的认知一直处于发展、提高的过程中,从小学六年级以后,他们的认知能力基本达到成人的水平。另外,小学生大约从四年级开始对声音表情的认识发展进入了正常辨认阶段,达到了成人通常理解的水平。

小学生上述情绪认识水平的不断发展,为他们正确辨认和理解他人的情绪状态奠定了基础。

三、小学生高级情感的发展

如前所述,高级情感指与社会需要相联系的情感,包括道德感、美感、理智感等。幼儿的社会情感刚刚开始和发展,直到小学以后,在学校教育的影响下,儿童的各种高级情感才进一步发展起来。

1. 小学生道德情感的发展 道德情感是人根据一定的道德标准评价自己或他人的行为举止、思想意图所产生的一种情绪体验。我国心理学家对儿童的道德情感进行了系统的研究,研究结果发现:

(1) 小学儿童的道德情感处于不断发展的过程之中:低年级儿童主要以社会反应作为自己情感体验的依据,中年级儿童则主要以一定的道德行为规范为依据,而高年级儿童则开始以内化的抽象道德观念作为依据。

(2) 小学儿童的道德情感的发展具有明显的转折期,一般是在小学三年级。

(3) 小学儿童的道德情感的发展具有不平衡性,不同道德范畴的情感体验有所不同,如义务感、良好范畴等情感体验发展较早较好,而与政治道德感有关的爱国主义情感的发展则相对较晚,水平也较低。

(4) 小学儿童的道德情感具有明显的个体差异,在儿童道德情感的形成和变化过程中,情绪体验积累和概括起着重要作用。

(5) 自然的、直接的、由客观现实引起的情感体验,以及具有高度概括性并带有激励作用的崇高道德观,对小学儿童的道德情感的发展具有重要意义。前者引起小学儿童强烈的、具有感染功能的情绪体验,后者则是由于与小学儿童的人生观、世界观和价值观紧密相连,对道德情感的发展起着内部稳定性的作用。

2. 小学生理智感的发展 小学生理智感的发展表现在求知欲的扩展和加深。他们好奇的范围已大大扩展,但是由于受思维能力的限制,小学生的理智感仍离不

开具体、直观形象的支持。小学生的求知欲在不断扩大和加深,如其学习兴趣在整个小学时期表现出如下发展趋势:

(1) 从对学习的过程、学习的外部活动感兴趣,发展到对学习的内容、对独立思考的作业更感兴趣。

(2) 从笼统的、广泛的兴趣,逐渐产生对不同学科内容的初步的分化性兴趣。如对小学生学科兴趣分布情况调查研究发现,最喜欢体育、语文、美术这三门课程的学生之和占调查总人数的 76.2%,而最不喜欢美术、音乐和其他(英语、地理)课程的学生占 29.5%。

(3) 从对具体事实的兴趣发展到初步探讨抽象和因果关系知识的兴趣。

(4) 阅读兴趣从课内阅读发展到课外阅读。

(5) 从对日常生活的兴趣,逐步扩大到对社会、政治生活的兴趣并不断加深。

3. 小学生美感体验的发展　　美感是人对客观事物或审美对象的美的特征产生的一种愉悦的情感体验。美感早在儿童 2~3 岁后就开始发展起来,在绘画、音乐、舞蹈、表演、阅读等活动中,幼儿的美感逐渐发展起来,而随着生活、学习范围的扩大,小学生的美感进一步发展。但是,小学生美感体验能力的发展,明显地受制于对客观事物外部特点和内部特征的领会和理解,受制于在一定社会生活条件下形成的对美的不同需要。一般来说,经常接触的具有明显美的外部特征的客观事物容易使小学生产生美的体验,而那些接触少的,具有深刻内涵的、美体现于内在特征的事物则不易引起他们的美感体验。但是,随着年龄的增大,在教育的影响下,小学生的美感体验会越来越丰富。

专栏 8-6　香蕉等食物有助于儿童变乖

> 据英国《每日邮报》报道,英国斯旺西大学心理学教授 Benton 分析了 50 年来英国儿童的饮食习惯后发现,如果想使性格暴躁或过度活跃的儿童变乖,可以从改变其饮食习惯入手。对于性格暴躁的儿童,父母应多让他们吃鸡肉、羊肉及卷心菜、香蕉等食物,这有助于使其性格变好。
>
> Benton 教授指出,食物并无好坏之分,但由于儿童是最容易受到食物影响的人群,因此会表现出各种特质行为。有案例表明,过多摄入糖分和乳制品,容易引起儿童亢奋。因此,他建议,性格暴躁的儿童要少吃鸡蛋、巧克力、葡萄、橙子等食物。研究还发现,儿童在食用鸡肉、羊肉、米饭、香蕉和苹果后,也有助于矫正其行为问题。儿童过于亢奋,还可能与脂肪酸摄入过少有关,可以适当补充一些富含脂肪酸的鱼油。
>
> 同时,英国剑桥大学的研究人员正在就摄入维生素、矿物质和脂肪对青少年心理和行为产生的影响进行调查。Benton 教授指出,越来越多的研究表明,饮食习惯对儿童的影响很大。因此政府应该完善儿童健康饮食指南,并广泛进行宣传和推广,帮助父母学会用饮食调整儿童的情绪。

第五节 青少年期情绪和情感的发展

青少年期是个体从儿童走向成人的过渡时期,青少年一直处在求学时期,面临着升学就业的选择,还要面对性成熟的影响与冲击,因此其心理发展是多姿多彩、动荡不安的。不同流派心理学家对青少年的心理发展有着不同的看法,比如,Hall 认为青少年期是"疾风怒涛"的时期,是矛盾、情绪激烈动荡的时期。Piaget 认为,青少年期即形式运算时期,有两个显著特点:一是喜欢推理,二是考虑问题的可能性先于考虑问题的现实性。E. Spranger 认为,青少年期最显著的特点是闭锁性,失去了童年的直爽、坦率等,但在另一方面又有着希望被别人理解的强烈愿望。尽管心理学家们的看法不尽相同,但青少年心理发展的复杂性和丰富性是显而易见的,情绪和情感的发展也不例外。其中,初中生的情绪与其他的心理发展一样,也充分体现出半成熟、半幼稚的矛盾性特点。高中生即进入青年期,情感已趋向成熟、稳定,但与成人相比又显得热情有余而理智不足。青少年情绪情感的发展总体呈现了如下特点。

一、青少年情绪和情感的两极性

初中生的情绪表现有时是强烈而狂暴的,同一个刺激,在他们那里所引起的情绪反应强度相对成人要大得多。另一方面,与幼年和童年期的儿童相比,他们的情绪释放已不是很开放和充分的了,而是以相对缓和的形式表现,并能适当控制某些消极情绪。情绪的细腻性指初中生已逐渐克服了儿童时期情绪体验的单一性和粗糙性,情绪表现变得越发丰富和细致。

如果说初中生还存留有小学生的急躁情绪,那么高中生则在情绪和情感的发展上具有了温和细腻的特色,尤其是青年后期在与异性朋友交往中,表现得更加明显。

二、青少年情绪和情感的波动性

由于社会经验和知识经验有限,中学生的情绪体验不够稳定,表现出可变性。他们情绪转换的速度较快,常从一种情绪转为另一种情绪,容易波动起伏。这表现为:一方面青少年会因一时成功,欣喜若狂、激动不已,又会因为一点挫折,垂头丧气、懊丧不止,从而出现情绪两极间的明显跌宕;另一方面,青少年还常会出现莫名其妙的情绪波动、交替,给人以变化无常的感觉。我国心理学工作者沈家鲜在对高中生的一次调查中发现,被调查学生中有70%的学生承认经常出现情绪波动,如果考虑到出现波动但自己还未意识到或不愿承认的情况,其比例可能更高(表8-5)。而且由于青少年重视自己的直觉和心理体验,对客观事物的认识往往存在偏执性的特点,常常带来情绪上的固执性。

表 8-5 对高中生情绪波动情况的调查

选项	比例
对生活充满憧憬,始终沉浸在一种开朗的心情中	15%
经常脸挂满愁容,无缘无故地忧郁	15%
上面两种心境交替上升像两条曲线,忽而愉快,忽而愁闷	70%
没有激烈的变化	0

(资料来源:侯静,陈会昌.依恋研究方法述评[J].心理发展与教育,2002(3):80-84).

三、青少年情绪和情感的内隐性和表现性

内隐性是指情绪表现形式上的隐蔽性,即在某些场合,青少年可将喜、怒、哀、乐等各种情绪隐藏于心中不予表现。表现性是指在情绪表露过程中有意无意地带上了表演痕迹,失去了童年时那种自然性。青少年自我意识得到了进一步的发展,自我评价日益深化并开始成熟起来,特别是自尊感十分强烈、敏感。青少年往往把自尊心放在其他一切情感之上,当自尊感与其他情感发生冲突时,他们会毫不犹豫地为维护自尊而牺牲其他感情,对自尊的得失也易产生强烈的满足感和挫折感。青少年自我意识成分开始分化,高中生在心理上把自我分成了"理想的自我"和"现实的自我"两个部分,情感极为敏锐,价值观逐步确立。另外,这一时期的青少年随着生理的成熟,爱的心理也发生了质的变化。从原始的单纯的喜悦体验到对父母的依恋情感,发展到同学伙伴间的友爱,随着生理发育的成熟,产生了性意识的觉醒,有了异性间朦胧的恋爱情感需求。

四、青少年道德感、理智感和美感的发展

作为高级的情感,道德感、理智感和美感是个体接受社会教育的结果,在个体身上发展相对较晚。进入青少年阶段,随着个体社会性发展和教育影响的积累作用,这些高级情感逐步达到相当的水平。对初中学生的调查表明,道德感和理智感的发展水平又相对更优于美感的发展水平。在另一项研究中,对高中生的这一高级情感进行更细致的调查,结果表明,在道德感方面,高中生在爱国主义感、集体主义感、荣誉感、友谊感等情感体验上,选择代表积极情感答案的人数占了最大比例,这说明高中生道德感的发展以积极的、正确的情感为主,在运用道德标准评价自身或他人的行为时,已形成了较正确的稳定的反应或体验倾向。

在理智感方面,高中生的求知感最为强烈,喜悦感、坚信感其次,疑问感较弱,而坚信感的消极情感的选择在理智感的各项内容中为最高,反映了高中生在求知过程中害怕失败,易因挫折丧失信心,其中以高三学生为甚。这可能与频繁的考试、激烈的竞争有关。

第六节 成年期情绪和情感的发展

成年期是指从个体 18 岁左右至死亡的时期,又可以分为成年初期、成年中期和成年晚期。其中,成年初期约为 18、19～35 岁;成年中期约为 35～60 岁;成年晚期从 60 岁至个体死亡。

一、成年初期情绪和情感的发展

成年初期随着自我意识的发展和自我同一性的确立,人生观、价值观的形成,以及经历恋爱、结婚及婚后适应等生活阶段,青年开始步入成人社会,他们在心理上已基本处于安定状态,情绪上也渐趋老练和稳健,其主要表现和特点如下:

1. 友情和孤独 成年初期,特别是大学生,虽然已脱离孩子的群体,但尚不能履行成人的责任和义务,因此常有被排斥于成人行列之外的孤独感。为了摆脱孤独,他们便开始寄情于朋友深厚的友情。即使组成了家庭,很多人仍然注重朋友之间的友谊,同学情、同事情、朋友之情是他们排解忧愁的重要渠道之一。

2. 性意识的发展及恋爱结婚 当初中生意识到性别问题时,会经历一个从一开始的相互排斥到逐渐融洽相处,再到相互喜欢的过程;至成年期,性意识的迅速发展促进了对异性意识的改变和增强,由此产生了恋爱情感,这种情感已不像青少年期的狂热偏执,而是经过慎重选择较为全面考虑后的情感表露,进而又发展为结婚愿望及两情相悦形成婚姻现实。这种情感的顺利发展,是一个人融入社会组成家庭,成长为一个有责任的社会公民的必然要求。

3. 对双亲和子女的正反两方面矛盾情感 一般来讲,青少年容易产生对父母的反抗情绪,但这种反抗并不意味着双亲缺乏温情,而进入成年期的青年会逐渐开始对父母表现出明显的孝道、尊敬和报恩之情。有了孩子之后,对子女的矛盾情感也油然而生。

二、成年中期情绪和情感的发展

成年中期又称中年期,作为人生历程中的一个阶段,由青年而来,向老年而去。中年人是社会的中坚力量、家庭的支柱,与其他阶段相比,家庭生活与事业活动成为他们情绪与情感变化的重要方面。

随着机体内分泌的变化,人进入更年期。这一时期,中年人会遇到来自家庭和社会两方面的压力与挑战。一方面,他们有自豪感和幸福感;另一方面,他们也会出现紧张、焦虑的情绪。生活的重负加上诸如夫妻不和、离婚、亲朋好友死亡等消极生活事件的影响,特别是进入更年期以后,中年人容易出现烦躁、易怒或精神压抑等情绪现象,有时仅仅因为一件小事而自责、自罪,甚至失去信心。当然,幸福美满的家庭生活可以为中年人增添许多乐趣,情绪和情感体验也会出现积极的特征。

在社会生活及人际交往中,中年人一般事业有成,很多是本专业、本部门的佼佼者。他们会在工作中体验到快乐与充实。有时,他们在工作中也容易失去信心,与同事交往也可能产生多疑、不合群及自我孤独等感觉,这些情绪体验会阻碍他们事业的进一步发展。同时,中年人兼有赡养老人、抚养子女的义务,社会责任感、义务感、成就感更加强烈。这种情绪体验使他们的情感更加丰富,内心世界更加复杂。

三、成年晚期情绪和情感的发展

成年晚期又称老年期,是指 60 岁以后到死亡这一阶段,这也是人一生中所经历的最后阶段。其基本特征就是衰老,其变化的明显性高于成年初期和中年期,由老年人的衰老导致的认知活动、情绪情感、个性心理特点等都发生了重要的变化,老年期由于生理功能的老化,社会交往、角色地位的改变以及各种社会因素的影响,个体心理功能的变化较大。在情绪和情感方面,无论是情感体验的强度、持久性还是激发情绪反应的因素以及情绪和情感的两极性方面都容易产生一些消极的特点。

1. **比较容易产生消极的情绪和情感** 人到老年,尤其是离退休的老年人,由于年老体弱,生理机能衰退,身体大不如以前,加之集体生活减少,子女不在身边等因素,比较容易产生冷落感、孤独感、疑虑感、忧郁感、不满情绪及老而无用感等不良的情绪与情感体验。国内有研究资料指出,多数人到了老年,会不同程度地有孤独、忧郁和不安的心理感受。他们中有的为家庭纠纷难以和解而忧虑,有的为子女就业而苦恼,更多的则为健康和患病而不安。对多病的老人而言,还会产生对死亡的焦虑和恐惧等情绪,并更多地表现出对他人的情感依赖。

2. **情感体验深刻而持久** 由于老年人中枢神经系统发生的生理变化及内稳态的调整能力降低,老年人的情绪一旦被激发就需要花很长时间才能平静下来。同时由于老年人形成了比较稳固的价值观以及较强的自我控制能力,他们的情绪和情感一般不会轻易因外界因素的影响而发生起伏,他们的情绪状态一般稳定,变异性较小,至少在短时间内变化较小。研究表明,在影响老年人情绪和情感发展的各种因素中,各种"丧失"是最重要的因素,这其中包括社会政治经济地位、专业发展、健康、容貌以及配偶等。正确掌握老年人情绪和情感调节的科学道理,有助于做好关心老年人的工作。

> 婴儿期情绪和情感有什么特点?家长如何更好地促进其健康成长?
> 幼儿期情绪和情感的特点是什么?请举例说明如何培养良好的情感。
> 青少年期情绪和情感变化的主要特点是什么?有哪些方面需要引起重视?
> 老年期情绪和情感突出的特点是什么?如何让老人有一个良好的晚年生活?

(凤林谱)

阅读 1　老年期社会心理危机

Peck 拓展了 Erikson 关于成年期心理社会危机的概念,强调超越与老龄化有关的角色丧失和身体障碍方面的自我能力以及自我在新的活动、新的乐趣和自己对他人生活贡献的新感觉中找到满意感的能力。他认为,如果老年人专注于丧失和缺陷是危险的,因为它有碍于生活满意感,不利于身心健康,见表 8-6。

表 8-6　Peck 关于老年期心理社会性危机的观点

自我分化对全神贯注于工作角色	通过发展一系列有价值的活动和心理特性,帮助自己从原来的员工角色或父母角色中分离出来的能力
身体的超越感对全神贯注于身体	侧重于在社会的交互作用和智力活动(不会被老年化和疾病妨碍)中找到乐趣和满意感
自我超越对自我专注	个体在为他人作出贡献的过程中找到满意感的能力,这样的人不会感到自己的死亡有多么重要,自己的死亡并非是个人影响力的终结

阅读 2　社会情感学习

"社会情感学习"简称 SEL(social and emotional learning),发源于美国。1994 年,被称为"情商之父"的 Daniel Goleman 与人共同创办了"学术、社会和情感学习合作组织"(Collaborative for Academic, Social and Emotional Learning, CASEL)。该机构成为首个倡导 SEL 的组织,并至今保持在该领域的核心地位。CASEL 将 SEL 定义为:人们获得、运用与理解和管理情绪、设定和达成积极目标、理解且共情他人感受、建立和维持积极关系、做负责任的决定有关的知识、态度和技能的过程。

SEL 目前是国际上比较系统的情商课程之一。SEL 所提供的课程可以营造一种能够支持、巩固和拓展该项教学成果的环境,以使儿童在课堂内学习的知识能适应课堂外的生活。SEL 课程的宗旨在于培养有知识、有责任心且乐于助人的学生,让他们有维持良好人际关系的能力,为学生的学业成功、健康发展做好铺垫。

1. 主要内容

(1) 自我认知:识别和再认情绪,了解个人的兴趣和特长,保持适度的自信。

(2) 自我管理:调节情绪以应对压力,避免冲动,保持坚忍以克服困难,设定个人生活的或学业的目标并对其进展进行监控,适当地表达情绪。

(3) 社会意识:能够站在他人的立场考虑问题,能够与他人产生情感共鸣,了解并欣赏个体或群体的差异和共性。

(4) 人际关系技能:在合作的基础上建立并维持健康有益的社会关系,对社会压力有一定的抵抗能力,避免、应对和建设性地解决人际冲突,在需要的时候能够同他人寻求帮助。

(5) 负责任的决策技能：在全面考虑各种因素的情况下作出决策，包括社会道德因素、个人伦理因素、安全因素等，了解其他备选方案所带来的可能后果，对决策进行评估和反思。

2. 评估框架

在 2018 年之后，经济合作发展组织(Organization for Economic Co-operation and Development，OECD)提出了一套评价框架，主要包括五大方面：

(1) 任务表现(尽责性)。该标准要求个体不仅要学懂、学会，还要能够表现出来，并且体现出责任心和责任感。

(2) 情绪控制(情绪稳定性)。对儿童的发展来说，学会做情绪的主人，而不是被情绪所控制是非常重要的，情绪的稳定性也是衡量一个人是否成熟的标志。

(3) 协作(亲和性)。这是个体对自己工作的投入、责任心、合作能力的体现，强调学会倾听、学会理解、学会共情。

(4) 思想开放(开放性)。这是个体对不同观点、文化包容和理解的态度。

(5) 与人交往(外向性)。这是个体所谓外向性并不指性格上的外向，而是与人交流的顺畅。

3. 如何培养儿童社会情感能力

社会情感能力是可发展的，但是又与我们传统的认知能力发展路径不同：

(1) 儿童的认知能力普遍受制于遗传，社会情感能力也受遗传因素影响，但是受后天影响会更大。这个观点在最近的顶级教育心理刊物——*Educational Psychologist* 中也有探究。近期一篇叫 *Nurturing Nature*(《培养天赋》)的文章中，印证了非认知能力的培养空间。

(2) 认知能力的可塑性弱，非认知能力的可塑性强。教育很难把智商不高的人培养成高智商的人，但是可以把低认知能力的人培养成拥有相对高的认知能力的人。

(3) 认知能力的发展是线性的，随年龄的增长而增长，并且在 25 岁后发展到顶点，之后便开始走下坡路；而社会情感能力的发展模式是螺旋形的，会因为有一些关键事件，让人的社会情感能力产生突飞猛进的发展。

(4) 认知能力是客观存在的能力，有时在使用时才能表现出来。而社会情感能力是动力性能力，可以促发和推动人的活动。

(5) 认知能力有高有低，如我们所说的"智商100"；社会情感能力不只有高低，也有正负，会很大程度上促进个体的积极行动或导致个体失去理智行为。

第八章习题及答案

第九章 品德的发展

第一节　概述	第五节　儿童期品德的发展
一、品德与道德	一、儿童道德认知的发展
二、品德的心理结构	二、儿童道德情感的发展
第二节　道德发展的理论	三、儿童道德意志的发展
一、精神分析学派的道德发展理论	四、儿童道德行为的发展
二、道德认知发展理论	五、儿童道德品质的发展
三、Bandura的观察学习理论	第六节　青少年期品德的发展
第三节　婴儿期品德的发展	一、青少年品德发展的特征
一、婴儿的道德观念与道德判断	二、青少年品德从动荡迈向成熟
二、婴儿的道德感及情绪体验	第七节　成年期品德的发展
第四节　幼儿期品德的发展	一、成年期道德观发展的特点
一、幼儿道德认知的特点	二、成年期道德观的表现
二、幼儿道德情感的特点	阅读　1. 道德教育
三、幼儿道德行为的特点	2. 与内疚相关的道德研究

案例9-1　信义兄弟

> 孙水林是湖北省的一名建筑商,为了给家乡的农民工结清工钱,寒夜上路,不幸一家五口遭车祸全部遇难。弟弟孙东林得知哥哥遇难消息后,义无反顾地赶在大年三十前返乡完成哥哥的遗愿。由于哥哥的账单多已找不到,孙东林让农民工们凭着良心报领工钱,还贴上了自己的6.6万元积蓄和母亲的1万元养老钱,代哥哥将33.6万元工钱一分不少地送到60余位农民工手中。这就是全国第三届道德模范"信义兄弟"孙水林和孙东林的故事。

思考题

道德是如何产生的?
随着人的心理发展,道德会发生怎样的变化?

孙水林和孙东林的道德故事感动着我们。我们在赞扬这种高尚的道德行为的同时,也对不道德的行为不齿。道德究竟是什么?它从何而来?在人的成长过程中,道德始于哪一阶段,又是如何发展的?本章将针对这些疑问展开讨论。

第一节 概 述

一、品德与道德

在人类社会生活中,人们为了维护社会的稳定、保护共同的利益、协调彼此的关系,在相互交往的过程中逐渐形成了一系列的道德规范。人们不仅用行为道德规范去评价他人的行为,也用道德行为规范来约束和协调自己的行为。个体社会化的一个核心内容,就是把个体培养成一个遵循社会道德行为规范的人。衡量一个人的行为是否符合社会道德行为规范,大致可以从两个方面来看,一是看其是否做了社会规定应该做的事,二是看其是否做了不符合社会行为的事。个体要从一个自然实体转化成一个社会人,就得理解和掌握社会行为准则,按社会性规范行事。

道德是一种社会现象,是为了协调和控制社会生活,调节人们相互关系的行为规范和准则的总和。品德(morality)又称道德品质,是指道德在个体身上表现出来的稳固的心理特征。当道德通过社会舆论、教育、榜样示范等手段,逐步转化为个体内在的道德意识,并在行动中表现出稳定的特点或倾向时,道德就内化为个体的品德。品德是道德意识与道德行为的有机统一,离开道德行为就无所谓品德,同样,离开道德意识指引的行为也谈不上品德。品德是个性中具有道德价值的核心部分,具有稳定的倾向和特征。

道德与品德是两个不同的概念。道德是一种社会现象,属于上层建筑的一部分,是意识形态的反映;品德是一种个体心理现象,属于个性的组成部分。道德与品德的内容也不尽相同,道德是一定社会伦理行为规范的完整体系,品德只是道德的部分表现。道德是伦理学、社会学的研究对象,品德则是心理学、教育学的研究对象。

二、品德的心理结构

品德一般由道德认知、道德情感、道德意志和道德行为四种心理成分构成。品德结构中的四种心理成分彼此相关、各有特点。其中,道德认知是道德情感产生的基础,道德情感又影响着道德认知的形成及其倾向性。个体在道德认知、道德情感的基础上产生道德动机,最终引发个体的道德行为,使之贯彻始终,而后养成道德行为习惯。个体道德行为习惯的养成,实际上是四种道德心理成分相互作用和综合发展的结果。

1. 道德认知 是个体对是非、善恶、行为准则及其执行意义的认识,包括道德知识和道德判断两个方面。当一个人按社会道德规范行动时,首先必须了解这些道德行为的意义,掌握与之相关的一系列道德概念,才能对某个行为正确与否作出相应的正确判断,最终形成较为稳定的道德观念体系。在品德的心理结构中,道德认知是道德行为养成的基础,个体认知水平的高低直接影响其道德水准的高低。评价个体道德认知水平的高低,主要看其对道德知识的掌握程度和道德判断能力发展的程度。个体往往是在具备道德知识的基础上,学会对某些行为的善恶进行分析,进而形成道德判断。道德认知是个体确定对客观事物的主观态度和行为准则的内在原因。

2. 道德情感 是指个体对行为举止、思想意图是否符合社会道德规范而产生的情感体验。当人的思想意图和行为举止符合一定的社会规范时,就会感到道德上的满足,产生满意、欣慰、喜爱、自豪等积极的情感体验;反之,则产生懊悔、厌恶、羞愧、自卑等消极的情感体验。道德情感体验对于道德认知升华为道德信念,进而转化为道德行为有着极其重要的意义。可以说,个体对自己所做的事情有无情感,以及有怎样的情感,对他们的行为抉择有很大的影响。

3. 道德意志 是指个体自觉地克服困难以实现预定道德目标的心理品质。道德意志过程实际上是个体实现一定道德动机的过程。道德意志是调节个体行为的内部力量。具有道德意志的人,经过思想斗争能使自己的正确动机战胜不正确的动机,最终克服道德行动中遇到的种种障碍,坚决执行已作出的道德决定,使行动表现出一贯性和坚持性。

4. 道德行为 是指个体在一定的道德意识支配下所表现出来的各种行为。人的道德面貌最终是以其道德行为来表现和说明的。道德行为是一个人道德意识的外部表现形态,是实现道德认知、道德情感,以及由道德需要产生的道德动机的行为意向和外部表现,它通过实践和练习形成,是一个人品德水平高低的重要标志。衡量一个个体的行为是否符合社会道德行为规范,就是看其是否做了社会规定应该做的事,即是否表现出亲社会行为。另外,还要看其是否不做社会不允许做的事,也就是没有反社会行为。

第二节 道德发展的理论

国外理论家对道德发展的解释一般可分为内化模式、获得模式和建构模式三种。内化模式把道德发展看作儿童早期经验的内化和早期情感体验的深刻反映,其代表人物为精神分析学派的鼻祖 Freud;获得模式认为道德是习得的,通过条件反射和观察学习获得行动、动机,并以此约束和调节自己的行为,行为主义和社会学习理论学派是该模式的主要倡导者;建构模式则认为,儿童的道德发展是主客体相互作用过程中主体积极建构的结果。

一、精神分析学派的道德发展理论

精神分析学派的道德发展理论是以精神分析学说为理论基础的,该理论的主要特征是关心个体的动机、思想、感情而不是外显的行为。该理论认为,除了了解个体的动机、感情和思想过程，人们是无法理解人类行为的。事实上，也正是其对情感等内部因素的关心，才使该理论与当代其他道德发展理论区别开来因而受到道德心理学的重视。

精神分析学派的道德发展理论包括两部分：一是关于道德产生的理论，二是关于道德发展的理论。

（一）道德的产生

道德是如何产生的？人何以产生道德的行为？又何以产生不道德的行为？这些问题的答案要到 Freud 关于人格结构的理论中去寻找。Freud 把人格分成三部分：本我、自我和超我，道德的获得在于儿童超我人格的发展（图 9-1）。

在 Freud 的人格结构中，本我是最原始的、天生的无意识结构部分。这部分对外界环境、道德、习俗、禁忌等一无所知，所追求的目的在于争取最大的快乐和最小的痛苦，所奉行的唯一原则就是"快乐原则"。这部分是行为的最初原动力，是一切活动最原始的源泉。然而，本我不加约束地满足本能冲动的要求是不现实的，为了生存，人必须更好地适应周围的现实而不能让欲望随波逐流。拖延即刻的行动，考虑现实的作用，这就叫作自我。自我奉行"现实原则"，责任在于把本我需要的满足纳入现实的轨道。在 Freud 看来，自我虽然从本我中分化出来控制本我，但自我是以来自本我的能量为依托的。为进一步控制本我、监督自我，还需要更高层次的控制系统，这就是超我。

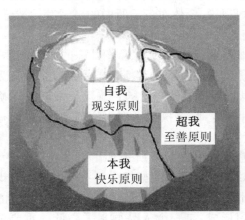

图 9-1　Freud 的人格结构

超我是人格的象征，是社会道德的代表，是人格的最后形式而且是最文明的部分。它依据"至善原则"来活动，限制本我，指导自我，以实现理想化的自我。因此，在正常的情况下，三者保持平衡时，人们表现出的行为都是合乎道德规范的，人格将获得正常发展，如三者丧失平衡，就会引起精神疾病，并可能引发不道德的行为。

（二）道德的发展

在 Freud 看来，道德是儿童超我人格的发展，是儿童早期经验中成人道德标准的内化，是一种更为深刻的家庭情绪反映。儿童这种来自于他较亲密的成人的道德标准一经产生，便发挥着控制本我冲动——特别是那些与攻击性有关的冲动的作用。

Freud 认为，超我通过两种途径发挥其功能：一是良心，二是自我理想。当儿童受某种冲动的驱使而做出不适当的行为时，父母便加以制止、惩罚、训练，这一部分因惩罚而内化的经验最后以"良心"的形式表现出来，对以后的行为起抑制作用。

父母的惩罚之所以能为儿童接受且内化成良心，主要是因为儿童对父母在情感上的依附。由于惧怕失去父母的宠爱，儿童在受到惩罚时的攻击性倾向不是朝向父母而是朝向自己，从而产生内疚感，并抑制以后类似的行为。儿童自责、内疚的程度与对成人感情的依附程度成正比。

当儿童做出适当的、合乎成人要求的行为时，就会受到父母的表扬、鼓励，以后碰到类似的情境，儿童仍会重复这种行为。这种因奖励而内化的经验最后以"自我理想"的形式表现出来并最终成为行动的标准，对以后类似的行为起到激励作用。这样，儿童通过对早期父母奖惩经验的内化，逐步消除不良行为，树立良好行为的标准，当儿童不再需要父母的奖惩而完全内化了父母的标准时，道德便日臻成熟。

二、道德认知发展理论

道德认知发展理论是由美国著名的发展心理学家 Lawrence Kohlberg 在 Piaget 道德发展理论的基础上发展起来的。其后，Armon 又提出了三种水平、七个阶段的道德发展理论。

（一）Piaget 的理论

Piaget 研究的主要目的是要弄清儿童道德判断的性质，为此，他把研究领域具体化为三个方面：儿童对规则的态度、对正确与错误的判断以及对公正的看法。他采用的研究方法被称作临床法，也就是主试围绕一定的主题与儿童直接交谈，并根据儿童的反应进行分析的一种方法。Piaget 向儿童呈现的都是成对的故事，在这些成对的故事中，都包含两种类似的情况：良好的动机造成了不好的结果或不好的动机并没有导致不好的结果，根据故事让儿童加以判断。通过研究，Piaget 将儿童的道德发展划分为三个阶段：

第一阶段：前道德阶段。此阶段大约出现在 4～5 岁以前。处于前运算阶段的儿童的思维是自我中心的，其行为直接受行为结果支配。因此，这个阶段的儿童还不能对行为作出一定的判断。

第二阶段：他律道德阶段。此阶段大约出现在 4、5～8、9 岁之间，以学前儿童居多。此阶段儿童对道德的看法是遵守规范，只重视行为后果，不考虑行为意向，称之为道德现实主义。处于他律道德阶段的儿童对规则的看法是，认为规则是神圣的、不可变更的、不可侵犯的；规则来源于成人和权威，儿童自己不能创造规则。在对正确和错误作出判断时，他们会认为无意碰破 15 个杯子的孩子比因偷吃东西而打破 1 个杯子的孩子更坏，因为第一个孩子比第二个孩子打破的杯子多。在公正感方面，这个阶段的儿童则认为服从就是最好的道德观念，服从成人的意志就是公正。

第三阶段：自律道德阶段。自律道德始自 9、10 岁以后，大约相当于小学中年级。此阶段的儿童不再盲目服从权威。他们开始认识到道德规范的相对性，同样的行为，是对是错，除看行为结果之外，也要考虑当事人的动机，称之为道德相对主义。这个阶段的儿童不再把规则看作是由成人规定的、神圣不可侵犯的,而是认为规则是为了保障活动顺利进行而规定的,所以,只要大家同意,人们就可以制定和修改规则。他们已经能够理解规则的意义,并能用规则自觉地约束自己的行为。对善恶是非的判断已从单纯的重视行为的直接后果转移到考虑行为的主观动机。在对公正的看法上,他们已经能考虑到许多人的不同的情景和因素。例如,他们一般都同意在分配食物时,给弱者、幼小者多分些是合理的。

专栏 9-1 Piaget 的道德对偶故事研究

> Piaget 与他的合作者使用"临床法"研究儿童对规则的意识和道德判断的发展问题。他们设计了许多包含道德价值内容的对偶故事。其中有一个故事是:
>
> (1) 一个叫 John 的小男孩在他的房间时,家人叫他去吃饭。他走进餐厅,然而在门背后有一把椅子,椅子上有一个放着 15 个杯子的托盘。John 并不知道门背后有这些东西,他推门进去,门撞倒了托盘,结果 15 个杯子都撞碎了。
>
> (2) 一个叫 Henry 的小男孩。一天,他母亲外出了,他想从碗橱里拿出一些果酱。他爬到一把椅子上,并伸手去拿。由于放果酱的地方太高,他的手臂够不着。在试图取果酱时,他碰倒了一个杯子,结果杯子倒下来打碎了。
>
> 问哪个男孩犯了较重的过失?
>
> Piaget 发现,6 岁以下的儿童大多认为第一个男孩的过失较重,因为他打破了较多的杯子;年龄较大的儿童则认为第一个男孩的过失较轻,因为他的过失是在无意间发生的。

(二) Kohlberg 的理论

Kohlberg 根据 Piaget 提出的关于儿童道德判断发展的基本轮廓,对儿童的道德判断进行了全面的实验研究,并补充和发展了 Piaget 的理论。Kohlberg 采用"两难故事法",研究被试者的道德推理。两难推理故事中最为经典的例子就是"海因兹偷药救妻"的故事(表 9-1)。这种道德两难问题,具有不同道德水平的人会作出不同的判断,提供不同的判断理由。因此,Kohlberg 与 Piaget 一样,他真正关心的并不是儿童对问题回答的"是"或"否",而是回答中的推理。所以他在与儿童交谈时,不断地提出问题,借以了解儿童是怎样进行逻辑推理的。通过对许多国家或地区的儿童进行长达 30 年的研究,Kohlberg 发现,儿童的道德发展普遍经历了三种水平、六个阶段。

1. **前习俗的水平** 又称前因循水平。在这一水平上,儿童已经能够区分文化中的规矩和好坏,懂得是非的名称。对正确与错误、好与坏判断的基础是行为产生的具体后果,而不是人们习俗上的一般标准。这一水平又可分为两个阶段:

阶段一:惩罚和服从取向。避免惩罚、无条件地服从权威就是好的。处于这个阶段的儿童往往根据行为的后果,而不是意图或具体的环境作出判断。

阶段二:朴素的利己主义取向。所谓正确的、好的行为就是那些符合自己利益,可以用来满足个人需要,有时也可以满足别人需要的行为。人们之间的关系是根据像市场交易那样的原则来判断的。

2. 习俗水平　亦称因循水平。在这一水平上,不管后果怎样,凡是按照家庭、集团或国家需要行事的行为就是好的。这一水平也分为两个阶段:

阶段三:"好孩子"取向。十分重视顺从,以遵从亲人的期望、人与人之间的和谐一致为取向,要成为"好孩子"。

阶段四:法律和秩序取向。倾向于权威、固定的法规和社会秩序。尊重权威、维持既定的社会秩序等就是道德的行为。

3. 后习俗水平　亦称后因循水平。在这一水平上,儿童努力摆脱集团和个人的权威来考虑价值,着重根据个人的选择,自愿采取标准。这个水平也有两个阶段:

阶段五:社会契约取向。儿童能意识到个人的价值和意见是相对的,有些个人权利是重要的,不能被侵犯。既强调遵守法律,也强调法律是社会一致同意的产物,目的在于使人们和睦相处,如果人们感到法律不符合他们的需要,可以通过共同协商和民主的程序改变法律。

阶段六:普遍的道德原则取向。根据良心作出的道德决定就是正确的。所谓根据良心作出的决定就是自主选择出来的,具有全面性、普遍性、融贯性的伦理原则的道德判断。这些原则包括普遍性的公平原则、人权平等原则、尊重个人尊严的原则等。

表 9-1　Kohlberg 的道德两难问题

故事:海因兹偷药

欧洲有位妇人患了癌症,生命垂危。医生认为只有一种药才能救她,就是本城一名药剂师最近发明的镭。制造这种药要花很多钱,药剂师索价还要高过成本十倍。他花了 200 元制造镭,而这点药他竟索价 2000 元。病妇的丈夫海因兹到处向熟人借钱,一共才借得 1000 元,只够药费的一半。海因兹不得已,只好告诉药剂师,他的妻子快要死了,请求药剂师便宜一点卖给他,或者允许他赊欠。但药剂师说:"不成!我发明此药就是为了赚钱。"海因兹走投无路,竟撬开商店的门,为妻子偷来了药。

道德水平	道德阶段	赞成偷药的理由	反对偷药的理由
水平一:前习俗道德。处于这个水平的个体会从奖励和惩罚的角度考虑具体的利益	阶段一:服从和惩罚取向。人们坚持规则是为了避免惩罚,为了服从而服从	"如果你让妻子死掉,你就会陷入麻烦。你将会因为没有花钱去救她而遭到谴责。你和药剂师都会因你妻子的死而受到调查。"	"你不应该偷药。如果你去偷药,你就可能会被抓住并关进监狱。如果你幸运逃脱了,你可能会因为想着警察将会用什么方法抓住你而寝食难安。"

续表

道德水平	道德阶段	赞成偷药的理由	反对偷药的理由
	阶段二：朴素的利己主义取向。个体只遵守对自己有利的规则，为了所获得的奖赏而服从	"如果碰巧被抓了，你可以把药还回去，判刑也不会太重。如果只是服一个很短的刑期，而且在你出去后妻子仍然健在的话，对你不会造成太多麻烦。"	"如果你偷了药，可能不会在监狱里待很长时间。但是在你出狱之前妻子可能已经死去，所以这样做并没有什么好处。如果妻子死了，你不应该责怪自己，这并不是你的错，毕竟她患上了癌症。"
水平二：习俗道德。处于这个水平的个体在处理道德问题时把自己当作社会的一员。他们感兴趣于成为社会的好公民从而愉悦他人	阶段三："好孩子"取向。个体感兴趣于保持他人对自己的尊敬，并做出他们所期望自己做的事情	"如果你偷了药，没有人会认为你很坏，但是如果你没有偷药，你的家人会认为你是个没有人性的丈夫。如果你让妻子死掉，你再也不能面对任何人。"	"不只是药剂师会认为你是个罪犯，任何人都会这样想。如果你偷了药，你就会觉得你让家人和自己都蒙了羞，你再也不能面对任何人了。"
	阶段四：法律和秩序取向。个体服从社会规则，并认为社会定义为正确的事情才是对的	"如果你还有一点荣誉感，就不会仅仅因为害怕去做唯一能够救你妻子的事情而让她死去。如果你没有对她尽责，你就会因为觉得自己导致了她的死亡而感到内疚。"	"你很绝望，当你偷药的时候你可能并不知道你做错了。但是当你被送进监狱时，你就会知道这一点。你会因为自己的不诚实和违法行为而感到内疚。"

续表

道德水平	道德阶段	赞成偷药的理由	反对偷药的理由
水平三：后习俗道德。处于这个水平的个体使用的道德原则比任一特定社会所使用的规则更加宽泛	阶段五：社会契约取向。个体做出正确的事是因为他们对社会公认的法律具有一种义务感。他们认为法律可以作为固有社会契约的可变部分而进行修改	"如果你没有偷药，你将会失去而不是得到他人的尊重。如果你让妻子死去，那是出于恐惧而不是理性。所以你将会失去自尊，很可能也会失去其他人的尊重。"	"你将会失去你在社团中的地位和受到的尊敬，并违反法律。如果你被情绪控制，你将会失去对自己的尊重，也会忘记长期的观点。"
	阶段六：普遍的道德原则取向。个体遵守法律是因为他们以普遍的伦理原则为基础。他们不会服从违背原则的法律	"如果你没有偷药，如果你让妻子死掉，那么你以后就会因此常常谴责自己。你不会被责备，你能够遵守法律规定的事，却不能遵从你自己的良知标准。"	"如果你偷了药，将不会被其他人责备，但是你会谴责你自己，因为你没能遵从自己的良心和诚实的准则。"

（三）Armon 的理论

C. Armon 在 Kohlberg 的理论基础上，研究了 5～72 岁被试的道德认知，提出三种水平、七个阶段。

1. **前习俗水平** 指面对道德两难情境从事道德推理判断时，带有自我中心倾向，不能兼顾考虑行为后果是否符合社会习俗。

阶段一：激进的自我主义。在这一阶段，个体对善的理解围绕着个人愿望的满足与幻想的实现，善就是能为个体提供现实的身体体验。"为善"与"产生好的体验"之间没有区别。

阶段二：工具性自我主义。在这一阶段，个体理解的善服务于自身的利益，包括情绪、身体、愿望等方面。与阶段一的区别是个体受到现实结果的诱惑，个体有强烈的受人赞扬、被人表扬以及得到物质满足的愿望。

2. **习俗水平** 指面对道德两难情境时，以社会习俗为依据进行价值判断。

阶段三：情感的相互关系。善就是由积极的人际关系导致的愉快的情感体验，善的一个重要功能就是帮助个体在自己与他人之间建立起良好的情感联系，个体根据自己的感觉来判断"好"与"坏"。

阶段四：个体性。善是自我选择的利益与价值的表现，关系善的中心主题是"意义"的问题，即个体所做的事必须考虑到它对个人的价值与意义。这一阶段尽管强调个体性，但必须与道德或社会规范相一致。

3. 后习俗水平　指面对道德两难情境时，可本着自己的良心及个人的价值观进行价值判断，而未必受社会习俗的限制。

阶段四/五：过渡阶段。主观主义相对论认为，个体对善的理解不同于道德和社会规范，善是一个主观相对的概念，它取决于个体对特定的活动、事件、个人等的心理感受。在权利与公正的前提下，善就是个体"感觉到的善"或他"信念中的善"。

阶段五：自律。在这一阶段，个体把自身看作一个自主体。善表现在创造性的、有意义的活动中，这些活动不仅依赖于个体较高的能力水平，还与个体的一般处世哲学是一致的。善是通过"对自己负责"与"对人类或社会负责"之间的平衡来实现的。

阶段六：普遍神圣论。为自己服务的善与为社会或人类服务的善在一个更大的概念下得以整合，即"人类"或"自然"。个体把为自己服务的善理解为就是为社会服务的善，因为社会是由许许多多个与自己相似的个体组成的。在这一阶段，善与权利的冲突也得到解决，因为善必须遵从于普遍的道德原则及对人的尊重。

（四）Eisenberg 的理论

N. Eisenberg 对 Kohlberg 的道德发展理论提出异议。Eisenberg 认为，Kohlberg 研究所用的两难故事在内容上存在着一定的局限性，主要涉及法律、权威或正规的责任等问题。她设计出另一种道德两难情境，即用亲社会道德两难情境来研究儿童的道德判断发展。亲社会道德两难情境的特点是一个人必须在满足自己的愿望、需要与满足他人的愿望、需要之间作出选择。经过大量研究，Eisenberg 总结出儿童亲社会道德判断发展的五个阶段：

阶段一：享乐主义、自我关注的推理。助人与否的理由包括个人的利益得失、未来的需要，或者是否喜欢某人。

阶段二：需要取向的推理。当他人的需要与自己的需要发生冲突时，儿童开始对他人的需要表示出简单的关注。

阶段三：赞许和人际取向、定型取向的推理。儿童在分析助人与否的理由时，涉及的是好人或坏人、善行或恶行的定型印象、他人的赞扬和许可等。

阶段四：移情推理。儿童在分析助人与否的理由时，开始注意与行为后果相关联的内疚或其他情绪体验，初步涉及对社会规范的关注。

阶段五：深度内化推理。儿童决定助人与否，主要依据内化的价值观、责任、规范以及改善社会状况的愿望。

Eisenberg 的亲社会道德发展阶段理论，得到不少跨文化研究的支持。我国学者程学超、王美芳参照 Eisenberg 的设计，研究了幼儿园大班到高中一年级学生的亲社会道德推理的发展，其研究结果也基本上支持该理论的观点。这说明，Eisenberg 的亲社会道德发展阶段理论具有一定的普遍适用性。Eisenberg 关于儿童亲社会道德的研究提示我们,儿童面临的情境不同,产生的道德认识、道德情感、道德行为都有可能存在差异。

> 试比较四种道德认知发展理论的异同。

三、Bandura 的观察学习理论

Bandura 试图用学习理论解释儿童道德和社会行为的获得、改变和维持等问题。他认为,影响儿童道德学习的因素有很多,但是,其中起决定作用的是行为主体的观察或对榜样模式的模仿。

所谓"观察学习"是指"通过示范和学习者的注视而进行的学习"。传统学习理论通常认为,有机体必须通过活动或操作才能学会行为。也就是说,学习者首先作出反应,反应的结果受到某种性质的强化,从而逐渐塑造或改变某种行为。Bandura 认为,这种"通过反应结果进行的学习"只适用于对已经获得的行为进行调节,但对新行为的学习并无明显效果。他指出,在社会环境中,人们通常直接通过"观察""模仿"获得新的知识、技能和行为,观察学习是在人与人之间进行的有关社会的学习,因此,这种学习主要是一种"社会的学习"。

Bandura 认为,观察学习对于人格的形成和道德行为的改变有十分重大的作用。首先,学习者通过观察、模仿别人的行为,可以获得新的反应方式。其次,通过观察和模仿,学习者可以抑制已习得的反应,也可以解脱对这一行为的抑制,即当学习者观察到某一反应受到惩罚时,就会降低他对这一反应的模仿频率;反之,当学习者看到这一反应受到奖赏时,就会消除对模仿这一反应的抑制。第三,观察和模仿可以激励或强化原有的行为倾向和行为模式。

专栏 9-2　Bandura 的观察学习实验

> 为了证明社会行为来源于直接"观察"和"模仿",Bandura 设计了相关实验。在他设计的实验中,有一例是让三组年龄同为 4 岁的儿童分别观看同一部电影,电影的内容是:一个男孩坐在一个吹气后膨胀的玩偶身上,并用拳头猛击这个玩偶。然后,主试分别让三组儿童观看内容同是攻击性,但对攻击性行为的反应不同的电影:第一组,攻击-奖赏式。这个模式的攻击性行为受到表扬和称赞,并且得到物质奖励,如汽水、巧克力糖等。第二组,攻击-惩罚式。这个模式的攻击性行为遭到强烈谴责,电影中的男孩被称作"大暴徒",挨打并在电影末尾狼狈逃走。第三组,攻击-无奖无罚式。这一模式的攻击性行为既没有得到奖赏也未受到惩罚。在看完电影以后,所有儿童立即被带到一个有充气玩偶和其他玩具的房间,主试通过单向观察镜观看儿童是否模仿电影中的攻击性行为。
>
> 实验结果表明:观看攻击-奖赏式电影的儿童表现出对攻击性模式的最多

的模仿;观看了攻击-惩罚式电影的儿童对攻击性模式几乎没有什么模仿。这首先表明,对模式的模仿或观察学习与道德行为的获得有十分密切的关系,替代强化增加了对攻击反应的模仿,替代惩罚降低了对攻击反应的模仿。

然而,当实验者回到房间告诉每一个儿童,凡是能再度模仿电影中的攻击性行为者,可得到一瓶果汁和一张好看的贴人图片时,这一诱因完全消除了三个小组之间的差别,三个组的所有儿童都再次模仿了那一攻击性行为。这表明,替代惩罚仅能阻止或抑制新行为的表现或操作,但不能阻止新行为的习得。这三组儿童实际上在看过电影后就都学会了这种攻击性行为,有的儿童表现出了实际行为,是因为他们看到这一行为得到了奖励;有的儿童没有模仿这一行为,并不是因为他没有学会这一行为方式,而是由于他看到这一反应受到了惩罚。所以,当新的鼓励诱因出现时,所有儿童便都同样表现了这一新习得的模式。

在观察学习过程中,对儿童的学习产生影响的示范信息很多,其中也包括道德行为规范。Bandura认为,"绝大部分观察学习都发生在日常生活中对他人行动偶然和有意的观察的基础之上",所以道德行为示范在观察学习中有特殊的地位。言语示范也是传递信息的重要途径,特别是当儿童获得一定的语言技能之后,言语示范作为常用的反应指导方式逐渐取代行动示范。象征性示范是示范信息的又一重要来源,这是一种通过广播、电视、电影、录像等象征性媒介物传递道德行为的方式。这种示范的主要意义在于:一方面,它具有巨大的多重力量,即一个榜样就可以把一个新的道德行为模式同时传递给在不同地方的许多人;另一方面,它可以使人们感觉到不能直接接触的东西,从而使人们受到更为广泛的替代道德经验的影响。Bandura认为,人们对现实道德的认识依存于大众传播工具,这一象征环境的程度越高,其社会影响力就越强。而且,"随着象征性道德示范的大量使用,父母、教师及传统道德起示范作用的榜样在社会学习中也许不再占据主要的地位",但所有示范对儿童道德的形成和发展都起着重要作用。

专栏9-3 我国的道德发展理论研究

李伯黍等人对儿童道德发展及其干预措施的研究是在Piaget框架的基础上,立足我国国情,应用实证方法进行的,其研究内容主要分四大类:① 检验、修正和发展Piaget的发展模式;② 探索我国儿童的一些特殊道德观念的发展;③ 国内不同民族儿童道德发展的跨文化研究;④ 儿童道德发展的干预研究。

1. 对Piaget模式的检验与修正。这一类研究主要是从儿童关于行为责任的道德判断、公正观念的发展、惩罚观念的发展三个方面进行的,最后结果从总体上支持了Piaget关于儿童道德认知分阶段逐步演进的理论,尽管在具体的年龄分期上有所不同,但发展的有序性、阶段性都是肯定的事实;在儿童对行为责任的道德判断、公正观念的发展、惩罚观念的发展等方面，我国儿童从不成熟的判断转入成熟判断的年龄，普遍早于 Piaget 资料中的转变年龄，提前的程度不等，约为 1~3 年，选取的样本较大，在一些个别问题上，发现了一些与西方研究者不同的结果。如研究发现，儿童对人身伤害和财物损坏的判断，在主人公无意的情况下与年龄无关，在有意的情况下与年龄有关，这一结果与 D. Elkind 和 R. F. Dabek 的研究结果——儿童的这种判断与年龄无关有很大的不同。这些结果或许可以看作我国心理学家对儿童道德认知发展理论的贡献和发展。

2. 对我国儿童特殊道德观念发展的研究。这一类研究的范围主要是我国宪法中规定的"五爱"公德，研究的具体课题有公私观念、集体观念、爱祖国、爱劳动、责任观念以及友谊观念等。这些研究也是在 Piaget 和 Kohlberg 的认知发展理论的基础上进行的。上述特殊道德观念，有些是国外心理学者从未研究过的，有些是从不同角度出发研究的。这些研究的资料全部印证了儿童的道德观念是分阶段、按顺序发展的；同时证明，不能用一个固定的发展模式去解释不同地区、不同国家儿童的道德发展，也不能只根据某一伦理内容测验材料得到的认知发展年龄模式去解释儿童对另一伦理内容的认知发展。

3. 关于儿童道德发展的跨文化研究。这一研究主要集中于我国各民族儿童的公正观、惩罚观和公有观的发展。研究结果发现：各民族儿童发展的总体趋势是基本一致的，但有显著的年龄差异，且这种差异随着年龄的增长逐步缩小。在公正观发展方面，对无意的人身伤害，各民族儿童的反应基本一致，对有意的人格侮辱，各民族儿童的反应有显著差异；在惩罚观方面，六个少数民族（蒙古族、维吾尔族、壮族、土家族、苗族和彝族）的儿童主张强制性和回敬性惩罚的人数比例显著高于汉族儿童，而主张批评性惩罚的人数比例显著低于汉族儿童，维吾尔族儿童与汉族儿童在惩罚观发展上无显著差异；各民族儿童在公有观发展上差异较大。

4. 对儿童道德发展干预的研究。这类研究主要考察我国学校道德教育中常用的两种方法——表扬奖励和表扬说理，在促进儿童道德判断向上发展中的作用，以及这两种方法与控制组相比，何者更为有效。研究结果表明：表扬说理方法要比表扬奖励方法在对儿童作出意向性判断上有更大的促进作用；同时在促进判断原则迁移上，说理法也优于奖励法；训练可促使各年龄儿童把训练中所获得的道德判断原则应用于未经训练的道德故事结构中去；幼儿园中采取讲故事法向儿童讲解道德标准，并让儿童参加讨论的方法进行训练，可以显著改变儿童原来的"不公正分物"的判断定向和行为；让原来未曾表现出"不公正"行为的儿童充当正面行为体现者的角色，参与对同伴中不正确行为的监督和评价，同样可以改变儿童的"不公正"判断，而且这种方法比上述讲故事加讨论的方法对儿童道德认知改变的影响更深刻。

第三节 婴儿期品德的发展

婴儿期是儿童道德萌芽、产生的时期,婴儿不能掌握抽象的道德原则,其道德行为也很不稳定。这个阶段的主要发展是开始逐步理解"好""坏"两类简单的规范,并开展一些合乎成人要求的道德行为。

一、婴儿的道德观念与道德判断

婴儿的道德观念、道德行为是在成人的强化和要求下逐渐形成的。当婴儿在日常生活中做出良好的行为时,成人就显出愉快的表情并用"好""乖"等词给以阳性强化(或正强化);当婴儿做出不良的行为时,成人就显出不愉快的表情,并且用"不好""不乖"等词给以阴性强化(或负强化)。在这样的过程中,婴儿就能不断地做出合乎道德要求的行为,并形成各种道德习惯。再遇到相似场合,婴儿就会不加迟疑地做出合乎道德要求的行为来,而对于不合乎道德规范的行为,则采用否定的态度或加以克制。例如,当2~3岁的婴儿看到别的儿童手里有新奇、好玩的玩具时,就想拿过来玩,但又会觉得抢别人的东西是不对的,因而就努力克制自己的行为而不去抢玩具。

婴儿的道德判断也是在与成人的积极交往中逐渐学会的,先学会评价他人的行为,进而学会评价自己的行为。在评价自己的行为时,先是模仿成人对自己行为的评价,例如,成人说"好""乖",婴儿也认为是"好""乖",成人认为"不好""不乖",婴儿也认为"不好""不乖"。以后婴儿才逐渐学会自己评价自己的行为。

由于生活范围狭窄,生活经验缺乏,同时也受认识或意识水平的限制,婴儿的道德行为都只有一些萌芽表现。比如,婴儿在一起玩时,虽然知道应该互相友好,做到"大家一起好好地玩",却常常推别人或抢别人的玩具。婴儿的行为也是极其不稳定的,容易受到情绪和周围环境的影响,并不总是服从于一定的道德标准。例如,同是一个婴儿,刚刚帮另一个孩子捡起球得到了老师的表扬,但是过一会儿他又会把这个孩子的球打掉,两人吵了起来;刚刚看到另一个孩子在摘花,会一本正经地告诉他"好孩子不能摘花",可是过一会儿,他自己就忍不住去摘花了。反过来也是一样,一个婴儿刚刚把另一个儿童搭建的"房子"推倒,并把那个搭"房子"的儿童给弄哭了,但不过几分钟,两人又和好了,不仅把玩具给对方玩,还和那个儿童一起搭建"房子"。可见,2~3岁婴儿的道德观念、道德行为还只有一些初步的表现,我们不可过高地估计,也不能提出过高的要求。对婴儿的行为、品质不可轻下论断,要经常地给以提醒、鼓励和要求。

二、婴儿的道德感及情绪体验

如前文所述,婴儿在掌握道德观念的基础上,也开始产生了初步的道德感,比如同情心、责任感、互助感等。1 岁以前的婴儿对他人就有情感反应，但常常把自己与世界混为一体。儿童发展心理学家 Martin Hoffman 把这种现象称为"全球同情心"。1.5~2 岁的婴儿，已能关心别人的情绪，关心他人的处境，因他人高兴而高兴，因他人难受而难受，并且力图安慰、帮助别人，尽管方法不一定妥帖。此时婴儿情感反应的主要特点是情感反应有余，认知反应不足。之后随着自我意识的进一步发展以及成人的不断教育，婴儿对自己和他人的行为是否符合社会道德准则产生了最初的体验。当自己或别人的言行符合他所掌握的社会准则而受到表扬时，婴儿便产生高兴、满足、自豪的情感体验；当自己或别人的言行不符合他所掌握的社会规范而受到批评或斥责时，便会产生羞怯、难受、内疚和气愤等情感体验。例如，当看到别的儿童手里有巧克力，想夺过来吃时，成人生气地制止这一行动，并告诉他"好孩子不抢别人的东西吃"，这时婴儿会有羞愧的体验；当把自己喜欢吃的雪糕分给别的小朋友吃，妈妈笑眯眯地称赞"真乖，真是好孩子"时，婴儿会产生高兴、兴奋的情绪体验。在成人的教育下，2~3 岁的婴儿也出现了最初的爱和憎。当看到故事书上的大灰狼、灰狐狸时，会用拳头去打它们，用手指去戳它们，而当看到小兔子战胜了大灰狼、小鸭子把狐狸拖下水时，便高兴得拍手大叫。当然，婴儿的这些道德情绪的体验，也是非常肤浅的。因为他们的这些行为或是出于成人的要求、评价和强化，或是出于完全的模仿；而且，他们之所以产生这样的情感体验，也是因为受成人相应的评价和情绪表现影响的。因此，婴儿的道德感只能说是在开始萌芽，各种道德行为只是刚刚产生的，最初的一些道德习惯也仅在逐渐形成之中。

第四节 幼儿期品德的发展

幼儿期品德的发展具有两个特点：① 从他性（或利他性）道德占主导地位。幼儿认为道德原则与道德规范是绝对的，来自于外在的权威，不能不服从，判断是非的标准也来自成人。同时只注意行为的外部结果，而不考虑行为的内在动机。幼儿晚期的品德开始向自律性转化，一些自律品德开始萌芽，主要按外在行为的原则和要求来调节自己的行为，内在自觉的调节才刚刚开始。② 情境性。3~6、7 岁是情境性道德发展的主要时期。幼儿的道德认识、道德情感还带有很大的具体性、表面性，并易受情境暗示，它总是和一定的、直接的道德经验、情境及成人的评价相联系。幼儿的道德动机非常具体、直接、外在，往往受当前具体刺激（即情境）的制约，道德行为缺乏独立性和自觉性，因而也缺乏稳定性。

一、幼儿道德认知的特点

幼儿道德认知主要是指幼儿对社会道德规范、行为准则、是非观念的认识，包括他们对道德观念的掌握和道德判断能力的发展。

由于幼儿受心理发展水平的限制和生活经验的局限,他们对道德概念的掌握和道德判断还带有明显的具体形象性和随之而来的其他局限性。

1. 对道德概念的掌握　对于幼儿道德概念的发展,国内许多学者研究发现:幼儿初期对"好孩子"的认识是非常笼统、表面化的,只会简单地说出个别的具体现象;以后,对"好孩子"的认识逐渐分化和完整,幼儿能从多方面及一些比较抽象的品质来考虑,较大的幼儿对"好孩子"的理解开始有了一定的概括性。

通过研究幼儿对诚实、有礼貌、友好、谦让、助人为乐、遵守纪律、勇敢等道德概念的理解,研究者发现其对道德概念的掌握,多从感性的道德经验开始,与具体、直接的自身道德经验密切联系着;同时,在正确教育的影响下,从小班到大班,随着道德经验的丰富和思维发展水平的提高,幼儿掌握道德概念的内容逐渐从比较贫乏、片面、单调,到比较全面、广泛、丰富,从只涉及自己身边的、直接的事物,到更广范围的、稍为间接的事物,从非常具体、表面,到比较概括、带有一定的抽象性。

由此可见,从总体上看,幼儿掌握的道德概念具有三个特点:

(1) 具体形象性。总是和具体的事物或行为、情境联系在一起,并依据这些具体直接的事物理解与掌握概念,如"好孩子"就是"不打人"。

(2) 表面性。对道德概念的理解局限于表面水平,缺乏概括性和深刻性,如"好孩子"就是"听话"。

(3) 片面性、笼统化和简单化。往往只涉及个别的具体行为或方面,不能从多方面细致、全面地理解道德概念,缺乏分化性、复杂性和全面性,如"助人为乐"就是"帮妈妈洗小手帕"。

2. 道德判断的发展　在一项关于幼儿分辨是非善恶、哪一种行为较不好的道德判断的比较研究中,研究人员用六对对偶故事测试被试。六对对偶故事中将财物损坏形式(公物和私物)和行为的意向性(有意或无意)组配成三种不同的结构:① 意向性不变,财物损坏形式改变;② 财物损坏形式不变,意向性改变;③ 意向性和财物损坏形式同时改变。

实验结果表明:① 幼儿的公有观正在形成。但这种公有观很不成熟,表现出极明显的形象性、表面性和片面性。② 幼儿已形成根据行为意向性作出判断的能力。在财物损坏的形式不变的情况下根据行为意向性作出判断,他们认为有意财物损坏比无意财物损坏更坏。③ 幼儿在进行道德判断并充当故事中被损坏个人财物的角色时,出现了逆转现象。换句话说,在不充当角色时,认为损坏公物比损坏私物的行为更不好;在充当角色时,就转而认为损坏私物的行为更坏。

3. 幼儿的道德评价　幼儿对他人行为的评价从以成人意志为转移的、对事物只能进行简单的判断,到开始能够依据一定的准则来进行独立的、比较深刻的评价。具体来说,对"在汽车上为妈妈抢座位对不对"这个问题,有 76.7% 的 4~6 岁儿童能独立、正确地作出评价。

在整个学前期,儿童对自我的评价能力还很差,成人对他们的态度和评价对他们的自我评价,以至于整个人格发展都产生着重大的影响。因此成人对幼儿的评价必须适当,过高的评价使他们看不到自己的缺点,不能正确地认识自己及行为,甚至不能形成正确的道德观念和是非观念;反之,过低的评价,则会使他们认为自己是毫无希望的,因而失去获得肯定性、积极性评价的信心。

二、幼儿道德情感的特点

幼儿的道德情感从萌芽期逐步发展至认知反应阶段中,会形成以下几个方面的特点。

1. **幼儿道德情感的形成** 幼儿在幼儿园的集体生活中,随着对各种行为规则的掌握,他们的道德感进一步发展起来。起先,这种道德感主要指向个别行为,而且往往直接由成人的评价产生。到了中班,由于比较明显地掌握了一些概括化的道德标准,儿童的道德感便开始与这些道德准则、认识相联系。中班儿童不仅关心自己的行为是否符合道德标准,而且很关心别人的行为是否符合道德规范,并产生相应的情感,这一点可从儿童的告状行为中充分体现出来。大班儿童的道德感进一步丰富、分化和复杂化,同时带有一定的深刻性和稳定性。研究表明,到6岁时,儿童开始具备从他人的角度看问题的能力,这表现为他们懂得别人何时需要何种帮助,并及时给予他人以必要的帮助。如上课时,见老师手上拿有许多教具,就会主动出手相援;看见老奶奶颤颤巍巍地走过来,会赶快过去扶她一把。而当儿童的行为得到别人的肯定时,他的心中便会产生一种愉悦感。

2. **幼儿期是爱国主义情感的萌芽期** 幼儿的爱国主义情感是从日常生活及其所见所闻中逐渐发展萌芽的。开始是爱自己的父母、爱自己的兄弟姐妹、爱自己家乡的一草一木等;之后在此基础上,儿童逐渐将这些情感同热爱祖国联系起来,萌发出最初的爱国之情。同时,随着爱父母、爱家庭、爱老师、爱同伴、爱家乡、爱人民的情感体验日益明显、丰富和加深,幼儿爱祖国的情感也日益深刻。

3. **幼儿义务感的产生** 研究表明,3岁儿童在完成成人所指定的任务时,常常出现愉快或满意的情感,但这不是由于意识到自己的义务和完成了这一义务而产生的义务感,而往往是由幼儿的某种直接需要、愿望得到了满足而引起的。因此,这种情感还不能说是义务感。4岁左右,在成人的教育下,儿童开始由是否完成某种义务而体验到愉快、满意或不安、不高兴的情感,开始出现和形成义务感。而且,这种情感不仅可以由成人对儿童道德行为的评价引起,也可以由儿童对自己的行为意识引起,但这种义务感的范围还是比较狭小的,主要涉及经常同自己接触的人。5~6岁儿童能进一步理解自己的义务和履行义务的意义和必要性,并对自己是否完成义务和完成的情况作进一步的体验。体验的种类也不断分化,不仅有愉快、满意或不安等,还产生自豪、尊重或害羞、惭愧等情感。义务感的范围也不断扩大,不仅限于个别自己亲近的人,而且扩展到自己的班集体、幼儿园等。

4. **幼儿道德情感的特点** 幼儿道德情感的形成与发展具有如下特点和趋势:

（1）在正确的教育影响下，尤其在集体生活中，在与成人、同伴交往的不断增加和对社会道德行为准则不断掌握的情况下，幼儿的道德感进一步发展起来，一些新的道德感，如爱国主义情感、义务感、集体感等都在幼儿初期萌芽，并在学前期逐步形成和发展。

（2）道德感指向的事物或对象不断增多，范围不断扩大，这使幼儿的道德感不断丰富。

（3）道德感指向的事物或对象，由近及远，由较直接到较间接，由具体、个别的行为或需要的满足到一些比较概括、比较抽象的行为规则和道德准则。

（4）由于道德感指向的事物的变化，特别是事物性质的变化，幼儿道德感逐渐由比较肤浅、表面、不稳定，发展到比较深刻、持久和稳定。

（5）道德感是与道德需要紧密联系着的，并且逐渐形成为一种内在品质，能够出现于行动之前，成为从事或克制某种行为的动机。

三、幼儿道德行为的特点

在多项对幼儿道德行为情况的调查中发现：在良好教育的影响下，在与同伴、老师的交往中，幼儿大多数表现出多种广泛的良好品德行为，如能为有困难的同伴主动给予帮助、为班集体做好事等。

但是，我们也不能过高地估计幼儿道德行为的发展。首先，幼儿道德行为的动机具体、直接且外在，具有明显的情境性。其次，幼儿道德行为的自制力和坚持性还比较差。因此幼儿的道德意志还是比较薄弱的，特别是学前初期的儿童，对自己行为的调节力和控制力更差，他们的行为主要受周围情境的影响，常需要成人的监督、调节和强化。第三，由于上述道德行为动机和道德意志的特点，幼儿还未形成稳固的道德行为习惯。因此我们不能满足于幼儿良好行为出现一次、两次，而应着眼于使之经常化和稳定化，成为稳定、自觉的行为习惯。

第五节 儿童期品德的发展

一、儿童道德认知的发展

儿童的道德认知是指儿童对是非、善恶、行为准则及其执行意义的认识。评价个体道德认知水平的高低，主要看其对道德知识的掌握程度和道德判断能力发展的程度。儿童往往是在具备道德知识的基础上，学会用其来对某些行为的善恶进行判断。有关研究表明，儿童的道德认知发展存在如下规律：儿童对道德概念的理解从直观、片面的理解向本质、全面的理解发展；儿童道德判断能力的发展是从他律判断向自律判断的发展、从注意行为的效果向注意行为动机的发展。

1. 道德概念的发展　一项对中小学生如何理解道德概念的研究中，要求三到五年级小学生和一部分中学生通过六个小故事回答"什么是勇敢""什么是负责"和

"什么是友谊"三个问题。结果表明,小学儿童对道德概念的理解水平不高。各年级都有不少学生不能解释类似于"勇敢"等日常生活中应用较多的道德概念,对概念本质特征理解的增长速度很慢。即使到了高年级,也只有约 1/3 的儿童达到正确的理解水平。还有研究者收集和筛选了 12 个概念:团结友爱、诚实、正直、谦虚、朴素、刚毅、勤奋、勇敢、守纪律、爱护公物、文明、大公无私,用它们来研究儿童对道德概念的理解。结果表明,中小学生的道德概念理解水平的发展是随着年龄和年级的提高而上升的,呈现由低到高的发展趋势。

小学儿童道德认知发展的趋势是:从带有较大的片面性逐渐向比较全面、客观的认识过渡;从只看现象逐步到能更加深入事物的本质的方向发展。一般来说,小学低、中年级儿童在进行道德认知时,考虑问题的维度比较单一,容易受一时一事的单一效果的影响,不善于全面地、综合地认识人和事,而且往往带有强烈的个人情绪。例如,评选优秀学生时,往往只看到同学某一两次行为的效果,如某次上课迟到,某天违反了课堂纪律等。到了高年级,儿童才逐渐懂得从几个维度来考虑问题,把个人行动的动机、效果与当时的具体情况联系起来,作出较为恰当的分析和评价。

2. 道德判断的发展 小学儿童的道德判断是从以依靠他人的评价为标准的他律判断,逐步发展到以自己独立的内在的评价为标准的自律判断。低年级儿童往往把老师当作道德标准的化身,认为老师肯定的行为就是好行为,老师否定的行为就是坏行为。大约从三年级开始,儿童开始有了自己独立的看法,对老师的行为也有了自己的评价。国内一项关于儿童对成人惩罚的公正性判断发展的研究表明,5 岁和 7 岁组儿童对成人不公正的惩罚多数持肯定态度,反映了年幼儿童的道德判断标准受成人的影响。9 岁组儿童的判断则对成人的不公正惩罚提出了异议,表明在道德判断时具有了自律的特点。

3. 道德判断依据的发展 小学儿童道德判断的依据是由行为后果逐步发展到行为动机,然后达到后果与动机统一的水平。

二、儿童道德情感的发展

儿童的道德情感,是指儿童的行为举止、思想意图是否符合社会行为规范而产生的情感体验。当儿童的思想意图和行为举止符合一定的社会规范的需要时,就感到道德上的满足,产生满意、欣慰、喜爱、自豪等积极的情感体验;反之,则产生懊悔、厌恶、羞愧、自卑等消极的情感体验。

小学儿童的道德情感已逐渐发展至抽象同情心阶段。到 10 岁左右时,儿童对他人的同情心已不仅仅局限于自己熟悉的人,而是由自己身边熟悉的人扩展到周围的陌生人,甚至是自己根本不认识、距离遥远的人。这表明他们的社会性情感已发展到了"抽象同情心"阶段。儿童对陌生人关心的现象,也可称为"同情心的泛化"。当儿童已表现出"同情心的泛化",不再局限于只关心自己认识的人时,即表明儿童的同情心已发展到了一个比较高的水准。例如,爱国主义情感、国际主义情感等就属于这类比较高级的社会性情感。

三、儿童道德意志的发展

儿童的道德意志是儿童自觉地克服困难,以实现预定道德目标的心理品质。具有道德意志的人能克服道德行动中遇到的种种障碍,坚决执行由道德动机引发的道德决定。儿童自入学后,就开始有意识地参加集体活动,并为争取成为一名符合集体要求的成员,逐步学会了有意识地调节和控制自己的行为。四年级以后,儿童初步形成的集体责任感和义务感开始对行为起支配作用,调节和控制自己行为的能力有了较快的发展。具体来说,小学儿童道德意志的发展存在如下规律:道德控制力由他控向自控水平发展,且发展速度不均衡;行动坚持性由不稳定向稳定发展,但总体发展水平不高。

1. 道德控制力由他控向自控发展　儿童的道德控制力是指儿童在道德意志行为中善于掌握和支配自己行为的能力。小学儿童的道德控制力是随着年龄的增长而逐步提高的,小学儿童道德意志发展水平从四年级以后呈明显上升趋势。小学低年级儿童道德控制力的发展较为缓慢,四～六年级发展速度开始加快。总的来说,整个小学阶段儿童的道德控制力发展还是初步的,因此他们在行动表现上往往容易兴奋,带有一定程度的冲动性。在现实生活中,儿童由于缺乏行为的道德控制力,因为一时"冲动"而犯错误的事屡见不鲜。

2. 行动坚持性由不稳定向稳定发展　儿童行动的坚持性是指儿童在道德行动中把道德决定贯彻始终的品质。坚持性是衡量儿童道德意志发展水平高低的一个重要指标。与幼儿相比,小学儿童行动的坚持性随年级的增长而逐步发展。从小学儿童坚持性的动力来源来看,低年级甚至中年级儿童完成任务主要依靠外部的影响。整个小学阶段,儿童的坚持性水平还是不高的,而且不稳定。即使儿童已经具有使自己的行为服从于一定的道德原则和社会要求的自觉性、坚持性,仍需对其提出严格的要求,并在培养训练过程中,对其进行一定的检查、监督,才能不断提高其调节和控制能力。

四、儿童道德行为的发展

儿童的道德行为是指儿童在一定的道德意识支配下所表现出来的各种行为,是一个人道德意识的外部表现形态,是实现道德认知、道德情感,以及由道德需要产生的道德动机的行为意向和外部表现,它通过实践和练习而形成,是一个人道德水平高低的重要标志。小学儿童道德行为发展的一般规律如下:

1. 引发动机由具体、浅显向抽象发展　由于认识水平的限制,低年级儿童的道德行为常由一些具体的、浅显的动机引起。随着年龄的增加,高年级儿童的抽象思维水平日益提高,对道德概念的理解能力有所增强,道德行为开始以社会的需要作为动机的基础。例如,对"儿童为什么要遵守纪律"的问题,低年级儿童主要认为是为了服从老师的要求、为了得到表扬,或为履行班级、团队义务,为集体争光;高年级的儿童才开始认识到这是社会公德的要求,应自觉遵守纪律。

2. 由外部调节监督向内部自控发展　关于小学低、中年级儿童的道德行为,往往是儿童在教师、父母的要求下或仿效他人的情况下,逐渐养成认真听讲、积极思考问题、按时完成作业等良好行为习惯,其行为主要依靠外力的监督调节作用,很少出于儿童内心的自觉需要。到了高年级,儿童调节行为的能力开始由外部控制向内心自觉的方向过渡,逐渐把教师或父母的要求转化为自己内在的道德需要,道德行为的自觉性日益得到发展。

3. 由不巩固向行为习惯逐步养成发展　儿童进入学校后,通过行为规范的训练,逐步掌握了一些具体的道德规范,在教师的引导下,开始有意识地参加集体活动,并为争取成为一名符合集体要求的成员而逐步学会了有意识地调节和控制自己的行为。道德行为习惯的形成大约要到四年级以后,但这一阶段道德行为习惯并不巩固,容易发生变化。直到五年级以后,良好的道德行为习惯才开始稳定形成。

通过以上分析不难发现,品德结构中的各种心理成分彼此相关又各有其发展特点和规律。儿童在道德认知、道德情感的基础上产生道德动机,最终引发个体的道德行为。道德意志调节和控制着一个人的道德行为,而后养成道德行为习惯。个体道德行为习惯的养成,实际上是四种道德心理成分相互作用和综合发展的结果。

五、儿童道德品质的发展

儿童道德品质,是指儿童按照社会道德准则行动时,对社会、对他人、对周围事物表现出来的某些稳定的心理特征或倾向。小学儿童的道德品质发展的规律一般如下。

1. 形成自觉运用道德规范来评价和调节道德行为的能力　小学时期学生逐步开始形成系统的道德认识以及相应的道德行为习惯。但是,这种系统的道德认识带有很大的依附性,缺乏原则性。

小学生的道德认识表现为从具体形象性向逻辑抽象性发展的趋势:① 在道德认识的理解上,小学生从比较肤浅的、表面的理解逐步过渡到比较精确的、本质的理解。但是,这种认识仍有较多具体成分,概括水平较差。② 在道德品质的判断上,小学生从只注意行为的效果,开始逐步形成比较全面地考虑动机和效果的统一关系。但是,这种判断常有很大的片面性和主观性。③ 在道德原则的掌握上,小学生道德判断从简单依附于社会的、他人的原则,逐步形成受自身道德原则的制约。但是,在很多情况下,他们在判断道德行为上,还不能以道德原则为依据,因缺乏道德信念,常常受到外部的、具体的情境影响。④ 小学生已初步掌握了道德范畴,不过对不同范畴的理解有不同的水平。比较"对他人""对自己""对社会"三方面的道德认识,"对自己"方面的道德概念发展水平较高,"对社会"方面的道德概念的发展水平次之,最低的是"对他人"的道德概念的发展水平,显示出不平衡性。
⑤ 小学生儿童道德意志发展的主要表现是道德控制力,由他控向自控水平发展,且发展速度不均衡;儿童行动的坚持性由不稳定向稳定发展,但总体发展水平不高。

总之,小学生的道德知识已初步系统化,初步掌握了社会范畴的内容,开始向道德原则的水平发展。

2. 从协调走向分化　在整个小学阶段,小学生在道德发展上,认识与行为、言与行基本上是协调的。年龄越小,言行越一致,随着年龄的增长,逐步出现了言行不一致的现象。

年龄较小的学生,行为比较简单且外露,道德的组成形式也比较简单。就道德定向系统而言,他们还不能意识到一定道德的作用,往往按照教师和家长的指令来定向;就道德的操作系统而言,他们缺乏道德经验和道德活动的策略,动机比较简单,不善于掩饰自己的行为;他们自我调节技能较低,较难按原则规定的行为去行动;就道德的反馈系统而言,他们的行为主要受教师和家长的"强化",还难以进行自我反馈。因此,小学低年级学生的道德认识、言行往往直接反映教师和家长的要求。从表面上看,他们的言行是一致的,但实际上这种一致性的水平是较低的。

小学高年级学生的行为比较复杂。相应的,在道德定向系统中有一定的原则性,在道德操作系统中产生了一定的策略和自我设想。因此,高年级的小学生逐渐开始学会掩饰自己的行为;在道德反馈系统中出现了对他人的评价所进行的分析,他们的行为与教师和家长的指令出现了一定的差异。

一般来说,小学生表现言行不一致的现象是初步的,即使是小学高年级的学生,还是以协调性占优势。他们的道德言行不一定来自内在的道德动机,而是受制于道德组织形式及道德结构的发展水平。这种"言行不一"的原因和特征主要表现为:① 模仿的倾向性。模仿是小学生的特点,当他们看到所模仿的动作很有意思,以致明知被模仿的动作是不正确的、不好的,他们仍然照样做了。② 出于无意。有些小学生口头上背熟了道德原则,但行为中做出了与之相违背的事后,他们常常会为之后悔、惋惜。③ 行为的针对性。小学生会在某些人面前表现出言行一致,而在另一些人面前表现出言行不一致。造成这种情况的发生或因教师和家长的教育不相一致,或因儿童以感情代替理智,在较亲近的人面前显得"听话"一些。
④ 只会说,不会做。道德行为做起来要克服困难,需要意志努力,因此小学生尽管知道道德原则,但是按照这些原则去行事就显得困难。

由上可知,小学生的道德结构尚未完善,将社会道德规范内化为定向系统需要一个过程。

3. 自觉纪律的形成　在小学生道德发展中,自觉纪律的形成和发展占有很显著的地位,它是小学生的道德知识系统化以及相应的行为习惯形成的表现形式,也是小学生表现出内外动机相协调的标志。

所谓自觉纪律,就是一种出自内心要求的纪律。它是在学生对于纪律认识和自觉要求的基础上形成起来的,而不是依靠外力强制形成的。自觉纪律的形成是一个纪律行为从外部教育要求转为学生内心需要的过程。这个形成过程一般要经过三个阶段:第一阶段依靠外部教育要求,主要依靠教师制订的具体规定和教师及时的检查;第二阶段是过渡阶段,学生还未形成自觉纪律,但已能体会到纪律要求,一般能够遵守纪律;第三阶段是把纪律原则变成自觉行动的过程。这三个过程体现了小学生道德结构的发展:在定向系统方面正经历着一个内化和社会化的过程,他们不断掌握社会经验和道德规范,形成了与学校教育相协调的个体特征,并将自己纳入学校群体关系系统中;在操作系统方面,逐步明确纪律要求,确认遵守纪律途径,作出纪律决策,实施纪律计划;在调节反馈系统方面,执行纪律时对环境进行加工,产生正负反馈,从而加强和减弱行为动机,形成和发展道德结构。

研究发现,在教师的认真指导下,低年级的学生完全可以形成自觉纪律。当然,小学生违反纪律或缺乏自觉纪律的现象也是存在的。值得强调的是,必须对违反纪律的现象进行心理学分析。这既存在着年龄差异,也存在着个体差异。一般来说,年龄小的儿童出现违反纪律行为,常常是由于不理解纪律的内容要求,或出于对某种行为的好奇分散了注意力,或是由于疲劳而不能维持纪律。对年龄较大的小学生来说,其原因比较复杂,这表现为:① 不理解或不能正确理解纪律要求,或者对纪律要求的正确理解尚未能转化为指导他们行为的自觉原则;② 对个别教师持有对立情绪,我们经常看到不少小学高年级学生在遵守课堂纪律上表现各不相同;③ 意志、气质上的缺陷;④ 没有养成纪律行为所必需的习惯;⑤ 特殊爱好未得到满足,或者旺盛的精力无处发泄。因此,只有全面细致地了解儿童的人格特点,加上得力的教育措施,才能促使小学生自觉纪律的形成和发展。

总之,小学生的道德是从习俗水平向原则水平过渡,从依附性向自觉性过渡的。从这个意义上说,小学阶段的道德是过渡性道德,这个时期道德发展比较平衡,显示出以协调性为主的基本特点,冲突性和动荡性较少。

4. 道德发展的关键期　小学阶段道德的另一特点是道德发展过程中出现"飞跃"或"质变"现象。小学阶段是儿童道德发展的关键期,这个关键期的具体年龄究竟在什么时候(哪个年级或年龄)出现,尚有待深入探讨。有研究结果表明,这个关键期或转折期大致出现在三年级下学期前后,由于不同方式的学校教育的影响,出现的时间可能会提前或延后。

当然,这里所指的关键期是就小学生道德的整体发展而言的。至于就具体的道德动机和道德心理特征来说,其发展是不平衡的。例如,小学生道德认知的关键期与道德行为发展的关键期并不一致。

第六节 青少年期品德的发展

青少年期主要处于中学阶段,青少年的个体品德迅速发展,处于伦理道德形成的时期。在初中生品德形成的过程中伦理道德已开始出现,是青少年品德发展的关键期,并在很大程度上表现出两极分化的特点。高中生的伦理道德带有很大程度的成熟性,他们可以比较自觉地运用一定的道德观念、原则、信念来调节自己的行为,随之而来的就是价值观、人生观的初步形成。

一、青少年品德发展的特征

青少年的伦理道德是一种以自律为形式,以遵守道德准则并运用原则、信念来调节行为的品德。这种品德的主要特征表现在下述六个方面:

1. 能独立、自觉地按照道德准则来调节自己的行为　伦理是指人与人之间的关系以及必须遵守的道德行为准则。伦理是道德关系的概括,伦理道德是道德发展的最高阶段。从中学阶段开始,个体逐渐掌握这种伦理道德,而且能够独立、自信地遵守道德准则。我们所说的独立性就是自律,即服从自己的人生观、价值标准和道德原则;我们所讲的自觉性,也就是目的性,即按照自己的道德动机去行动,以便符合某种伦理道德的要求。

2. 道德信念和理想在青少年的道德动机中占重要地位　青少年阶段是道德信念和理想形成的阶段,同时也是青少年开始运用它们指导自己行动的时期。这一时期的道德信念和理想在中学生个体的道德动机中占有重要地位,青少年品德行为更有原则性、自觉性,更符合伦理道德的要求。这是人格发展的新阶段。

3. 青少年品德心理中自我意识的明显化　孔子曰"吾日三省吾身",意思是任何人做任何事时,都需要三思而后行。但从青少年品德发展的角度来看,则是提倡自我道德修养的反省性和监控性。这一特点从青少年期开始就越来越明显,它既是道德行为自我强化的基础,也是提高道德修养的手段。所以,自我调节道德心理的过程,是自觉道德行为的前提。

4. 道德行为习惯逐步巩固　在中学阶段的青少年道德发展中,逐渐养成良好的道德习惯是其进行道德行为训练的重要手段。因此,与道德伦理相适应的道德习惯的形成又是道德伦理培养的重要目的。

5. 道德发展和人生观、价值观的形成一致　中学生人生观、价值观的形成与道德品质有着密切联系。一个人人生观、价值观的形成是其人格、道德发展成熟的重要标志。当青少年的人生观萌芽和形成的时候,它不仅受主体道德伦理价值观的制约,而且又赋予其道德伦理以哲学基础,因此,两者是相辅相成的,是一致的。

6. 品德结构的组织形式完善化　青少年一旦进入伦理道德阶段,他们的品德动机和品德心理特征在其组织形式或进程中,就形成了一个较为完整的动态结构,其表现为：① 道德行为不仅按照自己的准则规范定向，而且通过逐渐稳定的人格产生道德和不道德的行为方式。② 在具体的道德环境中，可以用原有的品德结构定向系统对这个环境作出不同程度的同化，随着年龄的增加，同化程度也增加；还能作出道德策略，决定出比较完整的道德策略是与中学生独立性的心理发展相关系的；同时能把道德计划转化为外观的行为特征，并通过行为所产生的效果达到自己的道德目的。③ 随着反馈信息的增多，他们能够根据反馈的信息来调节自己的行为，以满足品德的需要。

二、青少年品德从动荡迈向成熟

少年期个体的品德具备动荡性，到了青年初期，才逐渐走向成熟。

1. 少年期品德发展的动荡性　从总体上看，少年期的品德虽具备伦理道德的特征，但仍旧是不成熟、不稳定的，还有较大的动荡性。其具体表现是：个体的道德动机逐渐理想化、信念化，但又有敏感性、易变性；他们道德观念的原则性和概括性不断增强，但还带有一定程度具体经验的特点；他们的道德情感表现得丰富、强烈，但又好冲动而不拘小节；他们的道德意志虽已形成，但又很脆弱；他们的道德行为有了一定的目的性，渴望独立自主地行动，但愿望与行动又有一定的距离。所以，这个时期，既是人生观开始形成的时期，又是容易发生两极分化的时期。品德不良、走歧路、违法犯罪多发生在这个时期。这个阶段的青少年品德发展可逆性大，充满了半幼稚、半成熟、独立性和依赖性并存的错综复杂而又充满矛盾动荡的特点。

2. 青年初期品德趋向成熟　青年初期，主要指初二到高中毕业时期，此时青年年满18岁，正好取得公民资格，享有公民的权利和履行公民的义务。青年初期品德发展逐步具备上述伦理道德的六个特点，进入了以自律为形式、遵守道德准则、运用信念来调节行为品德的成熟阶段。所以，青年初期是走向独立生活的时期，成熟的指标有二：一是能较自觉地运用一定的道德观点、原则、信念来调节行为；二是人生观、价值观初步形成。这个阶段的任务是形成道德行为的观念体系和规则，并促使其具备进取和开拓精神。然而，这个时期不是突然到来的。初中是中学阶段品德发展的关键时期，继而由初中升入高中，品德开始向成熟转化。应该指出，在初二之后，一些少年在许多品德特征上可能逐步趋向成熟；而在高中初期，却仍然明显地保持许多少年期"动荡性"的特征。

3. 青少年品德发展出现关键期和成熟期的时间　我国学者林崇德对在校中学生品德发展进行研究，将上述品德的六个特点作为中学生品德发展的指标，研究人员追踪调查了北京市50个班级的2250名中学生，探究什么时期是中学生品德发展最容易变化的阶段。结果发现，初中二年级学生所占的百分数在上、下两个学期（54%和30%）都明显地高于相邻的两个学期，即初中一年级下学期（10%）和初中三年级上学期（6%）。这说明，初中二年级是中学时期道德最容易变化的阶段，即中学生道德发展的关键期或转折期。在调查研究中,以"自觉运用道德观点、原则和信念来调节道德行为",以及"人生观、价值观的初步确立"这两个项目作为道德发展成熟的指标,结果发现,从初中三年级下学期开始,百分数出现突增的趋势,并继而维持相对稳定的水平。因此,可以推测,从初中三年级下学期到高中一年级是青少年道德发展的初步成熟期。

第七节 成年期品德的发展

对成年期品德的研究,目前仍主要集中于成年初期。对成年初期道德观的研究,无论是在哲学、伦理学,还是在心理学中,都是极其重要的议题。道德观可以看作个人根据自己的道德需要,对个人行为和社会现象的道德方面所持的基本信念和态度的总和。李伯黍指出:当一个人愿意接受某一事物,他必然会对这一事物作出估量,赋予它一定的价值。同样的,当一个人愿意接受某一社会道德规范时,说明它已赋予这一道德规范以一定的价值,从而使外部的道德规范内化为个体的道德价值观念。

从心理学的角度来看,道德观是一个多层次、多维度、多侧面的复杂心理组合体。它既包含个人对道德目标、道德认知、道德手段、道德效果的看法,也包含在更深层次上的一些道德心理成分,如道德动机、道德信念等,还涉及个人道德价值的取向。

道德观作为一种综合的心理系统,对成人前期道德的发展起着多方面的作用。它指导道德认知和道德行为定向,使个体有选择地去确定认知的对象和行动的环境;它是个体衡量道德行为、判断道德行为价值的基础,个人据此对自己或他人的道德行为作出判断;此外,它还承担着发动、维持、调节道德行为的作用。个体行为是以基本道德观为出发点的,道德行为的进程和目的都以道德观为参照标准。

一、成年期道德观发展的特点

在青年期品德趋于初步成熟的基础上,成年初期品德已基本成熟,道德观更趋于稳定。由于成年初期的智力发展到"鼎盛"水平,所以道德判断也达到最高水平。与青少年期相比,成年初期考虑问题更全面一些,个体能更多地从他人角度看问题,加上生活条件的变化、新角色的形成,都影响着他们道德推理的正确性。他们更能够自觉运用普遍认同的道德观点、道德原则和理论标准进行自律。他们对道德的社会认知能力和道德目标都开始进入高水平阶段。但是,成年初期的道德观仍存在不完善性。正如孟昭兰指出的:"……在我国社会,正值社会经济结构发生巨大而迅速的变革时期,社会法规未健全之际,青年怀着激动而不安的心情,随变革的激流滚滚而下,受社会上权钱交易泛化、财富不正常聚敛、职业道德败坏等不正之风的严重冲击,抢劫、凶杀屡见,吸毒、宿娼等社会沉渣泛起。几十年来建立的社会价值标准在青年一代意识中荡然无存，而新的道德意识尚未完善建立。全社会已注意到保存民族精粹之必要，以便在社会财富的积累逐渐丰富的某一时期，人类普遍的道德价值观再度苏醒。"这段话既指出了道德观的发展取决于社会的变迁，又阐明成年初期道德观尚有不成熟的成分。

二、成年期道德观的表现

成年初期道德观有多方面的表现，我们将其概括为下面两类：

1. 道德目标、道德动机、道德手段的表现　黄希庭等人对沿海和内地大学生的调查表明，在道德目标方面，大学生心目中排在前十位的品德是：诚实、正直、自信、爱国、自尊、自强、民主、上进心、宽容和坚强。最无价值的道德目标则是：虚伪、阴险、狡诈、毒辣、横蛮、轻浮、怯懦、势利、放荡、无耻。中国传统社会提倡的道德价值观现在已不受重视，例如，相当多的青年把"顾全大局""集体精神""简朴""孝顺"看得无足轻重，甚至"顺从"这一传统美德已被归入"最无价值"的一类。

大学生心目中最有价值的道德动机是：人格高尚、内心平静、证明自己的存在、世界和平，而社会要求、带来荣誉感、异性喜欢等项目则被排在相对不重要的位置上。

在道德手段评价方面，最有价值的排列顺序是：勇于负责、言行一致、聪明颖慧、自我克制、宽以待人、洁身自好、乐于助人、见义勇为、大公无私。在"最无价值"的道德手段中，其排列顺序则依次为：吹牛拍马、阴谋诡计、不择手段、以势压人、自我炫耀、谦恭顺从、默默无闻。与传统的"温、良、恭、俭、让"的道德观相比，当今社会的道德观已经发生了很大的转变。

大学生对人格特征形容词的好恶，也反映了其道德观的倾向。最受欢迎的人格特征形容词依次是：爱国、博学、纯洁、理智、真挚、自重、体贴、成功、有为、高尚等。从中不难看出传统道德观念和理想主义色彩的影响。

大学生对八种道德价值观念所排出的重要性顺序为：真诚、平等、利他、尊老、集体、责任、报答、律己。与中、小学儿童相比，成人前期集体观念降低了，真诚、平等、利他性等观念则被看得很重。

2. 道德观的价值取向表现　成年初期随着社会经验的积累和态度的定型，个体开始形成比较稳定的价值取向。爱国品质在我国成人前期个体的道德价值观中占有重要的位置。对"个人事小，国家事大"和"位卑未敢忘忧国"持赞成态度的青年在60%以上，他们普遍表现出对国家效忠与对国家大事的关心。集体主义在成年初期的道德观中仍然具有较高的价值，"大河无水小河干"得到绝大多数青年的认同。而利他主义在青年的道德价值观中已不占优势，个人本位主义有所表现。研究者认为，从进取性道德价值观取向看，当代青年似乎陷入一种两难的选择境地之中，在态度上渴望竞争，在行为上又裹足不前；有较强的进取心，敢于求新、求变。从协调性价值取向看，当代青年也存在着困惑。在家庭生活中孝顺父母虽仍被看重,但顺从却不如以前重要,更重视与长辈的平等关系,特别是当涉及自己的大事时,要求平等、独立。

从青少年经过成年初期,个体的基本品德特征已稳定形成。成年中后期品德的发展特点主要与个体长期人生经历所产生经验中的道德准则、价值观点、价值目标和稳定的认知理论有关,并将其付诸于道德行为中去。此时,不同条件下道德行为的社会一致性,在相当程度上取决于成年中期的理论认知,所以可信赖的、稳定的道德行为在成年中期表现得最为明显。

(吴义高 金明琦)

阅读1 道德教育

道德教育是对受教育者有目的地施以道德影响的活动,内容包括提高道德觉悟和认识,陶冶道德情感,锻炼道德意志,树立道德信念,培养道德品质,养成道德习惯。

1. 传统道德教育 在中国古代,自有学校开始,在初入学阶段首先强调的就是道德教育。到了孔子时期,道德教育被放在突出位置,具体表现在:孔子强调"仁者不忧,智者不惑,勇者不惧",三方面的修养都必要,但最重要的还是道德方面的修养。孔子主张以"礼"为道德规范,以"仁"为最高道德准则,凡符合"礼"的道德行为,都要以"仁"的精神为指导。一个人能克制个人的欲望、对私利的无限追求,不因利己而损人甚至损害社会利益,才能使自己的言行合乎礼的规范,达到"仁"这一最高的道德要求。

在西方,古希腊也很重视道德教育。苏格拉底认为美德是可以通过教育培养的。亚里士多德认为,培养美德必须实践,并通过"理性"的教育形成道德习惯。

2. 现代道德教育 西方现代道德教育产生于19世纪末20世纪初,其代表人物是美国哲学家、教育家John Dewey(1859～1952)。他认为道德是儿童在实际生活过程中与他人的交往中发展起来的,而不是教出来的。他主张道德教育应通过各科教学进行,讲求道德教育方法,遵循儿童心理发展规律,且应特别关注儿童的本能与冲动、儿童的智力判定以及儿童的情感反应。西方现代道德教育一度因世界大战陷入滞碍状态,直到20世纪60年代,资本主义国家产生了各种社会道德危机,才使得现代道德教育重新开始复兴。

我国现代的道德教育是社会主义道德教育,在进入社会主义现代化建设的新的历史时期之后,中国共产党十分强调建设以共产主义思想为核心的社会主义精神文明。道德教育全面而丰富,如要诚实守信、敬老爱幼、遵守公共秩序、廉洁奉公、忠于职守、见义勇为等。

阅读2　与内疚相关的道德研究

内疚在汉语中的释义为"内心感到愧疚不安",社会心理学对其的解释为"人们在做出了不正确的行为后感受到的自责、焦虑等的情绪",《心理学大辞典》将其定义为"人们意识到自身的某些做法违背了道德准则时所诱发出的那种不安、愧疚等的情绪感受"。因此,在现代道德研究中,内疚常被作为一种重要的影响因素对待。

心理学研究发现,内疚会促使个体做出道歉、补偿和对未来不再重蹈此类错误的承诺等亲社会行为。体验到内疚的个体会更乐于在日常生活中做出亲社会行为,如搬运货物、提重物、过马路等,以这些补偿行为来减轻自身的痛苦情绪体验。

另一方面,过度的内疚也可能引发个体的不适当或品行不良的行为,一些研究指出,当个体产生过度的责任感而无法对错误进行弥补时,引发的内疚就会使个体对自身进行否定,甚至会做出不利于自己的举动。所以,当人们产生适当的责任感,并拥有相应的能力对自己的错误进行弥补时,内疚的有益作用才能得到最好的发挥。

内疚和道德行为联系紧密,在对内疚进行诱发和测量时发现其含有很大的道德成分。认知心理学研究者在诱发被试的内疚情绪时发现,被试的前中间扣带皮层(anterior middle cingulate cortex)和双侧前脑岛处于显著激活状态。这两个脑区的激活与被试分担比他人更多的疼痛惩罚,即做出更多的亲社会行为密切相关。另有采用正电子成像(PET)技术对内疚情绪的研究结果显示,被试处于内疚状态下,前旁边缘系统(anterior paralimbic regions)处于显著激活状态。这一脑区的激活会使个体产生相应的焦虑感,进而促进个体做出补偿或亲社会行为,借此来修复受损的人际关系。

因此,从道德视角来看,内疚情绪可以促进个体道德发展,进而提高个体的社会适应能力和社会交往能力,也有利于社会和谐稳定发展。

第九章习题及答案

第十章　社会性的发展

第一节　概述
　　一、社会性及其相关概念
　　二、社会性发展的基础
第二节　婴儿期社会性的发展
　　一、获得信任
　　二、依恋的形成
　　三、与照看者的情感交流
　　四、社会参照
第三节　幼儿期社会性的发展
　　一、自我意识的出现
　　二、自主性的发展
　　三、行为标准的内化
第四节　儿童期社会性的发展
　　一、自我发展
　　二、性别

三、家庭教育
四、与其他儿童的关系
第五节　青少年期社会性的发展
　　一、自我概念——探索同一性
　　二、亲密感的发展
　　三、离开父母
第六节　成年期社会性的发展
　　一、爱、家庭和工作
　　二、毕生的幸福
　　三、面对死亡
阅读　1. 母亲抑郁如何影响亲子间的互相调节
　　　2. Harry 的恒河猴实验启示

案例 10-1　妈妈的困惑

　　欢欢快 3 岁了，他每天晚上睡觉的时候必须抱一条旧毯子才能入睡，这条毯子还是他刚出生时开始用的。睡前欢欢必须摸着毯子的一个角，并把毯子放在口鼻上嗅着才会闭眼睡觉，现在这个角已经被他摸得很破旧了。即便这样，他也不允许妈妈给他换个新的毛毯，而且连洗都不给洗。前两天妈妈觉得毯子实在太脏了，就把这个毯子洗了洗，他竟哭了几乎一个晚上，没办法妈妈只好吹干给他盖上，小家伙才肯睡觉。

　　妈妈非常困惑和担心，不知道欢欢是不是有什么问题，会不会得了传说中的"恋物癖"？

思考题

如何用发展心理学的观点来解释欢欢的行为？
这个阶段孩子的社会性发展有什么特点？

从案例中我们可以看到,这条破旧的毯子对一个3岁的孩子来说有着非常重要的意义,这个物品象征着妈妈的爱,也连接着妈妈的爱,它对宝宝很重要,但它既不是宝宝本人,也不是妈妈,它是宝宝的"创造物",是宝宝自我发现之物。儿童精神分析家Donald W. Winnicott把这个有特殊意义的小毯子叫作"过渡性客体",正是通过这个客体,宝宝逐渐完成从幻想到现实的转换。它不仅仅起到一个桥梁的作用,更重要的是,它开创了一个过渡性空间。这个空间终身存在,它就是我们的社会文化空间,充满了成人的文学艺术、游戏、宗教等领域。通过这个过程,人类建立了一个心理的连续性,这也是人类社会性的象征性事件。

在人类社会性的发展进程中,我们是如何区分自己和他人的?社会性包含哪些内容?社会性的发展具有哪些特点呢?通过本章的学习,我们将了解到以上问题。

第一节　概　　述

一、社会性及其相关概念

社会性(social attribute)是人类智能的表现,它使社会内部人类个体的生存能力远远超过脱离社会的人类个体的生存能力。人的社会性主要包括这样一些特性:利他性、协作性、依赖性以及更加高级的自觉性等。

社会性是生物作为集体活动中的个体,或作为社会的一员活动时所表现出的有利于集体和社会发展的特性。人是社会化的动物,人的社会性是人不能脱离社会而孤立生存的属性。虽然这一特性是人区别于动物最重要的属性,但人并不是自然界中唯一具有社会性的生物。自然界中,还有很多生物看起来比人更具有社会性,如蚂蚁、蜜蜂等。在蚂蚁社会中,个体的蚂蚁无论是当"工人"还是当"蚁后"都是天生的。蚂蚁天生有组织性,有奉献精神,努力而安心于社会的分工,这些"高贵的品质"确实让我们人类钦佩不已。

> 人的社会性与动物的社会性有什么区别?

(一) 人的自然属性和社会属性

所有个体的人在各种活动中表现出来的种种特性经过抽象和归纳,总结为人的本性,为了便于研究人的本性,一般把它分成人的自然属性和人的社会属性两个方面,然而这两种属性之间也存在相互的作用力。

人的自然属性,也称为人的生物性,它是人类在生物进化中形成的特性,主要有人的物质组织结构、生理结构和千万年来与自然界交往的过程中形成的基本特性,如食欲、性欲、自我保存的能力等。

人的社会属性是人作为在集体活动中的个体,或作为社会的一员活动时所表现出的特性。人的社会属性中有一部分是对人类整体发展有利的基本性质(社会性),也有一部分是对社会不利的性质(反社会性)。

生物的自然属性和社会属性之间存在相互作用。比如,在孤独的环境里,蚂蚁根本就不能存活。只要它们单独在一起,或者有时只是朋友少了一些,它们就会不吃不喝,很快死亡。只有等到它们的伙伴多到一定的程度,才能使它们的某些机能开始恢复。所以蚂蚁对自己的社会的依赖是必然的。

然而人只要有食物、能应对危险,即便远离社会独自一人生活,也能生存下去。人类的婴儿在自然界中无法完全靠自己生存下去,必须由其他人或者动物照顾才能长大,被什么样的社会抚养成人,就会自然追随什么样的社会。人不会因为离开社会而死亡,所以人具备与社会缺陷斗争的能力,具有反社会性,具备改变社会的能力。当人的社会属性得到满足,人就会心情愉快、身体健康,使人的自然属性处于正常状态。

(二) 人的社会性与反社会性

人的社会性的确比其他动物的社会性具有更强的继续生存能力,因为人具有违背社会的能力——反社会性。通常把一些对人类整体运行发展有利的基本特性称为人的社会性,如利他性、协作性、依赖性以及更加高级的自觉性等,把对人类整体运行发展不利的基本特性称为人的反社会性。

人表现出反社会性本质上是因为人的智能发展暂时不足、人的认识能力暂时有限。当人与人之间的矛盾冲突暂时无法得到妥善解决的时候,就会出现人与人之间相互伤害的行为,所以人会表现出反社会性。反社会性是人自我保护以及人和社会缺陷对抗的行为,因为社会存在的意义是为了让个人更加强大,当个人不断受到社会伤害的时候,就会表现出自己暂时违背社会的能力,这样的能力就是人的反社会性,而这样的反社会性在社会对个人造成伤害的问题得到解决的情况下会自然消失。

作为人的社会属性的两个方面,社会性和反社会性在一定的情况下是可以相互转化的。一般人的反社会性是由于把人对自然属性的保护发挥到对社会发展不利的地步,如把利己发挥到损人、损害公众、损害社会、残害其他生物,甚至残害其他人等。而这一切是为了让自己得到更多的物质保证,更好地应付来自社会的风险和伤害,或者让自己的内心得到暂时的发泄和满足,获得暂时的心理平衡,尽量在社会中保持良好的状态,这样的企图或目的通常是通过对社会中相对弱势一方的掠夺和欺凌来实现的,而自己可以以更好的状态生存在于主流社会中。这个过程可以看作人的社会性和反社会性的暂时的转化。

在人类进化的现阶段,人与人之间的冲突非常严重,人的反社会性常常会表现出来。在无法解决人与人之间的矛盾冲突时,为了使人更具社会性,人们主要依靠教育(包括各种社会影响的广义教育)、宗教和国家机器来纠正人的反社会性行为、消除人的反社会性对社会的伤害,但是只有解决人与人之间的矛盾冲突,才能从根本上消除人的反社会性行为,人们的社会性才能得到恢复。当人们面临新的社会问题的持续伤害时,反社会性行为会重新出现。

二、社会性发展的基础

社会性的发展是人类心理综合发展的体现,它与人类的各个心理属性的发展都有着密切的关系,如人格、情感、思维和行为方式的特点,这些心理属性反映了先天因素和环境因素的共同影响,同时也能影响儿童与他人交往和适应世界的方式。从婴儿期开始,人格发展与社会关系相互影响,产生了人类社会性发展的萌芽。情绪和情感(详见第八章)、气质或性情及婴儿在家中最早的社会经验都是社会性发展的基础。关于部分心理属性的发展特点,前面章节已有详细叙述,这里就不再赘述。

(一)情绪分化

情绪,例如悲伤、愉悦和恐惧,是对经验的主观反应,并伴随着生理和行为变化。情绪和情感的发展是一个有序的过程,复杂的情绪由简单的情绪发展而来。个体的典型情绪反应模式的发展始于婴儿期,它是人格的基本元素。随着婴儿年龄的不断增长,一些情绪反应会随之变化。3个月大的婴儿面对陌生人的脸会微笑,当8个月大时,他会对此表现出警惕,产生陌生人焦虑。基本情绪在婴儿6个月大左右就表现出来,自我意识情绪在婴儿2岁半以后获得,这是自我意识发展和有关社会标准与规则知识积累的共同结果。这都是人社会性产生的基础。当婴儿拥有心理表征,即对自己以及其他人和事的表征时,自我意识就出现了。社会性发展最突出的表现就是同理心(empathy)。同理心是一种"设身处地"地感受他人感受的能力,以及在特殊的情境下感受到或打算感受到他人感受的能力。Hoffman认为,幼儿在2岁时表现出同理心,如同内疚一样,同理心也随年龄的增长而发展。当学步期儿童能够逐渐区分自己和他人的心理状态时,他们就能像感受到自己的痛苦一样对他人的痛苦作出反应。同理心不同于同情,同情仅仅涉及对他人困境的悲伤或关心。同理心和同情都可能导致亲社会行为,例如,儿童在一起游戏时,会主动归还玩具。

同理心依赖于社会认知,社会认知(social cognition)是指理解他人的心理状态并调整自身情感和意图的一种认知能力。Piaget认为,自我中心主义(egocentrism,即不能理解他人的观点)延缓了这种能力的发展,直到儿童中期的具体运算阶段。其他的研究发现,社会认知出现得非常早,以至于它可能是"与生俱来的一种潜能",就像学习语言的能力一样。

(二)气质

气质(temperament)是指以生物为基础的、对人和情境的态度和反应方式,有时也被界定为个体的特征,更多的时候气质被描述为一种行为方式:不是个体做什么,而是他们打算怎么做。例如,两个儿童都能自己穿衣服,拥有同样的动机,但其中一个儿童可能比另一个做事更快,更愿意穿新衣服,当猫跳到床上时更少分心。一些研究者把气质界定得更加广泛。Rothbart,Ahadi和Evans认为,儿童不可能在所有情境中以相同的方式行事，气质反映的不仅是儿童的行为方式和对外部世界做出反应的方式，也反映了他们调节自己的心理、情绪和行为的方式。气质包含情绪成分，但又不同于情绪。例如，害怕、兴奋和厌倦等情绪来得快去得也快。气质中的这些成分相对而言更一致且持久。气质的个体差异源于个体的基本生理结构，它是构成发展中的人格的核心部分。

专栏 10-1　害羞和大胆——生物和文化因素的影响

气质具有一定的生物基础，在一项对 400 名婴儿的追踪研究中，Jerome Kagan 和同事研究了气质的一个特征：对陌生人的排斥或害羞，它是指儿童与其他陌生儿童交往以及接近陌生事物和情境时的大胆或谨慎程度。当要求解决问题或学习新信息时，最害羞的儿童（占样本的 15%）与那些大胆的儿童相比，心率更高，但变化更少，并且瞳孔扩张得更大。最大胆的儿童（约占 10%～15%）往往精力充沛，易冲动，并且伴随较慢的心率。

4 个月大的高反应性婴儿，即表现出更多动作和活动以及更多痛苦的婴儿，在面对陌生刺激时更容易焦虑或哭泣。在 14～21 个月大时，这些婴儿更有可能表现出抑制模式。高度抑制或非抑制婴儿能在一定程度上把相应模式维持到童年期或青少年期。即使生理差异依然存在，但这两类儿童的行为差异往往在青少年早期就会消除。

这些研究发现再次说明，经验能延缓或强化早期的倾向。对于有害怕和害羞倾向的男孩，如果父母能最大程度地接受孩子的这类反应，那么他们更可能在 3 岁时依然如此。如果父母鼓励孩子在陌生情境中探索，那么他们就会表现出较少的抑制。

文化可以影响父母的教养方式。在西方国家，如加拿大，害羞的儿童往往被视为能力较弱或不成熟。在中国，社会价值观赞同害羞或抑制。一项针对中国和加拿大 2 岁儿童进行的跨文化研究发现，加拿大抑制型儿童的母亲，往往对孩子表现出惩罚性或过度保护，而中国害羞型儿童的母亲则是温和的、易接受的。与加拿大的儿童相比，中国的学步期儿童更加抑制。但是，因为这是一项相关研究，我们并不知道儿童的气质和母亲的态度孰因孰果，也许它们是双向影响的。

（三）家庭所给予的早期社会经验

在世界范围内，婴儿的养育方式和互动模式差异非常大，这主要取决于不同文化对婴儿本质和需求的看法。在印度尼西亚的巴厘岛，人们认为婴儿是祖先或神灵以人的形式来到人间，因此必须用最庄严和尊敬的方式来对待。西非的本族人认为婴儿能理解所有语言，而密克罗尼西亚的伊法路克人则认为婴儿完全不能理解语言，因此成年人不和婴儿进行交流。

在某些社会，如南太平洋一些地区，观察发现婴儿有多个照料者。在非洲中部的艾菲(Efe)人中，在特定时间内一般由五个或更多的人来照料婴儿，通常除母亲之外，其他妇女也会给婴儿哺乳。在肯尼亚西部的古西族人中，由于婴儿的死亡率很高，父母随时都把婴儿带在身边，当婴儿哭泣时，照看者立即作出回应并及时哺乳。类似的情况也发生在非洲中部阿卡族(Aka)的猎人中，他们经常结成小规模、紧密团结的群体四处走动，以保证能广泛共享、合作和避免危险。但是，同一地区的恩甘杜族(Ngandu)农民往往住得比较分散，且长期住在同一个地方。因此，他们会把婴儿单独留在家中，让婴儿自己玩耍，任由他们哭泣、微笑、喊叫或吵闹。

需要谨记的一点是，我们习以为常的成人与婴儿互动模式是以文化为基础的。在漫长的社会化进程中，家庭中父亲角色和母亲角色各自发挥着文化和社会结构所赋予他们的特殊作用。我们来看看父母是如何塑造性别差异的：无论是男性还是女性，其肢体动作是怎样的及他们如何工作、游戏和穿着打扮，影响着人们如何看待自己，也影响着自己如何看待他人。所有这些特点，甚至更多特点，都可以用一个词来概括——性别(gender)：即男性或女生到底意味着什么。在美国的研究样本中，男婴和女婴之间可测量到的差异非常少。男婴通常较高、较重、略微强壮。但就像我们在第三章提及的，从概念上来讲，男婴在生理方面更脆弱；女婴对压力反应性低，更容易生存下去。男婴和女婴都对触觉敏感，而且长牙、坐立和行走开始的时间大致相同，他们也在大约相同的时间发展其他的动作技能。但是，美国的父母往往认为男孩和女孩之间的差异比他们实际存在的更大。曾经有一项对11个月大开始爬行的婴儿进行的研究，结果发现，与女儿相比，母亲对儿子能成功爬下陡峭和狭窄的斜坡有更高的期望。然而，当在斜坡上进行测试时，男孩和女该表现出相同的成绩。男孩和女孩最早的行为差异出现在1~2岁，主要表现在选择玩具和同性的偏好等方面。2~3岁时，男孩和女孩往往说更多与自己性别有关的词语，如男孩会说出"拖拉机"这样的词语，而女孩会说出"项链"这样的词语。

父母对男孩和女孩的人格塑造开始得非常早。在提升性别原型的过程中，父亲扮演着更加重要的角色，儿童通过这一过程来学习自己的文化所认可的适宜的性别行为。在婴儿出生后的第一年内，父亲比母亲对待男孩和女孩的方式差异更大。在2岁时，父亲与儿子比与女儿交流得更多，在一起的时间更多。而母亲与女儿比与儿子交流得更多，给女儿的支持更多。这一年龄的女孩往往比男孩更善谈。在学步期，父亲和儿子会玩比较粗野式的游戏，但对女儿更加关心。

在家庭日常生活中，父亲会鼓励儿子接受该文化认可的男性行为和态度，这是塑造性别原型较普遍的方式。父亲往往比母亲更具有性别原型。

第二节 婴儿期社会性的发展

案例 10-2 人类学家 Mary Catherine Bateson 的故事

Mary Catherine Bateson(1939~)是一位人类学家,她是两位著名人类学家 Margaret Mead 和 Gregory Bateson 的女儿。Gregory Bateson 是 Margaret Mead 的第三任丈夫兼研究伙伴。父母为 Catherine 写的传记是有史以来最具纪实性的婴儿传记之一:母亲记录,父亲拍照。Margaret Mead 的研究报告《黑莓之冬》和 Mary Catherine Bateson 的《以女儿的眼睛看世界》共同为儿童的情绪发展研究提供了珍贵而又引人入胜的双重视角。

Catherine 是 Mead 唯一的孩子,她出生时母亲已经 38 岁了。在她 11 岁时,父母离婚。第二次世界大战期间,Catherine 的父母由于工作原因必须经常长期外出,不得不与 Catherine 分离。但在 Catherine 的婴儿期和学步期,她是父母的全部和爱的焦点。她早期的回忆包括在户外和父母一起游戏,坐在妈妈腿上听故事,看父母举起早餐勺子来反射晨光,用手指在墙上映出飞鸟来逗她开心。

为了避免 Catherine 受挫,父母会尽力对其需求作出回应。Mead 通过对女儿进行母乳喂养和满足她的"及时"需求来实现自己的专业承诺,这一点就像她研究过的太平洋岛屿文化中的母亲一样。

与他们的朋友 Erikson 一样,Mead 和 Bateson 非常重视 Catherine 的信任感的发展。他们从来不在陌生的地方把 Catherine 留给陌生人照看,她总是在熟悉的地方来适应新的照料者。长大成人后,Catherine 发现,即使在生活的困难时期,她也能经常找到"信任和力量的源泉,这是在人生的前两年必须建立起来的基础"。然而,正如 Mead 所写,反思先天和后天的共同作用,"我们永远也许不知道:气质起多大作用? 偶发的事件起多大作用? 教养起多大作用?"。

在 Catherine 2 岁时,父母需要承担的战时工作日益增多。他们举家搬迁到朋友兼同事 Laurence Frank 所在的城市纽约,并居住在一起。这一决策与 Mead 的信念相符,该信念来自于她的研究,她认为有多个照料者以及学会适应不同的情境将有益于儿童的发展。Catherine 和其他五个孩子一起生活在弗兰克位于格林威治村庄的家庭中,其中年龄最小的孩子是 Frank 的小儿子 Colin。Catherine 写道,"因此,我不是在核心家庭里长大的,而是一个适应性强的和受人欢迎的大家庭中的一员……在那里,五六双手一起剥豌豆壳或擦盘子"。她的暑期记忆是在新罕布什尔州的湖边休闲,"在那里,每个孩子都能得到足够多的成人照顾,以至于没有嫉妒;在那里,花园中的大树枝繁叶茂,每晚在歌唱中结束……我比其他孩子更富有……然而,这里也充满了分别。这里有可爱的人们,然而我最需要的人却经常缺席"。

思考题

父母早期的经验如何塑造儿童的发展?
儿童的需要如何影响父母的生活?

通过以上的案例,我们看到婴幼儿早期的需要和父母早期的经验对儿童社会性的发展起到了举足轻重的作用。

这一阶段的许多社会性发展问题都是以婴儿和照料者之间的关系为中心的。作为社会生物的婴儿,在所有文化中,都会与养育者形成一种亲密的感情联系。

一、获得信任

与其他哺乳动物的幼崽相比,人类婴儿有一段较长时间的婴儿期,需要依赖他人提供食物和保护,从而得以生存。他们如何确信自己的需要会被满足?根据 Erikson 的理论,早期的经验很关键。在 Erikson 的心理社会发展的八阶段理论中(见第二章),第一个阶段是基本信任对基本不信任(basic trust versus basic mistrust)。该阶段始于婴儿期,一直持续到婴儿 18 个月大。在最初的几个月里,婴儿对自己世界中的人和事发展出可信任的感觉,他们需要获得信任(让他们形成亲密关系)与不信任(能使他们保护自我)之间的一种平衡。如果信任处于支配地位,儿童便获得了希望这一"美德",即认为他们的需要能够得到满足,愿望能够实现。如果不信任处于支配地位,儿童就会认为世界是不友好和不可预测的,因此很难形成亲密关系。

获得信任的关键因素是敏感、积极回应和一致性的照料。Erikson 把喂养情境看成婴儿建立信任和不信任的关键环境。婴儿期望饥饿时就能得到喂养,这就能使婴儿因此把母亲视为这个世界是可信任的一个代表吗?信任使婴儿允许母亲离开视线,"因为这时母亲在婴儿心中既具有确定性,又具有外部预测性"。

二、依恋的形成

婴儿社会性发展的第一项成果就是依恋。通常都是从新生儿吸引人们的注意力开始,婴儿不久便开始偏好熟悉的面孔和声音,后来为了引起父母的注意,他们会发出"咕咕"和"咯咯"的声音。在婴儿形成客体永久性概念并能够开始活动身体后不久,就会发生一件比较有趣的事情:他们开始表现出对陌生人的恐惧,称为陌生人焦虑(stranger anxiety)。8 个月左右时,他们见到陌生人时会哭闹并靠近自己熟悉的养育者。"不!不要离开我!"他们似乎伤心欲绝。大约在这个年龄,儿童会形成熟悉面孔的图式;当他们不能将新面孔同化到这些记住的图式中时,他们就会变得异常悲伤。这揭示了一条重要原则:大脑、心理和社会情绪行为共同发展。

到 12 个月时,很多婴儿在受到惊吓或预期到分离时会紧贴着父母。分离后重聚时,他们会冲父母微笑并拥抱他们。任何社会行为都没有这种强烈和相互的亲子关系更引人注目。亲子依恋是在许多因素的共同作用下形成的。婴儿会逐渐对那些令人舒适、熟悉并且对自己的需求反应敏感的人形成依恋(一般是他们的父母)。

三、与照看者的情感交流

婴儿也喜欢交流,他们有强烈的动机与他人进行互动。互动会影响依恋的安全性,它取决于婴儿和照看者是否能适当地、敏感地回应对方的心理和情感状态,这一过程称为互相调节(mutual regulation)。父母通过评估自己对婴儿心理活动的认知来促进这种互惠的奖励性互动。婴儿在互相调节中起到积极的作用,通过发出行为信号来影响照看者对待他们的行为方式。

当照看者精确地"读懂"婴儿的信号并作出适当的回应时,健康的互动就发生了。当婴儿达到目标时,婴儿就会表现得很高兴或至少对这种互动很感兴趣。如果照看者忽略了婴儿玩耍的邀请或当婴儿发出"我不喜欢"的信号时依然在玩,那么婴儿就会感到受挫或悲伤。当婴儿没有达到想要的结果时,他们会继续发送信号来修正互动。通常,互动在调节良好和较差的状态之间来回转换,婴儿通过这种转换学会如何发送信号、如何应对最初的信号未导致舒适的情感平衡的情况。互相调节有助于婴儿学会如何"读懂"他人的行为并增强期望。即使非常小的婴儿也能感知他人表达的情绪,并据此调节自己的行为。但是,无论是何种原因,如果母亲或陌生人一旦突然停止了人际互动,婴儿都会心烦意乱。这是婴儿社会性发展的萌芽,为后面一系列复杂的社会性发展奠定了坚实的基础。

四、社会参照

出生后第一年的最后三个月,婴儿开始四处走动,并做出复杂的行为。这时,他们经历了一个重要的发展转变:具备一定的能力参与人与人之间的互动并针对外部事件作出交流。他们能参与情感共享,让照看者了解他们对某种情境或物体的感受,并根据所识别出的照看者的情绪作出反应,这种发展是社会参照的必要基础。社会参照(social referencing)是指一种寻求情感信息来指导行为的能力。婴儿通过寻求和解释他人对自己的感知,从而知道在模糊、混乱或不熟悉的情境中如何行动。当婴儿遇到一个陌生人或一件新玩具时,他们会看照看者的脸色,此时他们可能在使用社会参照。

婴儿能够使用社会参照的这种观点也受到过质疑。婴儿在模糊情境中是否自发地注视照料者,这一点还不清楚。他们是在寻找信息,还是在寻求安慰、注意、情感共享或简单地确认照料者是否在场?后者是一种典型的依恋行为。但是,近期的研究为1岁幼儿的社会参照提供了实验证据。当婴儿看到震动的玩具加速向地板或天花板飞去时,12~18月大的婴儿是否向玩具走得更近或离得更远,取决于实验者所表达的情绪反应(如"哟"或"很棒")。一项研究发现,12个月大的婴儿会根据电视屏幕上演员的非言语情绪信号来调整他们朝向特定陌生物体的行为。另一项实验中，14个月大的幼儿是否接触他们附近的塑料动物玩具，这与一个小时前他们看到成人对相同物体所表现出来的积极或消极情绪有关。如果延迟非常短暂(3分钟)，11个月大的婴儿能对这种情绪线索作出反应。

社会参照以及记住此过程中所获得的信息的能力，在幼儿期儿童的关键发展中起到了一定作用，例如，自我意识情绪(尴尬和骄傲)的增强、自我感知的发展、社会化与内化过程。

第三节 幼儿期社会性的发展

这个阶段的儿童在互动中变得更为主动、更具目的性，有时会主动发起互动。照看者也能更清楚地"读懂"儿童的这种信号。这种"同步"互动帮助儿童获得交流技能和社交能力。

一、自我意识的出现

自我概念是指我们对自己的印象，是我们对自己能力和特质的总体看法。它描绘了我们知道什么、我们如何感知自己以及如何指导自己的活动。儿童会把自我印象和他人的反馈信息相结合。

自我概念是何时出现的？又是如何发展的？从一些看似混乱且彼此不相关的经验中(从母乳喂养期到另一时期)，婴儿开始提取一致的模式，从而形成关于自己和他人的基本概念。婴儿接受的照料类型、婴儿的回应方式、积极或消极的情绪和感觉运动经验(如吮吸)等所有这些因素综合在一起，对婴儿自我概念的组织和发展产生了重要影响。

当4～10个月大的婴儿学会了伸手取东西、抓握和做一些事情时，他们经历了个体自理性，实现了对外部事件的控制。这种自理性的体验就是Bandura所谓的自我效能(self-efficacy)——对自己有能力控制挑战和获得目标的一种感觉。大约同时，婴儿的自我一致性得到发展，自我一致性是指一种客体存在感，将自己与世界中其他人区分开来，婴儿和照看者之间的互动游戏(如藏猫猫)，促进了这些发展，因为这些游戏有助于婴儿更好地区别自己和他人(如"我看见你了！")。

自我意识是把自我当作明显的、可辨别的存在的意识，它的出现建立在感知自己和他人之间区别的基础之上。一项对96名4～9个月大的婴儿进行的研究发现，婴儿对他人的形象更感兴趣。这种早期感知辨别可能是15～18个月期间婴幼儿自我意识概念发展的基础。在一项经典实验中，调查者在6～24月大的婴幼儿的鼻子上涂上口红，并让他们坐在一面镜子前，结果发现，3/4的18个月大的幼儿和所有24个月大的幼儿都更频繁地去触摸自己鼻子上的红点，而15个月以下的婴儿从不这样做。婴幼儿的这种行为表明，他们知道自己在正常情况下不是红鼻子,并且认出了镜子中的自己。一旦儿童能认出自己来,他们就表现出更喜欢看自己的视觉图像,而不是其他同伴的图像。

到20~24个月大时,幼儿期儿童开始使用第一人称代词,这是自我意识发展的另一个信号。19~30个月大的幼儿开始使用描述性的词语(如"大"或"小","直头发"或"卷头发")和评价性词语(如"好的""可爱的""强壮的")来描述和评价自己。语言的快速发展促使儿童开始思考和谈论自我,并把父母的口头描述(如"你真聪明""多么大的男孩")整合到自己正在形成的自我印象中。

二、自主性的发展

随着婴儿对世界建立基本信任感和自我意识的出现,幼儿期儿童开始有了自己的判断。这一阶段出现的"美德"是意志。照料者从27个月大时开始对儿童进行如厕训练,大部分儿童在这一阶段能够快速习得。这是迈向自主和自我控制的重要一步。语言也是如此,随着儿童能更好地让大家知道自己的意愿,他们变得更加强大了。无限制的自由可能既不安全也不健康,因此,Erikson认为,害羞和怀疑也须有一席之地。幼儿期儿童需要成人设置适当的限制,害羞和怀疑有助于儿童认识到这些限制的必要性。

幼儿期儿童必须验证一些观念,即他们是独特的,他们对这个世界有控制力,他们有一些新的、令人兴奋的力量,他们有强烈的意志去尝试自己的想法、实践自己的爱好以及自己进行决策。这种驱动力还典型地以叛逆的形式表现,他们很容易说"不",哪怕只是为了拒绝权威。几乎所有的美国儿童都在一定程度上表现出叛逆;但这并不是普遍现象,在一些发展中国家,从婴儿期到幼儿期的过渡是相对平稳且和谐的,这可能与文化和教养有关。

三、行为标准的内化

社会化(socialization)是儿童形成习惯、发展技能、获得价值观和动机的过程,从而使自己变成一个有责任感和有价值的社会成员。遵从父母期望可以看作儿童遵循社会标准行为的第一步,社会化依赖于这些社会标准的内化(internalization)。成功社会化的儿童不再仅仅根据奖惩来决定服从规则或命令,他们有自己的一套社会标准。这个阶段的儿童开始表现出自我调节(self-regulation):即使当照料者不在场时,也能遵从照料者的要求和期望来控制自己的行为。自我调节是社会化的基础,它把发展的所有领域(生理的、认知的、情感的和社会性)连接起来。但是要想抑制自己,只有认知意识并不够,还需要情感控制。通过"读出"父母对自己行为的情绪反应,儿童不断地吸收信息,知道父母会赞同什么样的行为。当儿童加工、储存这些信息并按照这些信息来行事时,他们极力要去讨好父母。因此,不管父母是否在场,他们都会按照父母的期望去行事。

在他们能够控制自己的行为之前,儿童需要调节或控制自己的注意加工过程和负性情绪。调节注意促使儿童发展出意志力,并能应对挫折。自我调节的发展与自我意识和评价性情绪(如同理心、害羞和内疚)的发展是平行的。它与良心的发展,如抵制诱惑与补偿错误的能力相关。对于大多数儿童而言,自我调节的全面发展至少需要三年的时间。这段时间影响儿童社会化成功的因素包括依恋的安全性、对父母行为的观察学习、亲子之间的交互回应和儿童之间的社会交往。

第四节 儿童期社会性的发展

一、自我发展

(一) 自我概念的发展

自我概念(self-concept)是我们对自己的总体印象。它是我们关于自己是谁——我们的能力和特质的想法。自我概念也涉及社会性领域:儿童不断地将别人对自己的看法整合到自我形象中。由于儿童自我意识的逐渐发展,自我形象在幼儿期变得更加清晰。随着认知能力的提高以及对童年期、青年期和成年期的发展性任务的完成,自我概念越来越清晰、越来越突出。自我概念的发展在5~7岁之间有一次飞跃,通过对自我定义(self-definition)的改变表现出来,自我定义是指用于描述自己特征的集合。大约7~8岁儿童中期时,认知的发展有助于儿童形成更复杂的自我概念,并获得理解和控制情绪的能力。这时儿童处于新Piaget主义所谓的自我概念发展的第三阶段,能够更有意识地对自我进行判断,自我判断更加现实、平衡和全面。这一变化是随着儿童的表征系统(representational systems)的形成而产生的,表征系统综合了自我各个方面的宽泛且丰富的自我概念。

(二) 自尊

自尊(self-esteem)是自我概念中有关自我评价的部分,是儿童对自己总的价值判断。新Piaget主义认为,自尊是建立在儿童描述和定义自我的认知能力基础上的,儿童的这种认知能力日益增强。通常在8岁之前,儿童无法清晰地表达自我价值的概念,但是,年幼儿童可以通过行为来证明他们有自尊。在测量年幼儿童的自尊时,研究者除了使用自陈报告法之外,常常还会通过教师和父母的报告或是观察儿童玩木偶和玩具的游戏实现。在5~7岁转变期前,儿童的自尊并非以现实评价为基础。虽然他们能够判断自己在不同活动中的能力,但是他们还无法依照主次进行排序。他们倾向于接受成人对他们的评价,这些评价往往是积极的、不严苛的反馈,所以他们很可能高估自己的能力。就像自我概念本身一样,自尊在童年早期倾向于全或无,如"我很棒"或"我很差劲"。直到童年中期,在内化了父母和社会的评判标准之后,儿童在形成和维持自我价值感方面,对自身能力的评价才具有批判性。根据Erikson的观点,影响自尊的一个主要决定因素是儿童对自己能否有能力产生有价值的成果的看法。童年中期的主要危机是勤奋对自卑(industry versus inferiority),儿童需要学会社会认可的技能。成功解决这一阶段的危机后,儿童获得的"美德"是胜任感,即认为自己拥有了掌握技能和完成任务的能力。儿童与同伴进行比较,如果觉得自己不能胜任,就可能会退缩到家庭的保护伞下;另一方面,如果他们太过于勤奋,则可能忽略社会关系,变成"工作狂"。

父母对孩子的胜任感也会产生很大的影响。一项对美国郊区514名中产阶级儿童追踪研究发现,父母对孩子在数学和运动方面的信念与孩子自身的信念有很高的相关程度,尤其是父亲对孩子运动能力的看法。与Erikson强调掌握技能不同,Susan Harter发现,8~12岁的儿童更倾向于通过外貌和受欢迎程度进行自我判断,至少在北美地区是这样的。Harter认为,影响自尊的主要因素来自父母、同伴和老师的社会支持。但是一般来说,社会支持并不能够补偿低自我评价。如果某人特别注重外貌,但她并不漂亮,那么,不论别人给予她多少赞扬,她都会丧失自尊。低自尊儿童会过分关注自己在社会情境中的表现,他们可能会把社会拒绝归因为自己的人格缺陷;同时,他们认为人格缺陷是无法改变的。他们不去尝试新的方法以获得赞赏,却一再重复使用无效的策略或是干脆放弃。高自尊儿童往往把失败归因为自身以外的因素,或是需要继续努力。如果最初失败了,他们会继续坚持尝试新的策略,直到找到一种有效策略为止。高自尊儿童往往更乐意帮助那些不幸的人,而这种志愿工作反过来又会帮助他们建立自尊。其中的原因可能是,个体认为他人和自己一样是可以改变和提高的。

(三)理解和调控情绪

理解和调控自己的情绪有助于提高儿童的社交能力,即发展与他人相处的能力,这有助于他们引导自己的行为以及谈论自己的感受。理解自己的情绪使儿童能够更好地控制情绪,并对他人的情绪更加敏感。由于早期的情绪体验发生在家庭中,因此,家庭成员间的关系会影响儿童情绪理解的发展。通常,学龄前儿童能够谈论自己的情绪,也能够辨别他人的情绪,并且他们知道情绪与经历和愿望相联系。但是,他们依然不能完全理解害羞与骄傲一类的自我导向情绪,也无法缓解矛盾情绪。例如,他们会为得到一辆新自行车感到高兴,但由于颜色不喜欢又有点失望。年幼儿童对情绪理解混乱的部分原因是,他们难以理解自己能够同时体验到不同的情绪。在儿童中期,他们对同步情绪的理解更加复杂化,并且能够更好地调控它们。随着儿童逐渐长大,他们能够更清楚地理解自己和他人的感受,更好地调节自己的情绪,并对他人的情绪困扰作出更好的反应。到7~8岁时,儿童通常能意识到羞愧和自豪的情绪,也能够更清晰地区分内疚和羞愧,这些情绪会影响儿童对自己的看法。儿童还能够用语言描述自己的情绪冲突。童年中期的儿童可以认识到其所处文化的情绪表达"规则",这些规则是通过父母对儿童的情绪表达作出的反应来传递给儿童的。儿童可以区分拥有某种情绪和表达该情绪之间的差别,他们能够意识到愤怒、害怕或悲伤的原因以及别人会对这些情绪作出怎样的反应,从而对自己的行为进行相应的调整。童年中期,儿童的同理心提高,更倾向于表现出亲社会行为。亲社会行为是积极情绪调节的标志。在社会情境中,亲社会的儿童往往能表现出更恰当的行为,他们的负性情绪相对较少,能更积极地处理问题。而父母愿意承认孩子的情绪困扰并帮助孩子集中解决根源问题,这有助于培养和提高孩子的同理心、亲社会行为和社会技能。如果父母对孩子的情绪困扰不赞同或进行惩罚,孩子的愤怒和恐惧情绪会更加强烈,可能会对其社会适应能力产生破坏作用;孩子也可能会隐藏负性情绪,并对自己的负性情绪感到更加焦虑。当孩子进入青少年期,父母如果不能容忍孩子的负性情绪,则会增加亲子冲突。

二、性别

这个阶段儿童开始出现性别认同,所谓性别认同(gender identity),即个体对自己性别(女性或男性)及其所在社会对该性别的全部要求的觉知,它是发展自我概念的重要方面。如何解释性别差异?为什么它们会随年龄的增长而出现?迄今为止,最具影响力的解释都将焦点放在男孩和女孩从出生起就经历的不同经验和不同社会期望上。这些经历和期望涉及性别认同的三个方面:性别角色、性别特征形成和性别刻板印象。

性别角色(gender roles)是一种文化对适合于男性和女性的行为、兴趣、态度、技能和人格特质,所有的社会都存在性别角色。在历史上的大部分文化中,比如在智利,人们期望女性专心料理家务和照看孩子,男性则负责维持家庭生计和保护家庭。人们同样期望女性顺从并充当养育者的角色,男性应该主动,具有攻击性和竞争性。性别特征形成(gender-typing)是儿童获得性别角色的过程,它发生在童年早期,但儿童性别特征化的程度存在差异。性别刻板印象(gender-stereotypes)是对男性和女性的行为先入为主的概括化,比如"所有的女性都是被动的、依赖的,所有的男性都是主动的、独立的"。性别刻板印象在许多文化中广泛存在。儿童在2~3岁时开始出现性别刻板印象,在学前期得到进一步的发展,5岁时达到高峰。学龄前儿童,甚至年长的儿童,常常将积极的品质归于同性,将消极的品质归于异性。尽管如此,在学龄前儿童中,不论是男孩还是女孩,都认为男孩强壮、敏捷、粗鲁,女孩胆小、孤弱。

儿童如何获得性别角色?他们为何接受性别刻板印象?这些是由社会造成的还是反映了男女在生物学上的潜在差异?社会和文化的影响是创造了还是仅仅强化了性别差异?

让我们来看看四种性别角色的发展观(表10-1):生物学的、精神分析的、认知的和基于社会化的。每一种观点都有助于我们理解性别角色,但是没有一种能够完美地解释为什么男女两性在某些方面的发展存在差异,而在其他方面却没有差异。

表 10-1　性别角色发展的四种观点

理论		代表人物	关键过程	基本观点
生物学取向	生物学理论		基因的、神经学的和激素的活性	男女两性行为方面的大多数差异可以追溯到生物学上的差异
精神分析取向	精神性欲论	Freud	无意识情绪冲突的解决	儿童与父母中同性别的一方认同时产生了性别统一性
认知取向	认知-发展理论	Kohlberg	自我类化	一旦儿童知道她是女孩或他是男孩,她(他)就将行为方面的信息以性别归类,并以此作为行为的参照
	性别-图式理论	Bem, Malinowski, Halvorson	建立在处理文化信息基础上的自我类化	儿童把适合男孩和女孩的行为信息组织起来并以此作为行为的参照,这些信息以特定的文化为基础。儿童按性来归类信息是因为他们的文化将性别规定为一个重要的图式
社会化取向	社会认知理论	Bandura	榜样、强化以及教学	性别形态是对社会标准的解释、评价和内化

三、家庭教育

在漫长的社会化进程中,家庭教育无疑是影响儿童社会化程度的重要部分。随着儿童逐渐成为独立的个体,如何教养他们成为的一项复杂挑战。父母必须懂得如何与这些"小大人"相处,虽然拥有自己思想和意志,但是他们还需要学习许多适应性的社会行为。此外,每个儿童都是不同的,这些个体特质影响着每个儿童所接受的教养类型。

(一)训练方式

训练(discipline)涉及塑造人格特质,教育儿童进行自我控制和掌握社会认可行为的各种方法,是以发展自律为目的的社会化的有力工具。父母训练的有效性取决于儿童理解和接受父母所传达的信息的程度,既有认知上的,也有情绪上的。只有认识到这些信息是适当的,儿童才会接受信息。因此父母需要做到公正、正确,并且他们的期望要明确一致。他们必须根据过失行为、儿童的气质类型以及儿童的认知和情绪水平来选择训练方式。如果父母通常很温和,且能积极响应孩子,或他们能够唤起儿童对被伤害者的同理心,儿童就会受到更多鼓励去接受父母传递的信息。儿童对训练的解释和反应是以亲子关系的持续发展为背景的。

(二)教养风格

教养风格是父母教养行为的总称,它也可能影响儿童处理问题的能力。父母的教养方式多种多样。美国心理学家 Baumrind 将父母教养方式分为三种不同的类型:① 专制的父母强调规则,希望服从。例如,"不准插嘴""一定要把自己的房间保持干净""不准熬夜,不然你第二天不能按时起床""为什么？因为我说了算"。② 放纵的父母服从孩子的愿望,很少要求,很少惩罚。③ 权威的父母既有要求也有回应。他们强调控制感,不仅仅是制定规则与强迫,而且会解释原因,尤其对稍大的孩子会鼓励公开讨论,制定规则时也允许有例外。研究发现,那些有最高程度自尊、自立,社交能力强的孩子通常拥有温和、关切、权威的父母。为什么会出现这种结果呢？一般认为,那些富有生活控制感的人通常非常自信且生机勃勃;而那些控制感不足的人倾向于认为自己软弱无助。另外,那些感觉能够控制自己行为选择的(如"因为我是好孩子,所以我听话")孩子通常会将这种行为内化,被强迫的孩子(如"我听话,不然会受惩罚")则没有这种内化。在三种父母教养方式中,权威家长会给孩子最大的控制感。权威家长通常会跟孩子公开讨论家庭规则,向年幼的孩子解释并给稍大的孩子讲道理,使他们感觉到规则是商讨的结果,而不是强加的父母意志。孩子会感觉到他们能控制自己的行为。某种教养风格(严格但开放)和孩子的某种表现(社交能力强)之间的联系仅仅是相关并不是因果。可能还存在其他对抚养——能力之间关系的解释。可能是孩子的性格影响了父母教养风格而不是相反的情况。即便在同一个家庭内,家长的控制对每个孩子可能都有所不同。因而,有可能社会化程度较高、讨人喜欢、容易相处的孩子会获得父母更多的信任和关怀,能力和协调性差的孩子得到的父母关注少。双生子研究结果支持这一结论。

四、与其他儿童的关系

对年幼的儿童来说,最重要的人是照看他们的成人。但在儿童早期,他们与兄弟姐妹和伙伴的关系也很重要。实际上,这个年龄段所有的典型活动和人格问题,从性别角色发展到亲社会或攻击行为,都有其他儿童的参与。兄弟姐妹和同伴关系为儿童的自我效能感提供了测量依据。通过与其他儿童的竞争和对比,他们能够衡量自己的生理、社会性、认知和语言方面的能力,并获得一种更加现实的自我感觉。儿童中期的伙伴关系变得更加重要,同伴团体逐渐形成,通常是在居住地邻近或一起上学的儿童之间自然形成。因此,同伴团体通常由相同种族或人种、社会地位相近的儿童组成,经常一起玩的是年龄相仿的同性别儿童。团体中的男孩倾向于玩男性化的游戏,女孩则更可能参加"跨性别"的活动,如团体运动在男孩和女孩中都很受欢迎。

儿童能从与同伴相处的过程中获益。他们能学会社会交往和建立友谊所需的技巧,增进彼此间的关系,并获得归属感。随着儿童开始摆脱父母的影响,同伴团体为他们打开了新的视角,他们可以自由独立地进行判断。通过把以前接受的价值观与同伴的价值观进行比较,有助于儿童决定哪些应该保留,哪些应该放弃。通过与同伴进行比较,儿童能更现实地衡量自己的能力,获得更清晰的自我效能感。同伴帮助儿童学习如何在社会中与人相处——如何调整自己的需要和愿望,什么时候应该妥协,什么时候该坚持立场等。当儿童发现并不是只有自己才会冒犯大人时,儿童的内疚感就会减轻。同时,同伴团体也有消极的一面,儿童可能会结成小帮派,区分自己人和局外人。这样可能会强化儿童的偏见(prejudice),即对"局外人",尤其是对特定种族或人种成员持不喜欢的态度。

随着儿童认知和情感的发展,这个阶段的儿童出现了"友谊"的萌芽。儿童会找同龄、同性别、同种族或有相同兴趣的同伴作为自己的朋友。朋友是儿童喜欢的某个人,和这个人在一起感到很舒服,喜欢和他(她)一起做事,还可以分享彼此的情感和秘密。朋友间彼此非常了解、互相信任、有承诺感、互相平等对待。最深厚的友谊包括互相对等的承诺和成熟的给予索取模式。即使是不受欢迎的儿童也可以交到朋友,但他们的朋友数量比受欢迎儿童的朋友数量少,而且他们的朋友往往是比自己小的儿童或其他不受欢迎的儿童。学龄期儿童不太在意是否有很多朋友,他们更在乎是否有一些可以依赖的亲密朋友。

最新的研究表明,在儿童游戏中的假想伙伴对现实中儿童的同伴关系和社会能力有着积极的促进作用,高水平的游戏已成为儿童期社会性发展的重要手段。

第五节 青少年期社会性的发展

一、自我概念——探索同一性

Erikson 认为青少年的任务是分析过去、现在和未来的可能性,以对自己有更加清晰的认识。青少年经常思索这样的问题:"作为一个人,我是谁?我的人生是什么?我应以一种什么样的价值观生活?我的信仰是什么?"Erikson 把青少年的这种探索叫作"寻求同一性"。为了形成自我同一性,西方社会的青少年经常在不同情境下尝试做不同的自我——可能在家是一个样子,和朋友在一起是另一个样子,在学校和工作时又是一个样子。如果其中两个有重叠——比如一个年轻人带朋友回家——不舒适感可想而知。年轻人会问:"我该做哪个自我呢?哪一个是真实的自我呢?"这种角色困扰通常通过形成一种自我定义得到解决。这种定义将各种各样的自我整合到一起,而令个体产生一种协调一致而且舒适的自我感觉——一种同一性(identity)。

但事实并不总是如此。Erikson 注意到有些青少年在其父母的期望和价值观的作用下很早就形成了自我认同(传统上,在不太强调个人主义的文化下,青少年并非自己来决定他们到底是谁)。有一些年轻人可能会形成与家长和老师相反、但却与某个特定的同伴团体(如大学运动员、预科生、疯狂捣乱的孩子、粗野的人)一致的认同。同时也有人似乎从未曾找到过自己,也没有强烈的责任感。对大多数人而言,有关自我认同的问题——"我是谁?"——在青春期后仍然持续,并在进入成年期的人生转折点上会再次出现。

青春期晚期,很多人开始进入大学或参加工作。这时,个体可能会去尝试其他的角色。随着年龄的增长,很多大学生在他们入校第一年就形成了明确的自我认同,他们的认同通常与其越来越积极的自我概念相结合。研究结果发现,在青春期早期,自尊通常比较低落,但到青春期晚期即 20 岁左右,自尊感却会反弹,认同也会变得越来越个体化。

二、亲密感的发展

在青春期认同阶段之后,紧接着就是发展亲密(intimacy)关系能力。Erikson 认为,一旦人具有了清晰的自我意识,就为建立亲密关系作好了准备。亲密感的发展最主要体现在性别与社会关系上,青春期女孩更多的是和朋友在一起而不是一个人独处。这种社会关系上的性别差异会一直持续到成年期。女性之间彼此更依赖,更多运用谈话来建立关系;而男性却运用谈话商讨解决问题。

专栏 10-2　几个国家的最新研究再次证实了沟通上的性别差异

> 新西兰:当给被试提供一组学生的电子邮件内容时,66% 的人可以正确猜出写信者的性别(男性较少道歉,较少表露感情和个人信息,而且会使用模棱两可的语言,比如"这有点儿意思")。
>
> 美国:使用电脑时,女性更少用来玩游戏,而是花更多时间给朋友发邮件。
>
> 法国:女性打电话的数量占总数的 63%,而且两个女性平均通话时间(7.2 分钟)会比男性之间通话时间(4.6 分钟)长得多。

女性强调关怀,他们通常会对幼儿和老人给予更多的关怀。女性购买了 85% 的贺卡,虽然 69% 的人觉得自己和父亲关系亲密,但有 90% 的人觉得和母亲也很亲密。男性更有力量,更强调自由和独立。这有助于解释为什么全球范围内各年龄段男性都不重视宗教信仰,而且与女性相比,他们较少进行祷告。男性在专业无神论者中占据支配地位。女性的情感联系和支持感比男性更强烈。女性纽带——母亲、女儿、姐妹、姨妈和祖母,将家庭紧紧地联系在一起。作为朋友,与男性相比,女性关系更亲密,她们谈话更多也更坦诚。男性喜欢肩并肩活动,女性喜欢面对面谈话。当面对压力时,女性更经常寻求他人的支持。

男性和女性都表示他们和女性朋友的关系更亲密、舒适、有益。当寻求理解和找人分担忧愁和痛苦时,男性和女性通常都求助于女性朋友。社会情感联系和其他方面的性别差异在青春期晚期、成年早期达到顶峰——这是被研究最多的一段时期。女孩变得不太果断、轻浮;男孩变得专横、内敛。但是到 50 岁时,这些差异又会消失:女性更加果断自信,男性会更有同情心,也没有那么专横了。

三、离开父母

青少年期是家长的影响力越来越小而同伴的影响力越来越大的时期。在这个阶段,父母和孩子经常发生争吵,一般是为了一些琐事——家务事、作息时间、作业。在整个青少年期,父母与子女之间的冲突变得短暂而激烈(早期),但冲突的频率会逐渐减少。但是对大多数的父母和子女而言,争吵和观点的分歧并不是破坏性的。随着个体在成年早期逐渐成熟,亲子之间的情感纽带也日渐淡薄。孩子在 20 岁出头时,很多还在依靠父母。在将近 30 岁的时候,很多人觉得不再依赖父母会更令自己感觉舒服,而且今后还会不断强调这一点。从青少年期到成年期的过渡阶段如今正在不断延长。从 18 岁到 20 多岁这是一个未定型的时期,现在有些时候被称为"初入成年期"。初入成年期的个体已不再是青少年,但仍不能像成人那样承担自己的生活且完全独立。青少年不但知道了熟识的人在性格上的相似和不相似,也知道很多情境因素(病痛、家庭不和)会使人做出与其性格不符的事情。所以到了青少年中期,个体已然能够对同伴的行为从里到外地进行解释,并对其性格形成连贯的印象。

第六节 成年期社会性的发展

随着对成年期生活的探索,人们相信个体的发展终身都在进行。这段生命历程被心理学家一度看成是一个漫长的高原期。在生理上、认知上,特别是社会性上,50 岁的自己与 25 岁的自己有很大的不同。这些差异,并非由伴随衰老而出现的生理和认知变化造成,而是与家庭和工作相关的生活事件有关。我们的成年生活主要由两大方面组成,Erikson 称之为亲密感(形成亲密关系)和繁殖力(生殖和对后代的支持)。研究者已经选用了不同的术语——亲密关系和成就、依恋和生产、承诺和能力。Freud 说得更简单:健康的成年人,是可以同时爱和工作的个体。大多数成年人将爱关注在对伴侣、父母、孩子的家庭承诺上。工作则包括我们所有的生产活动行为,而无论是否有回报。

一、爱、家庭和工作

无论何时何地,爱都是人类社会性发展的基本动力源泉,人类社会几乎总是在男女之间结成一夫一妻的关系和在父母子女之间结成亲子关系。我们动情,坠入情网,结婚——一次只与一个人。"一夫一妻是人类社会的标志",人类学家 Fisher 说。从进化论的观点来看,这种安排的确很有道理:那些养育子女到成熟的父母比不这样做的父母更有可能将基因传给后代。

在这个过程中,家庭是一个重要的社会系统,我们在家庭中出生,贯穿整个生命过程,我们与家庭密都是不可分的。家庭是爱的产物,也是动态的系统。每个家庭成员都是不断发展的个体,而夫妻关系、亲子关系、同胞关系的变化也会影响到每个成员的发展。在众多关系中,这样一种爱最令人满意也最持久:建立在相似的兴趣和价值观、感情分享和物质支持,以及亲密的自我表白基础上的爱。夫妻双方都受过良好教育且在 20 岁后结婚的婚姻关系更长久。天长地久的婚姻关系并不总是没有冲突。在观察了 2000 对夫妇彼此之间的交往后,Gottman 提出了一个预测成功婚姻的指标——积极与消极间的比率至少要达到 5:1。稳定的婚姻要有五倍以上的微笑、接触、大笑和称赞,而不是挖苦、批评和冒犯。所以,如果你想预测哪对新婚夫妇会一起生活更久,请不要过分注他们热恋时多有激情,相反,那样的夫妇一般更易贬低对方。为避免这种消极的恶性循环,成功的夫妇会学会彼此之间公平地争论(表达感情而不伤害对方),学会理清矛盾,比如说:"我知道不是你的错"或"这会儿我会安静地听你说"。

通常,是爱孕育了孩子。对大多数人而言,生活最持久的变化是拥有孩子,这是一件幸福的事。但当孩子开始花费时间、金钱和感情精力时,夫妻对婚姻本身的满意度也会下降。这在已婚的职业女性中最常见,因为她们要负担比想象中还要沉重的家务活。试图兼顾两者、不偏不倚才能实现双赢,这不仅有助于增强个体对婚姻的满意度,而且能培养更好的亲子关系。虽然爱养育了孩子,但孩子最终还是要离开家庭。这种分离也是一个重要的事件,有时甚至是困难的离别。但美国七项全国调查显示,空巢对大多数人来讲仍是快乐的地方。比起那些孩子仍留在家里的中年女性而言,空巢里的女性说自己更快乐,更享受自己的婚姻生活。很多人经历了社会学家 White 和 Edwards 所谓的"空巢后的蜜月",尤其是那些和孩子保持密切关系的父母。

当然,对于大多数的成年人而言,"你是谁"的答案在很大程度上取决于"你做什么工作"。对于男性和女性而言,选择一条职业道路都非常困难,尤其是在今天工作变动不定的环境中。在大学的前两年中,很少有学生能预测自己将来的职业。很多学生最终会换专业,也有很多学生毕业后所从事的工作和所学的专业没有直接联系,很多人会换职业。最后,幸福就是找到既符合自己的兴趣又能给自己带来胜任感和成就感的工作。对于选择结婚的人,幸福就是有一个可以给自己提供支持的亲密伴侣,并将自己看作特殊的和重要的人,同时拥有令自己骄傲的可爱的孩子。

二、毕生的幸福

我们都会变老。此刻的你就是自己最老的时刻,活着就会变得越来越老。这意味着我们可以满意或失望地回忆往事,充满信心或忧虑地展望未来。当人们被问及如果自己能再活一次会做些什么时,最常见的回答是:"更认真地学习,更努力地工作。"对于其他的遗憾——"我该告诉爸爸我爱他""我后悔自己从未去过欧洲"——人们也更关注没有做成的事情,而不是做错的事情。

人生晚期，收入减少、没有工作、身体衰老、记忆力减退、精力不济、亲戚和朋友或去世或搬走，而最大的敌人——死亡越来越近。不少人认为，65岁以后是人生最糟糕的时刻。但事实并非如此，正如在20世纪80年代对16个国家、由近17000人所组成的具有代表性的样本所进行的调查发现的那样，老年人和年轻人同样感觉自己生活幸福，甚至中年后的积极情绪多于消极情绪。假如变老被看成是活着的结果，与早早去世相比，每个人都愿意活着，这一研究发现令人欣慰。个体毕生的发展历程中，其主观幸福感表现出令人惊讶的稳定性，如此一来，便模糊了一些非常有趣的与年龄相关的情绪差异。随着时间的流逝，情感变得越来越柔和，情感变化的高端不太高，低端也不太低。随着年龄的增长，人们发现自己不太容易激动了，即使获世界第一也没有那么强烈的自豪感，当然也不会常常体验到沮丧、抑郁。称赞不再那么令人开心，批评也不再那么令人难过，两者只不过是由褒贬积累而成的附加反馈。成年人的心境一般会比较稳定和持久。对大多数人而言，衰老使他们不会那么激动但更易于满足，对宗教也更热心，尤其是那些仍热衷于社会活动的人。随着年龄的增长，生活不再像是一只在感情的海洋中颠簸的船只，而更像是在行进过程中的一叶轻舟。

社会活动在整个成年生活中变得更加重要。20岁的青年喜欢考虑在哪儿举办聚会，而中年人更喜欢小范围内的社会网络联系，参加者多半是人数较少的几个亲密朋友和家庭成员，彼此之间具有情感意义上的联系。

三、面对死亡

死亡是一种生理现象，同时也具有社会文化、历史、宗教法律心理发展的医学以及伦理各个方面的因素，并且这些因素通常会紧密地交织在一起。尽管死亡是一种必然经历，但在不同文化下，死亡也有不同的含义，文化和宗教对于死亡的态度影响着人们如何从心理学和发展的角度看待死亡。死亡通常被认为是生理过程的终止，然而由于医学技术的进步，生命的基本特征得以延续，死亡的判定标准变得越来越复杂。在死亡前的一段时间内，人们会发生怎么样的变化？对于即将到来的死亡，人们如何熬到尽头？生者又是如何应对悲伤的？精神病专家Ross在对濒死者进行的开创性研究中发现，大多数濒死者很希望能有机会来公开地讨论他们的状况，来感受死亡的临近。对500名临终患者访谈后，Ross列出了临终前的五个阶段：① 否认（"这不可能发生在我身上！"）；② 愤怒（"为什么是我？"）；③ 讨价还价（"如果我能活到我女儿结婚，那就够了"）；④ 沮丧；⑤ 接受。同时她还指出了面对亲人死亡的临近，人们也会有相似的反应。

在成人阶段中面对死亡就意味着要面对各种丧失，也就要面对各种悲伤的类型。通常最痛苦的离别来自配偶——女性所体验到的痛苦是男性的五倍。伴侣出乎意料的死亡会给个体带来最大的痛苦；孩子的突然死亡或一起生活多年伴侣的突然生病会给个体带来一年以上的痛苦回忆，最终会演变成一种轻微的抑郁，但有时也可能会持续数年。大多数丧亲者在家人和朋友的帮助下,确实能够顺利地度过亲人丧亡这件事情并恢复正常的工作。然而,也有一部分人需要接受悲伤治疗。有些文化鼓励公开的哭嚎,有些文化却鼓励隐藏悲伤。我们应当庆幸拒绝死亡这类态度的消退,坦诚和有尊严地面对死亡,有助于人们抱持一种生活有意义的完整态度来圆满地完成生活历程——即他们的存在曾经非常美好,而且生死是生命周期中的一个组成部分。尽管死亡不受人欢迎,但是生存本身包括死亡都是值得赞美的。人类在生命和死亡之间寻找意义和目的。一项对39位平均年龄为76岁的女性的研究发现,生命目的最强的人对死亡的恐惧最小。与此同时,Ross发现,面对死亡的现实会让生命的意义更加明确。我们可以通过生命的回顾来让剩余的时间更有目的感,生命回顾是一种能让个体看到自己生命意义的工程,并且可以发生在任何时候。然而老年人的生命回顾具有特殊的意义,因为在这时它可以促进自我整合。即便是死亡,也可以是一种成长性的经历。

(张 婷 盛 鑫)

阅读 1 母亲抑郁如何影响亲子间的互相调节

产后抑郁影响大约13%的新妈妈——包括美国著名女星Brooke Shields,她曾经写了一本关于产后抑郁的书。如果不及时治疗,产后抑郁对母婴之间的互动方式和婴儿未来的认知和情绪发展都可能产生消极影响。

与非抑郁的母亲相比,抑郁的母亲更不敏感,更少积极地和婴儿交流,母婴之间的互动基本上比较消极。抑郁的母亲不能很好地解释和回应婴儿的哭泣,更少评价婴儿的心理状态。如果母亲抑郁,婴儿可能会放弃发送情绪信号,通过吮吸或摇摆来尽力安慰自己。如果这种防御性的反应成为习惯,那么婴儿就认为自己没有力量激发他人的反应,母亲是不可靠的,以及这个世界是不值得信任的,婴儿自己也可能会抑郁。但是,我们并不确定这类婴儿是否是由于互相调节失败而导致抑郁的。他们可能遗传了抑郁特质,也可能是由于荷尔蒙或其他生物化学因素的影响导致后天患上抑郁。母亲抑郁的婴儿,往往表现出非正常的大脑活动模式,类似自己母亲的模式。在出生后24小时内,他们的大脑左前额叶表现出较少的激活,该脑区专门"主管"情绪,例如高兴和愤怒。而大脑右前额叶表现出更多的激活,该脑区负责"取消"情绪。母亲抑郁的新生儿,其压力荷尔蒙水平往往也较高。这些结果表明,女性在怀孕期间抑郁可能是导致新生儿的神经和行为机能受损的部分原因。很可能是遗传因素、产前因素和环境因素相结合将母亲抑郁的婴儿推向危险的边缘。也可能是一种双向的影响在起作用:婴儿不能正常回应母亲,这会进一步加重母亲的抑郁,而母亲的不回应又增加了婴儿抑郁的可能性。相比其他抑郁母亲的婴儿,一些抑郁的母亲和婴儿维持较好的互动,这些婴儿往往有更好的情绪调节能力。他们能够唤起母亲更多的积极回应。和非抑郁成人之间的互动,例如与父亲或托儿所工作人员或护理学校老师的互动,有助于弥补抑郁母亲对婴儿造成的不良影响。无论是婴儿还是学龄前儿童,抑郁母亲的孩子往往缺乏探索动机,更加喜欢竞争性较低的任务。他们可能会发育不良,在认知和语言测验上的得分较低,更容易出现行为问题。进入学步期后,这些儿童往往难以应对挫折和紧张情绪。7岁时,他们会表现出反社会行为,在青少年早期可能出现暴力行为。遗传和环境因素的相互影响可能是造成这种情况的主要原因。有助于改善抑郁母亲心境的技术包括听音乐、视觉想象、有氧运动、瑜伽、放松和按摩治疗。

阅读2　Harry的恒河猴实验启示

1959年,美国心理学家Harry及其同事报告了一项研究成果:让新生的婴猴从出生第一天起同母亲分离,以后的165天中同两个母亲在一起——铁丝妈妈和布料妈妈。铁丝妈妈的胸前挂着奶瓶,布料妈妈没有。虽然当婴猴同铁丝妈妈在一起时能喝到奶,但它们宁愿不喝奶,也愿同布料妈妈待在一起。Harry由此得出结论,身体接触对婴猴的发展甚至超过哺乳的作用——只有有饮食需要时,它们才去找铁丝妈妈,其余大部分时间则依偎在布料妈妈的身上。虽然这个实验的对象是婴猴,许多心理学家认为,该结论对人类婴儿同样适用。

Harry等人的研究发现给了我们很多有意义的启示,它对改变传统的育儿观产生了积极的影响。父母对孩子的养育不能仅仅停留在喂饱层次,要使孩子健康成长,一定还要为他提供触觉、视觉、听觉等多种感觉通道的积极刺激,让孩子能够感到父母的存在,并能从他们那里得到安全感。"粘人"的宝宝有时让人心烦,但是这恰恰说明他具有一种积极的情绪——对亲人的依恋。为孩子建立安全的依恋是保障他心理健康发展的基础。儿童与依恋对象之间温暖、亲密的联系使儿童既得到生理上的满足,更体验到愉快的情感。孩子有了安全感,才能逐渐形成坚强、自信等良好的个性品质,成为一个对人友善、乐意探索、具有处事能力的人。

第十章习题及答案

参 考 文 献

[1] 张婷,刘新民. 发展心理学[M]. 合肥:中国科学技术大学出版社,2016.
[2] 龚维义,刘新民. 发展心理学[M]. 北京:北京科学技术出版社,2004.
[3] 林崇德. 发展心理学[M]. 3版. 北京:人民教育出版社,2018.
[4] Libert R M. 发展心理学[M]. 刘范,译. 北京:人民教育出版社,1983.
[5] 程利国. 儿童发展心理学[M]. 福州:福建教育出版社,1997.
[6] 黄希庭. 心理学导论[M]. 北京:人民教育出版社,1991.
[7] 莫雷,张卫. 青少年发展与教育心理学[M]. 广州:暨南大学出版社,1997.
[8] Goodenough F L. 发展心理学[M]. 符仁方,译. 贵阳:贵州人民出版社,1980.
[9] Strongman K T. 情绪心理学[M]. 张燕云,译. 沈阳:辽宁人民出版社,1986.
[10] 孟昭兰. 人类情绪[M]. 上海:上海人民出版社,1989.
[11] 卢家楣. 情感教学心理学[M]. 上海:上海教育出版社,2000.
[12] 庞丽娟,李辉. 婴儿心理学[M]. 杭州:浙江教育出版社,1993.
[13] 马莹. 发展心理学[M]. 3版. 北京:人民卫生出版社,2018.
[14] 李林,武丽杰. 人体发育学[M]. 3版. 北京:人民卫生出版社,2018.
[15] Shaffer D R,Kipp K. 发展心理学[M]. 9版. 邹泓,译. 北京:中国轻工业出版社,2016.
[16] Papalia D E, Olds S W. 孩子的世界[M]. 郝嘉佳,岳盈盈,译. 北京:人民邮电出版社,2013.
[17] Myers D G. 心理学精要[M]. 5版. 黄希庭,译. 北京:人民邮电出版社,2009.
[18] 姚泰. 生理学[M]. 5版. 北京:人民卫生出版社,1978.
[19] 杨锡强. 儿科学[M]. 6版. 北京:人民卫生出版社,1979.
[20] Shaffer D R. 社会性与人格发展[M]. 5版. 陈会昌,译. 北京:人民邮电出版社,2012.
[21] Smith P K, Cowie H, Blades M. 理解孩子的成长[M]. 4版. 寇彧,译. 北京:人民邮电出版社,2006.
[22] Papalia D E, Olds S W, Feldman R D. 发展心理学[M]. 10版. 李西营,冀巧玲,译. 北京:人民邮电出版社,2013.
[23] Schaffer H R. 儿童心理学[M]. 王莉,译. 北京:电子工业出版社,2016.
[24] 彭聃龄. 普通心理学[M]. 5版. 北京:北京师范大学出版社,2019.
[25] Berryman J C. 发展心理学与你[M]. 陈萍,王茜,译. 北京:北京大学出版社,2000.
[26] Boyd D, Bee H. 儿童发展心理学[M]. 13版. 夏卫萍,译. 北京:电子工业出版社,2016.

[27] R E Owens, Jr. 语言发展导论[M]. 林玉霞,杨炽康,译. 台北:华腾文化股份有限公司,2018.

[28] Berk L E. 伯克毕生发展心理学:从青年到老年[M]. 4版. 陈会昌,译. 北京:中国人民大学出版社,2013.

[29] Feldman R S. 发展心理学:人的毕生发展[M]. 6版. 苏彦捷,朱丹,译. 北京:世界图书出版公司,2013.